澤登早苗・小松﨑将一 編著

日本有機農業学会 監修

有機農業大全

持 続 可 能 な 農 の 技 術 と 思 想

The Complete Book of
Japanese Organic Agriculture
Sustainable Farming Practices and Philosophy

コモンズ

〈刊行に寄せて〉日本有機農業学会20周年を祝う

保田　茂

　1999年12月12日に開催した日本有機農業学会設立総会から、2019年12月でちょうど20周年になる。その2年前の1997年12月に第1回設立準備会を開き、以後5回の準備会を経て、ようやく設立総会を迎えたのであった。長年、夢見た日本有機農業学会の誕生は、本当に感激の一瞬であった。このとき、設立総会に参加したメンバーは50名程度。予算基盤も学会誌も持たない任意団体としての出発であったが、メンバーの志は理想に燃えていた。

　2年後には学会誌『有機農業研究年報vol. 1』(コモンズ、年刊で8号まで、一般書店でも入手可能)の発行にこぎつけた。7年後の2006年には日本学術会議の協力学術団体として認知され、2009年度からは学会誌を『有機農業研究』と装いも一新し、有機農業を科学する研究者集団に成長してきたのである。この間の学会理事ならびに学会員のご努力・ご協力に、心からの謝意と敬意を表したい。同時に20周年を迎え、まさに成人として成長した学会に対し、心からお祝い申し上げるしだいである。

　私には、定年(2003年3月)を迎えるまでに日本有機農業学会を設立したいという長年の夢があった。それは、有機農業に対する科学的偏見を何としても排除したいとい気持ちからである。

　私は1978年度の日本農業経済学会で、「有機農業の可能性と制度変革の必要性」と題して個別報告をした。会場は席が足りないほどの参加者で驚いたが、報告が終わると最前列に座っておられた著名な経済学者がすっくと立ちあがり、「ただいまの報告はナンセンス。このような報告を学会で行うことはまったく無意味である」と発言した。そして「科学はいかに生産力を高めるかを目標とすべきであり、有機農業は生産力を無視した一種の宗教的行為であり、学会報告にはなじまない」と酷評されたのである。私は反論するつもりもなかったが、司会者の促しもあり、次のように述べて会場から拍手をいただいた。

　「水俣病を見るまでもなく、生産力を上げる科学は多くの命を犠牲にしてきましたが、そのような科学は反省すべきではないでしょうか。母乳の農薬汚染を招く科学も真剣に反省すべきことだと考え、報告しました」

　そのとき、今後も若い研究者がこのような酷評を受けては有機農業を研究しようとする後継者は育たないと思った。有機農業を科学の対象に位置づけ、安

全良質の食料生産を確実にし、母乳の農薬汚染を決して繰り返さない農業科学を発展させるためには、何としても日本有機農業学会を設立する必要がある。そんな夢を抱きつつ20年余が過ぎ、ようやくその夢が実現したのであった。日本有機農業学会の豊かな研究実績もあり、有機農業研究に対し、生産力を無視したナンセンスな宗教行為と批判する人は、ほぼいなくなったのではないか。

しかし、学会としての組織的体裁は整ってきたが、有機農業研究にはまだ多くの課題が残されている。これら課題に対し、今日の日本有機農業学会のアプローチに必ずしも迫力があるわけではない。

現在、私はほぼ確実に収穫可能な有機農業技術を普及すべく、兵庫県下9カ所で有機農業の学校(定員40名程度)を開設し、講義と実習を毎月1回行っている。4月開校時の入学希望者は、年々増加の傾向にある。理由は有機農業で生産が可能だということが認知され、評判を呼んでいるからである。逆に言えば、有機農業で生産確実な技術が農村にはまったく普及しておらず、そうした技術を指導できる人材も育っていないということである。

残念ながら、多くの農業研究機関や農業高校ですら、ほとんどが有機農業には批判的であり、農村には有機農業を学ぶ機会も場所もない。この現実を克服するために、まず最も重要な研究課題は地域に合った有機農業技術の確立であり、そのための地域的特徴を有した有機農業技術の体系化とその普及方法の研究ではないかと考えている。ぜひ、この課題に真摯に取り組んでいただきたい。

一方、今日の農村は高齢化と人手不足で、ドローンのようなスマート技術と、ネオニコチノイド系の高濃度薬剤の低空散布が普及しつつある。残効性の高い薬剤の高濃度散布は当然、生態系のみならず、胎児を含めた人体への影響も大きいと考えねばならない。こうしたスマート技術の有する矛盾を実証的に明らかにすることも、重要な研究課題であろう。

最後に、来年1月は母乳の農薬汚染が明らかになった1970年1月からちょうど半世紀になる。一樂照雄氏の提唱によって始まった有機農業運動、それに触発されて始まった日本有機農業学会の活動が、果たして50年の歴史の中で母乳汚染を完全に克服し得たのか。この根源的な課題もまた、ぜひ研究していただきたい。

誕生20周年を迎えたことに心からお祝い申し上げるとともに、次世代の命を守る安全良質の食料生産と豊かな自然環境の保全を可能とする有機農業の発展に真に資する学会であり続けていただきたいと、強く願っている。

は じ め に

　本書は日本有機農業学会が設立20周年を記念してまとめた有機農業に関する体系的な理論書であり、普及書である。当学会が設立された1999年は、農業基本法が廃止されて食料・農業・農村基本法と「持続農業法」が制定された年であり、同時にFAO/WHO合同国際食品規格委員会（コーデックス委員会）で有機食品の国際規格が策定されたのを受けて日本農林規格法が改正され、有機農業の基準・認証制度が導入された年でもある。

　しかし、持続農業法は、堆肥などを活用した土づくりと農薬・化学肥料の使用量削減を組み合わせさえすればよいというものであり、有機農業の支援政策を伴わない基準・認証制度（表示規制）は海外から有機農産物を輸入するための条件整備を意味した。故・足立恭一郎氏が学会誌『有機農業研究年報』の創刊号に記した「日本有機農業学会の設立までの経緯」を読み直してみると、当時のことがよみがえってくる。

　この創刊号では、設立にあたり「日本の有機農業運動の思想と歴史を踏まえる」「研究対象を単に近代農業から有機農業に切り替えただけの研究に陥らない」「"農学栄えて、農業滅ぶ"という言い古されたフレーズがあるが、論文の数を増やすだけの唯研究主義（研究のための研究）に陥らない」の3点が確認されたと述べたうえで、設立の必要性について以下のように記されている。

　「日本に有機農業運動が誕生して30年あまりが経過し、奇人・変人扱いされた有機農業もようやく『広辞苑』に収録される市民権を得た言葉となった。しかし、その反面、『トータルシステムの構造変革』と『経済主体の意識変革』をめざし、運動として展開されてきた日本の有機農業は近年、有機農産物を消費者ニーズに適応した単なる差別化商品とみなし、その生産・販売によって利益の最大化を図ろうとするだけの『"底の浅い"有機ビジネス』に取って代わられようとしている。初期の担い手が共有していた思想がモノ次元、ビジネス次元に歪曲・空洞化されて主流となり、本質から大きく乖離しはじめている。……それと同じことが、有機農業の研究にもまた生じるのではないか、という懸念があった」

　「『わたし研究する人、あなた研究される人（研究材料）』という区別を排し、

生産者や消費者を『同時代を生きる同行者』と捉え、日本の食・農・環境・生命を腐蝕から守るために彼らと連携しなければ、『有機』を戴く『学』としての新機軸も生まれないのではないか」

　それから20年、有機農業を取り巻く環境は大きく変化した。最大の理由は2006年に有機農業の推進に関する法律(有機農業推進法)が成立したことである。法案作成においては当学会が大きな役割を果たした。

　2004年に第二代中島紀一会長の提起で「有機農業政策」研究小委員会が立ち上げられ、学会内で有機農業政策をめぐる議論が深められ、有機農業推進法試案を提案した。この試案をもとに有機農業議員連盟(04年発足)が有機農業推進法案をとりまとめ、12月8日に衆議院本会議において全会一致で可決成立され、15日に公布・施行されたのである。

　有機農業の社会的な位置づけが大きく変わってから、当学会の理事会では学会誌や研究交流のあり方について議論する機会が増えた。2009年に学会誌を『有機農業研究』へ切り替えたのを機に、編集委員会では喧々諤々の議論が繰り広げられた。研究のための研究ではない研究とは何か、有機農業研究のあり方・方法論を探りながら、有機農業技術の到達点に関する現地調査を行うとともに、研究者の交流・ネットワーク構築のために有機農業研究者会議の開催方法の改善も図ってきた。

　2011年の東日本大震災と東京電力福島第一原子力発電所事故に際しては、その対応をめぐり学会のあり方が問われた。第三代岸田芳朗会長代理であった筆者が現地視察を提案し、5月6〜7日に理事・有志による「東日本大震災福島被災地合同調査」を実施した。JR福島駅に集合し、現地関係者の案内で、相馬市、南相馬市原町区を訪れた後、飯館村、川俣町経由で二本松市東和地区に向かい、NPO法人ゆうきの里東和ふるさとづくり協議会の皆さんとディスカッションを行った。これを機に、故・野中昌法氏(当時の副会長)らを中心に、研究者と農業者との協働による農の復興・再生のための取り組みを開始し、福島農業の再出発のために多くの知見を得られた。残念なことに野中氏は道半ばで病に倒れ、「『科学者と農家』が協同で作り上げる雑学集団として『本道』を歩み続けてほしい」(『有機農業研究』8巻2号)というメッセージを遺して旅立たれたが、これらの取り組みは、農学研究のあるべき姿について多くの示唆を与え、福島大学に食農学類が誕生する一つの契機ともなった。

　「有機農業研究に対し、生産力を無視したナンセンスな宗教行為と批判する

人は、ほぼいなくなった」と初代保田茂会長が本書で述べられているように、時代は明らかに変わり、有機農業研究を行う基盤は整った。だが、有機農業そのものの取り組みは増えていない。全耕地面積に占める有機農業の取組面積割合は0.5％前後で、諸外国と比べて著しく低い。そのうえ、異常気象と頻発する自然災害は日本の農業全体に大きな打撃をもたらし、被災による離農も生じている。農業における高齢化と後継者不足のみならず、日本社会全体で少子高齢化が進行し、人と人、人と自然、都市と農村の関係が分断され、コミュニティの崩壊が進み、社会全体が疲弊している。

　しかし、そのような状況の中で、有機農業に取り組む新規就農者の割合は高く、都市に住む若者が農村での生活や子育てを求めて農山村に移住する田園回帰の動きも広がりつつある。都市農業の位置づけも大きく変わり、農業が有する多面的な機能に目を向けた新しい動きが生まれている。人類史上初めて、都市部に住む人びとの割合が農村部に住む人びとの割合を上回るようになった今日、大きなパラダイム転換が起き始めているのである。

　当学会では設立20周年を迎えるのに先立ち、今後の有機農業・有機農業研究の課題と方向性を展望するためには農業と環境の持続可能性について改めて問い直す必要があると考え、2017年9月から1年にわたって公開フォーラム「持続可能な農業と環境に関する研究会」を開催してきた。本書はこの研究会における議論をもとに企画された。本年度に入ってからは、「有機農業とは何か」について共通認識を得るために小研究会を開催し、出版に備えてきた。また、19年3月には18年度の理事改選で理事を退任した中島紀一氏、古沢広祐氏、本城昇氏（元副会長）、桝潟俊子氏（元副会長）の4名が主催した報告会「日本の有機農業とともに歩んで　最近の四半世紀　回顧と展望」が開催され、本書の出版に対し、側面から応援していただいた。

　本書はⅢ部構成である。第Ⅰ部は「持続可能な農業としての有機農業」と題して主に社会科学的な視点から、第Ⅱ部は「代替型有機農業から自然共生型農業へ」と題して自然科学的な視点から、自然と共生する持続可能な農業のあり方とそれを取り巻く環境との関係について論じている。第Ⅲ部は「21世紀を担う有機農業の姿」と題して、次の時代を担う若手を中心に実践者の取り組みをまとめた。さらに、実践に基づくコラムも収録している。

　読者の皆さんには、最初に第Ⅰ部第1章「有機農業とは何か」を読み、有機農業について考えるポイントとなる15項目について共通認識を持ったうえで、

関心事項に即して読み進んでいただきたい。第Ⅰ部と第Ⅱ部はいずれの章も農業の持続可能性を考えて長年、研究・実践に取り組んできた方々の力作であることに変わりはないが、以下についてとくに記しておきたい。

第Ⅰ部第2章3では、米国、フランス、韓国の現状について、各国在住の研究者に寄稿していただいた。第4章では、長年にわたるCSAの実践経験をもとにしたコミュニティデザインのあり方と創り方が具体的に述べられている。第6章には、近年急成長している量販店における有機農産物・食品の流通に関する最新の調査結果が含まれている。

そして第Ⅱ部では、有機農業の実践を裏付ける新しい知見をたくさん紹介した。有機農業推進法がもたらした大きな成果の一つである。土壌微生物と作物との関係に代表されるような作物と他の生きものとの関係や、畑を耕すことの功罪など、持続可能な農業への転換がもたらす変化が科学的に立証される時代になりつつあることを実感していただけるであろう。

本書の企画に際しては、20周年記念出版事業担当委員の間で、「単なる研究論文集としない」「20年、50年先の農業のあり方を考えるために、持続可能な農業のあり方を分かりやすく示すことができる方策を見出す」ことを目指して準備を進めてきた。「有機農業とは何か」について共通認識を深めるために小研究会で議論を重ね、農業における持続可能性の指標を見出すための検討も重ねてきた。ただし、当初に目指した規模別・作物別に農家を分析して持続可能な農業の概要を示すという目標は、達成できなかった。次の目標として、調査・研究を進めていきたい。

さらに、初代保田会長からは、「学会としての組織的体裁は整ってきたが、有機農業研究にはまだ多くの課題が残されている。これらの課題に対し、今日の日本有機農業学会のアプローチに必ずしも迫力があるわけでない」と叱咤激励をいただいた。この暖かくかつ厳しい言葉にも応えていかねばならない。

当学会は、20周年記念事業を支えた第5代大山利男会長から、新会長へとバトンが渡され、21年目を迎える。これまで、当学会にご尽力いただいた皆様に感謝の意を表するとともに、自然と共生した持続可能な農業の普及・発展のために一人でも多くの方々に本書を役立てていただければ幸いである。

　　　　　澤登早苗（20周年記念出版事業代表、第4代日本有機農業学会会長）

もくじ●有機農業大全

〈刊行に寄せて〉日本有機農業学会20周年を祝う　保田　茂　*2*
はじめに　澤登早苗　*4*

第Ⅰ部　持続可能な農業としての有機農業　*13*

第1章　有機農業とは何か　澤登早苗ほか　*14*

定義と原則 *14*／持続可能な本来農業に向けた歩み *18*／研究アプローチ *22*／
近代化技術の捉え方と有機農業的技術 *25*／土壌の保全 *29*／育種 *30*／地域資源
の活用 *34*／多様な農法 *37*／営農スタイル *40*／検査・認証制度の捉え方 *42*／
風土 *46*／家族農業 *48*／エネルギーや暮らしの半自給 *50*／持続可能な開発目標
＝ SDGs *52*／アグロエコロジー *55*

〈コラム〉小農の新しい定義　萬田正治　*58*

第2章　日本と世界の有機農業　*59*

1　日本の有機農業　藤田正雄　*59*

　1　日本の有機農業の現状　*59*

　2　自治体の取り組み　*62*

　3　経営の現状　*63*

　4　有機農業推進の課題　*65*

2　グローバリゼーション下の国内農業政策と有機農業　高橋　巌　*67*

　1　農産物市場の開放と国内規制の緩和　*67*

　2　農産物市場開放と国内規制緩和の有機農業への影響　*70*

　3　国内農業と食の安全を守る「最後の防波堤」としての有機農業　*72*

3　世界の有機農業　*75*

　⑴米　　国　村本穣司　*75*

　⑵フランス　雨宮裕子　*82*

　⑶韓　　国　鄭　萬哲　*92*

第3章　農の本質を抱きしめていく有機農業
　　　　　　──足元に広がる農学のフロンティア　宇根　豊　*99*

1　本質を問わない習慣　*99*

2　有機農業とは「農の本質」を深く抱きしめて生きていくこと　*101*

3 なぜ、農薬・化学肥料・遺伝子組み換え技術を拒否するのか？　*102*
4 仕事を思想化するということ　*103*
5 仕事の語り方の変化　*106*
6 技術に経験知と暗黙知を組み込めるか　*107*
7 有情本位の世界　*108*
8 農の精神性　*110*
9 農学のフロンティア　*112*

第4章　人と人・土がつながり合う社会を目指して　エップ・レイモンド　*114*
1 コミュニティ・デザインと農　*114*
2 メノビレッジのＣＳＡ　*114*
3 工業的発想からの脱却　*117*
4 新たなマインドで生きる　*119*

第5章　有機農業を支える持続可能な種子システムを考える
西川芳昭　*122*
1 なぜ種子について議論するのか　*122*
2 種子システムとは　*123*
3 種子の資源としての価値と保全管理の場所についての議論　*125*
4 品種の多様性管理に関する国際的枠組み　*126*
5 種子をめぐる国内での議論　*129*
6 種子をめぐる農の営みの実践　*131*
7 既存システムを超えた種子研究の可能性としての自家採種研究　*132*

〈コラム〉オーガニックファーマーズ朝市村から生まれる広がり　吉野隆子　*137*

第6章　持続可能な農と食をつなぐ仕組み・流通
桝潟俊子・高橋巌・酒井徹　*138*
1 本章の課題　*138*
2 一般流通の拡大と産消提携　*139*
3 生産者と消費者が地域でつながる　*141*
4 協同組合産直と有機農業──生協を中心に　*144*
5 有機農産物専門流通の展開　*149*
6 量販店などにおける有機農産物・食品の流通　*153*
7 農と食をつなぐ仕組み・流通の構築に向けて　*159*

第7章　多様な農の担い手　小口広太・甕理恵子　*164*

　1　有機農業の担い手の広がり　*164*

　2　ＪＡが育てる若い新規参入者　*165*

　3　個人から広がる有機農業と農的暮らし　*170*

　4　多様な農の担い手を育てる　*175*

第8章　有機農業と地域づくり

　　　　　　　　　　　　　谷口吉光・尾島一史・大江正章・相川陽一　*178*

　1　有機農業の「社会化」と「産業化」　*178*

　2　全国有数の有機農業の村・柿木村　*181*

　3　全量地元産有機米の学校給食と有機農業・いすみ市　*185*

　4　県が行う有機農業推進政策　*193*

　5　有機農業が地域活性化に寄与する　*201*

〈コラム〉時代と風土が生み出した「コウノトリ育む農法」　西村いつき　*204*

第Ⅱ部　代替型有機農業から自然共生型農業へ　*205*

第1章　有機農業と環境保全　小松﨑将一・金子信博　*206*

　1　近代農業がもたらす環境への影響と有機農業　*206*

　2　オーガニック3.0の戦略　*207*

　3　農業の永続性への課題　*208*

　4　慣行栽培と有機栽培の食品比較　*211*

　5　保全しながら生産する新たな有機農業へ　*213*

第2章　多様な植生と共生型管理へのアプローチ

　　　　　　──草を活かす技術、草を生やさない技術　嶺田拓也・岩石真嗣　*218*

　1　有機農業における植生の位置づけ　*218*

　2　多様な植生が見られる有機・自然圃場　*219*

　3　水田雑草の共生型管理に向けた耕種防除技術　*221*

　4　自然草生を活かした敷き草にみる畑地雑草植生の共生型管理　*228*

　5　共生型管理の確立に向けて有機農家に求められるもの　*230*

〈コラム〉農マライゼーション　石田周一　*235*

第3章　土壌生態系の管理　金子信博　236

1　土づくりへの誤解　236

2　土壌の持つ機能　237

3　土壌生物の多様性　238

4　土壌生物の機能　240

5　農作業が土壌生態系に与える影響　241

6　土壌生態系の機能を活かした農地の管理　244

第4章　植物共生菌による省資源型栽培　成澤才彦　248

1　根の重要性　248

2　植物共生菌と根部エンドファイト　249

3　根部エンドファイトを利用した作物栽培——有機態窒素利用の勧め　250

4　根部エンドファイトは植物を環境ストレスに強くする　254

5　根部エンドファイトの野外での動態が見えてきた　256

6　微生物のつながりが見える土壌診断へ　257

〈コラム〉有機畜産への道　中嶋千里　259

第5章　作物圏共生微生物による病虫害防除　池田成志　260

1　堆肥の施用による病害防除　260

2　炭の施用による病虫害防除　263

3　輪作・緑肥などによる病虫害防除　266

4　各種有機物の施用による病虫害防除　267

5　有用（微）生物利用による病害防除の課題　270

6　微生物科学から考える新しい害虫防除　272

7　有機栽培と慣行栽培の病害比較　274

第6章　生態系サービスを活用した減農薬・有機栽培での害虫管理

大野和朗　279

1　生態系サービスによる自然制御　279

2　害虫管理と有機農業　280

3　生態系サービス活用のための土着天敵利用　282

4　露地野菜栽培における生態系サービスの取り込み　285

5　果樹園での生態系サービスの取り込み　286

6 有機農業で天敵の働きはどこまで期待できるのか　*288*

第7章　持続可能な農業のモデル

小松﨑将一・嶺田拓也・金子信博・尾島一史　*294*

1 持続可能な農業の姿　*294*
2 農園の概要とイタリアンライグラスの活用　*294*
3 不耕起・草生栽培の養分量　*298*
4 土壌の生態系　*300*
5 農園の経営　*302*
6 保全しながら生産する新たな道へ　*303*

第Ⅲ部　21世紀を担う有機農業の姿　*307*

小規模有畜複合農業を目指して　浅見彰宏　*308*

Get the GLORY　関 元弘　*310*

持続可能な農業へ　戸松正行・礼菜　*312*

無肥料・無農薬で野菜を作る　佃 文夫　*314*

持続可能な大規模経営　井村辰二郎　*316*

里山農業でいのちと向き合う　伊藤和徳　*318*

有機農業が日常である暮らしの実現に向けた実践と研究、対話

松平尚也・山本奈美　*320*

「家族のために作る」が始まり——40年目の現状と未来　古野隆太郎　*322*

あとがき　小松﨑将一　*324*

第Ⅰ部

持続可能な農業としての
有機農業

14　第1章　有機農業とは何か

第1章
有機農業とは何か

定義と原則

国際的な定義と日本の定義

　「有機農業は、土壌・自然生態系・人々の健康を持続させる農業生産システムである。それは、地域の自然生態系の営み、生物多様性と循環に根ざすものであり、これに悪影響を及ぼす投入物の使用を避けて行われる。有機農業は、伝統と革新と科学を結び付け、自然循環と共生してその恵みを分かち合い、そして、関係するすべての生物と人間の間に公正な関係を築くと共に生命(いのち)・生活(くらし)の質を高める」

　これは、国際有機農業運動連盟(International Federation of Organic Agriculture Movements. 以下、IFOAM。1972年に英国の土壌協会(1946年設立)など5カ国の5団体で設立)が2008年の総会で定めた有機農業の定義である(和訳も含めてIFOAM のホームページに掲載)。

　前半では、FAO/WHO 合同国際食品規格委員会(以下、コーデックス委員会)による有機的に生産される食品の生産、加工、表示および販売に係る国際ガイドラインや、各国政府・民間団体が定める基準において生産の原則として用いられている農法について、後半は、世界の有機農業運動が目指してきた基本理念、すなわち「関係するすべての生物と人間との間に公正な関係を築く」「いのちとくらしの質を高める」について、述べられている。

　有機農業者が大切にしてきた有機農業の理念と、それを実現するための農法の両面に関して触れられており、真に持続可能な社会の実現を目指す有機農業の定義として、現時点での到達点を示したものと言えよう。

　日本では1988年に日本有機農業研究会が有機農産物の定義を公表した。それは、有機表示の氾濫と混乱が引き起こした社会問題に対処するためである。

　「有機農産物とは、生産から消費までの過程を通じて、化学肥料、農薬等の

合成化学物質や生物薬剤、放射性物質をまったく使用せず、その地域の資源をできるだけ活用し、自然が本来有する生産力を尊重した方法で生産されたものをいう」

それは、生産方法を具体的に示してはいなかったが、有機農業運動を先導してきた団体が「有機農産物とは無農薬・無化学肥料で栽培されたもの」であると宣言したことの社会的な意義は大きかった。しかし、日本有機農業研究会はしばらくの間具体的な農法や基準問題について取り組むことはなく、独自基準を制定したのは1999年になってからである。

有機生産の基礎基準から有機農業の原則へ

一方、欧米諸国では、有機表示への混乱の対応は日本と大きく異なる。有機農業者の実践を示すものとして基準が設定され、有機農産物を偽物や誤用から守るための手段として用いられてきた。英国では土壌協会が1967年に最初の有機基準を策定し、フランスでは80年に有機農業が法律で公式に認められ、有機農業推進のための委員会がつくられている。また、米国では73年に最初の認証団体 CCOF（California Certified Organic Farmers：カリフォルニア認定有機農業者団体）が設立された。

IFOAM は1984年以降急激に会員数を伸ばし、名実ともに世界最大の有機農業運動の民間組織に成長し（現在の会員数は127カ国、約750団体）、さまざまな側面で有機農業運動に影響を及ぼしてきた。90年代までの活動の中心は、有機食品の基準・認証制度や認定プログラムの整備である。世界各地で設定されつつあった国や地域の基準に枠組みを与えるために、有機農産物および加工食品の基礎基準を策定し、改訂が重ねられてきた。

この基礎基準は有機農法および有機農産物の加工方法の現状を反映しているものとして位置づけられ、1991年の EU 規則制定や90年の米国有機食品生産法成立に大きな影響力を及ぼした。99年にコーデックス委員会が上述の国際ガイドラインを策定した際にも、主な典拠とされている。

基礎基準の改訂は民主的な手続きで行われ、提出された意見は基準検討委員会で検討後、総会に諮られ、直接投票で賛否が問われた。ところが、会員団体が増えるにつれて農業実践も多様となり、それを基礎基準としてまとめることが難しくなっていく。また、国際ガイドラインが策定され、各国が有機基準を

定めると、基礎基準への関心もしだいに薄れていった。基礎基準は2002年版から認定指標、有機保証システム関連の運動方針とともに、IFOAM規範に収められるようになり、11年には、IFOAMが基準の役割を「基準のための基準」から「認定のための基準」へと転換したことで、その役割は大きく後退した。

改訂を重ねてきた基礎基準は、基準・認証制度を世界に広めるという点では大きく貢献した。しかし、基準・認証制度を整備するだけでは有機農業は広がらない。また、認証を受けない有機農業者も多いという現実もあった。さらに、最低条件で設定された有機基準による検査・認証制度が普及するにつれ、基準は遵守しているものの、有機農業の原則を満たしていない、あるいは原則を満たす方向に改良を進めようとしない営農事例が現れ始める。

加えて、農業者や企業の社会的責任や取引における公正性が重視されるようになったにもかかわらず、有機基準ではそれらが直接規制されていないため要求できないという新たな課題も生じてきた。

より深く、シンプルにあるべき姿を示す有機農業の4原則

有機農業はその土地の環境や文化に適応した方法で行われるべきであり、その実践は多様だが、そこには必ず共通点がある。認証を受けていてもいなくても、販売用であれ自給用であれ、有機農業とはどうあるべきか。基礎基準の冒頭で基本的目標として提示していた有機農業の理念を整理して、短い言葉で簡潔に示すことが、国際的な有機農業運動を次の段階に進めるための指針となるはずだ。

そうした想いを持って会員や有機農業関係者に呼びかけ、その意見を集約したものが「有機農業の原則」[1]である(2005年の総会で承認)。現在20言語に翻訳され、IFOAMのホームページで紹介されている(IFOAM 2005)。

有機農業の原則は、「健康」「生態的」「公正」「配慮」の4項目から成る。それぞれに、理念と短い説明が記されている。また、「これらの原理は全てが一つのものとして用いられるべきである。これらは行動を喚起するための倫理的な原理として構成されている」と注記され、有機農業とは単に禁止資材を使用しない「ノンケミカル」農法を指しているのではないことが記されている。

「健康」と「生態的」の2項目は今日では一般的に知られるようになった理念であり、各国や民間の有機基準の中でもある程度は規制されている。だが、

社会正義や公正な取引、次世代への配慮や予防原則などを含む「公正」と「配慮」の項目は、今世紀に入ってからその重要性が顕著になってきたもので、有機農業者およびビジネスの多くはこれらを守っているものの、有機基準の中では直接規制されておらず、要求することはできない。

そこで IFOAM は、有機農業運動の次なる段階を「オーガニック3.0」と名づけ、パラダイム転換を呼びかけた。

「真に持続可能な農業の実践がもたらす社会や経済面での便益は、現在のあらゆる問題を削減し、難題に挑む手段となりうる。持続可能とは、次世代がそのニーズを満たせる条件を危機に晒さずに、現在のニーズを満たすこと、天然資源の枯渇や破壊を避けることで生態系のバランスを保全することである」(IFOAM 2017)

すなわち、現在一般的に実践されている農業は生物多様性や気候変動などの問題に大きく加担してしまっているが、その実践方法を持続可能なものに変えることで農業は問題の解決策となりうる。そのためには、4項目から成る原則を有機農業運動の中枢に置き、農業の持続可能性を高めるための活動を行うことが不可欠であり、このオーガニック3.0は、アグロエコロジー、フェアトレード、スローフード、小規模・家族農業経営の推進、CSA(Community Supported Agriculture：地域で支え合う農業)、都市農業などに取り組む人びとと共有されたものである、とされている。

冒頭で紹介した有機農業の定義は、多様な取り組みを行っている人びととの連携の中で、有機農業の原則が承認された後、定義を作成すべきという動議に基づき、2008年の総会で承認されたものである。

(1) 和訳を行った際、英語に忠実に訳すべきという統一見解のもと Principle を「原則」ではなく「原理」と訳した。日本語としては「原理原則」という表現が最適と思われる。

＜引用文献＞
IFAOM(2005). Principles of Organic Agriculture. https://www.ifoam.bio/en/organic-landmarks/principles-organic-agriculture(閲覧確認2019年10月19日)
IFOAM(2017). *Organic 3,0 For truly sustainable farming & consumption.* 対訳「オーガニック3.0　真に持続可能な農業と消費のあり方を求めて」IFOAM Japan。

〈澤登早苗〉

持続可能な本来農業に向けた歩み

提携のもとで相互変革

日本の有機農業運動は、1970年代初頭から組織的な取り組みが始まる。それは、農業の近代化と高度経済成長のひずみがもたらした公害や食品汚染、農薬散布による農民の健康被害などへの疑問や反省から、時代との緊張関係の中で自然発生的に、歴史の必然として生み出された。言い換えれば、工業化した近代農業への疑問・批判からの、農業・農法の転換に向けた運動である。

それは同時に、農や食に関わる問題だけでなく、生産現場と消費をつなぐ仕組みの変革を迫るものであった。さらに、ライフスタイル自体が「社会システムの中に組み込まれている」事実に気づく過程でもあった。そして、食べものを商品化し、農と食を市場経済に組み込んでいった近代化・産業化を根底から問い直す視点を獲得しつつ、農民と消費者の相互変革運動へと高めていく。

こうして日本の有機農業運動はその草創期に、「安全な食べもの」を手に入れるために提携という独創的な仕組みを工夫し、生命の糧である農産物を「商品化」せずに共同購入する市場外流通の形をあえて選んだ。生産者と消費者の信頼関係を土台にした有機的関係のもとで有機農業を支援し、広げていったのである。

＜あるべき農業＞の探求

日本有機農業研究会発足時の規約の目的(第1条)には、「環境破壊を伴わず地力を維持培養しつつ、健康的で味の良い食物を生産する農法」の探求と確立とある。しかし、その農法の規定は具体性に欠けていた。農業の近代化による土壌の荒廃や健康被害、家畜の異変、環境汚染などの弊害に気づいた農民(農業者)は、在来・伝統農法に学び、自然や大地と向き合い、試行錯誤を繰り返して、栽培技術を高めていく。それは、特定の方式の農法を広める取り組みではなく、農耕・農業のあり方、食や生活のあり方、現代社会・現代文明のあり方を根本から問い直す、幅広い実践を促すものであった。

当時、有機農業の最も有力な世界的潮流となっていたのは、英国の植物病理・微生物学者であるアルバート・ハワードの農業理論である。1940年に著した『農

業聖典』（原題 *An Agricultural Testament*）は、有機農業のバイブルとして広く影響を与えた（ハワード 2003）。また、一樂照雄（有機農業運動の提唱者）は、ハワードの共鳴者である J. I. ロデイルの著書『黄金の土』（原題 *Pay Dirt*）を翻訳し（ロデイル 1974）、ハワードの持続的農業論・地力論を広く日本に紹介した（桝潟 2016）。

だが、有機農業の実践が各地で始まったころ、未熟な堆肥や有機物を田に大量に鋤き込んで稲が倒伏したり、イモチ病やウンカなどの病虫害に見舞われたりした。「有機」とか「オーガニック」という言葉には"有機物""堆肥"というイメージがあり、「有機農業は堆肥施用農業」と誤解された面があったからだ。一方で、消費者は「農薬や化学肥料は使わないでほしい」ということに強いこだわりを持っていた。草創期におけるこうした悪戦苦闘を通して、しだいに〈あるべき農業〉の具体像が紡ぎだされていく。

そこで提起されたのが、地域に適した作目を選択し、なるべく多品目を作りまわす有畜複合農業である。そこでは、生活・地域を包括して捉えた自給と物質循環が重視された。

なお、日本では有機農業の定義や原理、農法について、欧米における栽培指針（基準）のような形をあえて明らかにしないまま、提携を旗印に有機農業運動が広がったと言えるだろう。その結果、一般流通では「有機農産物」表示が氾濫し、まがいものが横行するなど混乱が起き、社会問題にもなった。

有機 JAS 制度の導入と有機農業推進法の施行

1990年代末になると、WTO（世界貿易機関）体制のもとで貿易を含む有機農産物流通システム確立に向け、国際的に標準化された規格基準と第三者認証制度の確立・整備が進められていく。国際的な有機認証システムとの整合化（ハーモナイゼーション）を図るために、日本でも有機農産物と有機食品の検査認証制度（有機 JAS 制度）が JAS 法改定によって2000年6月に導入された。

だが、有機 JAS 制度は、有機農産物流通における表示の混乱に対処するため、有機農産物・食品の認証と表示規制を図ることを第一義とする制度である。有機農業への転換や推進を促す規定や表示ルールは、盛り込まれていない。

そうした状況のもとで、日本有機農業研究会は、1999年2月、有機農業運動が目指すものを改めて分かりやすく10点にまとめ、独自の「有機農業に関する

基礎基準」として発表した(15ページ参照)。それは、生きた土づくりによる地力の維持培養、自然との共生、地域自給と循環が持続性の高い本来の有機農業の欠かせない要件であるにもかかわらず、有機JASの表示基準に完全に抜け落ちていたからである。本来の有機農業を広げるには、こうした共通認識・理解を生産者だけでなく消費者にも浸透させていくことが欠かせない。

2006年12月には有機農業推進法が施行され、国(農林水産省)レベルの有機農業関連政策・制度の整備が進んだ。有機JASは表示規制を図るものであったが、有機農業推進法では、有機農業の推進は「国及び地方公共団体の責務」(第4条)である。

それを受けて全都道府県が有機農業推進計画を策定し、有機農業者も参加した有機農業推進委員会が設けられるなど、大きな前進が見られた。ところが、事業仕分けによって有機農業モデルタウン事業は廃止され、産地収益力向上支援事業に組み換えられてしまう。「生産性の向上」という農業政策の流れが、有機農業政策においても厳然と存在していた。なお、有機農業モデルタウン事業に先導された「地域に広がる有機農業」は、オーガニックフェスタなどの形で継続している。

現在では、有機農業の基盤となってきた家族農業＝小農に限らず、新規就農者や法人経営の増加など、多様な営農形態が存在する。経営展開としては、収益性重視(たとえば、施設化や雇用労働力の導入など)と、自然とともにある暮らし方重視に二極化しつつある。

持続可能な本来農業へ

無施肥農法とも呼べる自然農法に関心を抱き、資源問題や持続可能性、生物多様性を視野に入れて活動したのが、中島紀一や明峯哲夫らをメンバーとする有機農業技術会議である。彼らは資材依存型有機農業に警鐘を鳴らし、資材に頼るのではなく、省資源の「低投入型有機農業」であるべきだと提唱した。

本来の有機農業では、圃場と圃場をとりまく環境(自然)を一つの生態系(無数の生物が生きている環境)と捉える。作物はその中に自らの位置を確保しているから、自然と共生する技術形成が求められる。それを、「低投入・内部循環・自然共生の有機農業技術」と呼んだ(中島 2013)。

1970年代初頭から40年が経過し、当時の先駆者たちの有機農業は成熟期を迎

え、長年にわたる堆肥投入による土づくりの結果、農地は安定した生態系となってきている。こうして、外部からの有機物投入にそれほど依存することなく、作物残渣や雑草、草木、刈り敷きなどを活用する低投入・自然共生型農業への進化が見られる。それは、農薬・化学肥料を使用せず、堆肥を投入する従来の有機農業ではない。成熟した有機農業は物質・生命循環の原理が内包された、限りなく自然農法と親和性を持つ技術に変化している（桝潟 2016）。

　低投入による持続性のある土づくり（マメ科や多年生作物との輪作、耕耘の休止、施肥管理法の改善など）や、カバークロップ（緑肥）の導入、作物残渣マルチを利用した雑草の抑制や施肥技術、環境負荷の軽減や生物多様性を活かす農法など、持続可能な本来の農業を追求する日々の実践から新しい技術の芽や工夫が次々と試みられてきた。

　不耕起栽培のように、「有機農業は労力・手間がかかる」という言説を覆す省力化技術の可能性も追求されている（涌井ほか 2008：255-274）。

　こうした本来の有機農業の追求を支え、広げてきたのは、提携や地産地消運動、CSA、生協産直、直売市・直売所などを通して培われた関係性（有機的関係性、生命共同体的関係性）とネットワークである。また、そこで生まれた人とのつながりや情報、実践経験は、協同組合産直や有機農産物専門流通、量販店などの一般流通における有機農産物流通事業の展開にも影響を与えていく（第6章4〜6節参照）。

　持続可能な本来農業への転換は、単に投入資材の代替ではなく、農業システムの再設計・変革を伴う。それゆえ、農と食をつなぐ仕組み・流通システムの変革が不可欠である。これまでの有機農業運動と有機農産物流通の実践・経験を基礎に、農と食をつなぐ仕組み・流通の変革と一体となって進められることによって、基準や認証制度がかかえる課題が乗り越えられていくのではないだろうか。

＜引用文献＞

ハワード，A.（保田茂監訳 2003）『農業聖典』コモンズ。

桝潟俊子（2016）「有機・自然農法の思想と実践」江頭宏昌編『人間と作物：採集から栽培へ』ドメス出版、154〜173ページ。

中島紀一（2013）『有機農業の技術とは何か──土に学び、実践者とともに』農山漁村文化協会。

22 第1章 有機農業とは何か

ロデイル, J. I.（一樂照雄訳 1974）『有機農法——自然循環とよみがえる生命』協同組合経営研究所。

涌井義郎・舘野廣幸（2008）『解説 日本の有機農法——土作りから病害虫回避、有畜複合農業まで』筑波書房。

〈桝潟俊子〉

研究アプローチ

有機農業の研究を行う場合、まず忘れてはならないことは、それが「現場主導」で進んできた歴史である。すなわち、日本で1970年代あるいはそれ以前から有機農業を開拓してきたのは、研究者ではない。農薬や化学肥料の多投による増収のみを目指した近代農法に疑問を呈し、安全で、より自然の法則に則った農業のあり方を独自に模索してきた少数の農家あるいはそのグループであった。当時の有機農業者は公的支援を受けるどころか、むしろ周囲から奇人、変人の烙印を押されるなか、先覚的な指導者あるいはJ. I. ロデイルやアルバート・ハワードなどによる有機農業書に導かれ、少数の理解ある消費者と協力しながら、各地域の自然環境条件に適合した有機農業を探求してきた。

それゆえ、有機農業研究の第一歩は、既存の有機農業者を尊重し、彼らとの信頼関係を築くことである。これなくして実効的な有機農業研究はあり得ない。

そのうえで、どのような研究アプローチを取るかは研究目的や分野によって異なる。ここでは、有機農業研究においてしばしば採用される3つのアプローチについて概略を述べる。

システムズアプローチ（systems approach）

システムは互いに影響しあう複数の構成要因から成る一定の機能的領域で、構成要因の総和以上の存在である。システムズアプローチは、こうした複雑なシステムが全体としていかに機能するかを検討する手法である。たとえば、有機農場は植物、動物、鳥類、昆虫、微生物、人間などを含む多様な生物が一定の自然的・社会的環境下で相互に影響しあう複雑なシステムである。システムズアプローチでは、実在の有機農場全体を一つのシステムとして捉え、複雑な相互作用の結果としての農場の持つ諸特性（たとえば、経済性、養分循環、生物

多様性、病害虫防除機能、農家の生きがいなど)について検討する。

一方、複雑なシステムに含まれるいくつかの要因について研究したり、構成要因間の因果関係を特定したりするには、大学農場や、国や都道府県の農業試験場における要因実験が用いられる。システムズアプローチと要因実験は相補的関係にあり、持続可能な農業生態系の開発には両者の統合的利用が有効である(Drinkwater 2002)。

参加型研究(participatory research)

近年、自然科学・社会科学を問わず、多くの分野で採用されているこの手法は、文字どおり研究の過程に受益者(有機農業研究では多くの場合、有機農業者)が参加する。これにより、受益者のニーズに沿った研究が行われ、現場で有用な成果が得られる可能性が高まる。米国農務省の競争的研究資金プログラムである有機農業研究・普及主導プログラム(Organic Agriculture Research and Extension Initiative Program)は、研究の企画・立案から、実施、とりまとめ、そして最終評価に至るすべての過程に有機農業者が関わることを必須条件としている(USDA-NIFA 2019)。

「参加型研究」の発展形として「参加・行動型研究」(participatory-action research：PAR)がある。そこでは、特定の問題に関連する多様な受益者(たとえば、農業者、流通業者、加工業者、NPO、行政担当者、消費者など)を積極的な参加者として招く。そして、研究、省察、行動という循環を繰り返しながら(図Ⅰ-1-1)、研究と同時に、現場における問題の解決をも図ろうとするもので、参加型研究同様、多くの分野で活用されてきた(Kindon et al. 2007)。

トランスディシプリナリーアプローチ(transdisciplinary approach)

トランスディシプリナリー(超学際協働)アプローチも有機農業の研究に重要な手法である。これは、学問的・科学的知識のみならず、経験的・地域的・土着的など異なる形の知識を評価し、統合す

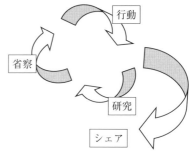

図Ⅰ-1-1　参加・行動型研究の循環
(出典) Bacon et al.(2005)

る(Méndez et al. 2016)。それぞれの農家や農場は固有の生物多様性と農業環境を持ち、それらは時々刻々と変化する。したがって、各地域の自然環境条件に適応した有機農業技術の開発と普及には、究極的に個々の農場の生物多様性や環境条件に関する農家の知恵、経験、観察と、それに基づく科学的原理の応用——すなわち、トランスディシプリナリーアプローチ——が不可欠である。

これに類似した概念にトランスサイエンス(trans-science)がある。米国の物理学者ワインバーグ(Weinberg 1972)は、科学と政治の間にあって科学的に記述できたとしても、科学的に答えをだすことはできない問題(たとえば、ごく低濃度被曝の人体への影響。その明確な評価にはきわめて多数の実験動物を要する)をトランスサイエンスと呼んだ。故野中昌法氏はこれを「科学者が科学には限界があることを認識して、科学では得ることができない解答を農家(専門家以外の多くの人たち)に自らの調査結果を公開して、ともに考え解決する道を探ること」と解釈し、有機農業研究と原発事故により被曝した福島の有機農業農家の復興支援研究の指針とした(野中 2018)。『有機農業研究』誌や著書に発表された彼の多くの研究成果と思想は、今後の有機農業研究のあり方にきわめて重要な示唆を与えている(野中 2014)。

なお、海外では、開発国・開発途上国を問わず、上記のような研究アプローチを用いた有機農業を含む農業生態系やフードシステムに関する研究、普及および教育が農生態学(agroecology)という学問的枠組みにおいて活発に行われている(たとえば FAO-UN 2019, Gliessman 2015；Méndez et al. 2016)。

<引用文献>

Bacon, C., Mendez, E., & Brown, M. (2005). Participatory action research and support for community development and conservation: examples from shade coffee landscapes in Nicaragua and El Salvador. *UC Santa Cruz: Center for Agroecology and Sustainable Food Systems*. Retrieved from https://escholarship.org/uc/item/1qv2r5d8(2019/7/29確認)

Drinkwater, L. E. (2002). Cropping Systems Research: Reconsidering Agricultural Experimental Approaches. *HortTechnology*, 355-360.

FAO-UN (2019). Agroecology Knowledge Hub. http://www.fao.org/agroecology/home/en/(2019/7/29確認)

Gliessman, S, R. (2015). *Agroecology: The Ecology of Sustainable Food Systems*. (3rd ed.). Boca Raton: CRC Press.

Kindon, S., Pain, R., & Kesby, M. (2007). *Participatory Action Research Approaches and Methods: Connecting People, Participation and Place*. London: Routledge.

Méndez. V. E., Bacon. C. M., Cohen. R., & Gliessman. S. R. (2016). *Agroecology: A Transdisciplinary, Participatory and Action-Oriented Approach*. Boca Raton: CRC Press.

野中昌法(2014)『農と言える日本人——福島発・農業の復興へ』コモンズ。

野中昌法(2018)「有機農業とトランスサイエンス：科学者と農家の役割」菅野正寿・原田直樹編著『農と土のある暮らしを次世代へ——原発事故からの農村の再生』コモンズ。

USDA-NIFA. (2019). Organic Agriculture Research and Extension Initiative (OREI), FY2018 Request for Applications (RFA). Retrieved from https://nifa. usda.gov/funding-opportunity/organic-agriculture-research-and-extension-initiative(2019/7/29確認)

Weinberg. A. M. (1972). Science and Trans-Science. *Science*, 177, No. 4045, 211.

〈村本穣司〉

近代化技術の捉え方と有機農業的技術

生産性向上を目指す近代化技術

　日本の農業近代化についてはいろいろな捉え方があるが、1961年に制定された農業基本法がその根拠の一つになっていることは確かだろう。同法では、それまで営まれてきた農業について、明治維新後に積極的に近代化が推し進められてきた工業など他産業と比べて生産性に劣り、また農業従事者の所得が依然として低いと認めた。そして、その是正を図るために農業の近代化と合理化を政策目標としている。

　「土地及び水の農業上の有効利用及び開発並びに農業技術の向上によつて農業の生産性の向上及び農業総生産の増大を図ること」(第2条第2項)

　「農業経営の規模の拡大、農地の集団化、家畜の導入、機械化その他農地保有の合理化及び農業経営の近代化を図ること」(第2条第3項)

　すなわち、日本農業における近代化技術とは、上記目標に資するために開発された一連の体系であると言えよう。そして、第9条の農業生産に関する施策

26　第1章　有機農業とは何か

では、こう述べる。

「国は、農業生産の選択的拡大、農業の生産性の向上及び農業総生産の増大を図るため、……農業生産の基盤の整備及び開発、農業技術の高度化、資本装備の増大、農業生産の調整等必要な施策を講ずるものとする」

つまり、農地の区画整理や排水対策などの生産基盤整備や合理的な施肥・防除体系の確立、機械化なども、生産性を向上させる近代化技術に含まれる。

ここで、農業の生産性を、土地生産性(単位面積当たりの収穫量)、労働生産性(一人当たりの生産力)、生産効率(投資当たりの生産量)として考えてみよう。有機農業では、生産性を向上させ得ると考えられてきた化学合成肥料や化学合成農薬などの近代化技術については、生態系や健康に及ぼす影響への懸念から利用を指向しなかった(一部には、化学合成肥料の代替として有機物由来の資材の大量施用やマルチ資材の利用、生物農薬の選択によって生産性の向上を目指す技術の追求が見られたが)。では、有機農業では生産性向上が望めないのだろうか。

土地生産性や生産効率に関しては、そうではない。たとえば畑作では霜里農場(埼玉県小川町)の金子美登氏ら、水稲作では民間稲作研究所(栃木県上三川町)の稲葉光圀氏らが、化学合成肥料や化学合成農薬に依存せずに、精緻な肥培管理や生育管理によって、慣行農法に劣らない水準まで技術の体系化を果たしてきた。

一方、労働生産性に関しては、環境制御の自動化が進んだ一部施設における無農薬栽培などを除いて、大きく改善されていないだろう。しかし、有機農業においても、AIやロボットなどの最新近代技術を積極的に導入すれば改善され得る。現実に、有機農業体系下で期待される水田や畦畔の除草ロボットの開発は急速に進展している。

この点を考えると、有機農業といえども、農地の排水性改良や水利施設の充実といった基盤整備技術を含め、化学合成肥料や化学合成農薬以外のポリ塩化ビニル(PVC)などの各種マルチ資材、天敵微生物を製品化したBT剤などの近代化技術に依存しつつある。決して近代化技術に背に向けているばかりではないことに留意すべきであろう。

有機農業的技術の方向性

だが、有機農業技術は、化学合成肥料や化学合成農薬に依存しないことを除

けば、近代化技術が目指してきた生産性向上の文脈で語られるものなのだろうか。

　農業とは元来、もともとの生態系を人工的に改変した農生態系下で環境に負荷をかけながら行われている。私たちが目指す有機農業とは、中島ら(2010)が提起した「低投入」「内部循環」「自然共生」の概念に代表されるように、できるだけ空間的な小単位で地域資源の活用によって生態系にかかる負荷を最小化し、安定した生産性を持続的に発揮させていくことである。

　農生態系を含め、地球上の生物圏を複雑適応系として捉えると、系の不確実性(持続不可能性)のリスクを避けるには、不均一性の確保とともに、モジュール構造(たとえば生物個体同士の相互作用系から成る集団のように、自律的で自己完結性を有したモジュールを単位とした生態系)の構成が欠かせない(レヴィン2003)。物質循環にせよ生物間相互作用にせよ、まずは小さなモジュール(ここでは空間単位)での完結性を重視したうえで、上位のモジュールと連鎖していくことが重要である。そうすれば、系外からあるモジュールに唐突にもたらされる深刻な病害虫のようなリスクに対し、区画化され自律的な各モジュールから成る構造により各モジュールが緩衝帯として機能し、全体への病害虫の波及を強靱に妨げられるだろう。

　なお、空間の最小単位については、気候、地形・地理条件や土壌基質に由来する元来の地力、地域の生物多様性の豊かさ、作目などによって異なり、一概に規定することは難しい。また、さまざまな条件によっても可変するものであることを付け加えておきたい。

　近代化技術では、最小の空間単位に立脚する資源から出発せず、持続的な生産性の担保として、外部の大きな単位の系から供給されるフローや資源に依存したために、さまざまなリスクに対して不確実性が増してしまった。さらに、外部からのフローや資材によって目的とする作物の生育制御を容易にするために、耕地の生態系を単純化させ、かえって耕地生態系の不安定化を著しく助長したのである。

　有機農業は、近代化技術が目指してきた生産性の向上や持続性を外部資源の導入を前提として追求する体系ではない。生産の持続性を生物間の相互作用系の自律性と強靱性に求める。それゆえ、地域資源を基軸として生産性を向上させ得る技術の体系を目指すべきであろう。

こうした観点に立てば、有機農業的技術と親和的な近代化技術なのか、外部依存性が高く目指す方向が異なる近代化技術なのか、峻別できよう。前述した「自然共生」型技術でも、たとえば、抑草に非常に効果が高いからといって海外産の野草や牧草などを播種すれば、本来の農地生態系の構造にどのような影響を及ぼすか分からない。導入後にリスクが発覚した際に元に戻すことも難しい。したがって、有機農業的技術とは呼べないだろう。一方、地場産材を用いた精巧な自動給水機能付きの水車などが開発された場合は、外部依存のIC基板が不可欠だとしても有機農業的技術の範疇に入るかもしれない。

また、生物相互作用も含めて植物には水や光環境などに対して環境応答能力がある。また、植物の応答によって環境も一刻一刻変化していく(環境形成能力)。近代化技術では、対象とする作物を主に物質循環系の中で扱いがちである。これに対して有機農業的技術では、作物を日々観察し、個々の反応を情報的に捉え、微細な環境の変化に先んじてきめ細やかな管理を行う、篤農家に通ずる技術も不可欠だろう。

なお、生産に関する不確実性をなるべく小さくし、持続可能性を高めるうえで、近代化技術が提供する各種センサー類によるモニタリングだけでは現時点では不十分である。人の目による観察(ヒューマンチェック)が欠かせない。仮に、今後AIによる学習などによって、人間以上の正確さで観察・判断できる技術が開発されたとしても、なるべく小さな単位(モジュール)での完結性を目指す有機農業では、やはり系の中心に人間の手や目を置くべきであろう。したがって、有機農業における労働生産性の捉え方については、慣行農業が目標とする地平と異なることを認識したい。

＜引用文献＞

中島紀一・金子美登・西村和雄編著(2010)『有機農業の技術と考え方』コモンズ。

レヴィン，S.(重定南奈子・高須夫悟訳2003)『持続不可能性——環境保全のための複雑系理論入門』文一総合出版。

〈嶺田拓也〉

土壌の保全

自然資源としての土壌と土壌劣化

　私たちはふつう土壌の保全についてとくに意識することはないが、農業にとって土壌は最も重要な資本である。それは、長い時間をかけて環境と生物が相互作用をして作り上げてきた自然資源である。同時に、土壌は陸上生態系の重要な構成要素であり、人の介入なしに自立的に維持される。一方で管理を間違うと簡単に劣化し、再生には多くの努力と時間がかかる。

　現在、人口増加に伴う開発や農業生産の集約化により、世界的に土壌の劣化が進んでいる。FAOによると、世界の農地の25％はすでに劣化している（FAO et al. 2017）。土壌劣化の原因は、さまざまである。土壌侵食、重金属や化学物質、原油あるいは放射性物質による土壌汚染、建物や道路の建設による被覆、圧密、さらには森林から牧草地や農地への転用によっても、劣化が進行する。

　なかでも、不適切な農地管理は、土壌侵食の増大や土壌有機物の減少を招いている。大気中の二酸化炭素濃度の上昇は化石燃料の大量使用に加えて、過度の耕耘による農地の土壌有機物の分解による影響も大きい（Lal 2004）。土壌の劣化は、食料の安全保障を脅かすと考えられている。

土壌保全の方法

　土壌を保全するためには、土壌が生態系として持続するような利用を考える必要がある。すなわち、急激な環境変化を避け、物資循環のバランスを乱さず、土壌生物の多様性を維持することが求められる。

　世界的な広がりを見せている保全農業（Conservation agriculture）は、不耕起・省耕起、有機物による土壌の被覆、そして輪作の3つを同時に実行する点が重要である（Hobbs et al. 2008）。これらは温度や水分条件といった土壌環境を安定化し、土壌生物の餌となる有機物をより多く供給して土壌の生物多様性を維持し、土壌生物によって維持される生態系機能を活用することを目指している。

　近代農業では化学肥料や化学合成農薬を多用し、農業機械による土壌の頻繁な耕耘や圧密によって土壌の理化学性が悪化してきた。化学肥料は水溶性の塩であり、土壌に散布することで浸透圧が急に変化する。そのため、土壌水分に

30　第1章　有機農業とは何か

大きく依存する微生物や小型土壌動物に大きなストレスを与える。また、地上部で散布される農薬とは別に、病原性土壌微生物の制御を狙う土壌燻煙剤は、病原菌以外の土壌生物も死滅させる。耕起による土壌の物理的な攪乱は、本来安定した環境に適応してきた土壌生物の個体数や多様性を大幅に低下させた。

土壌保全策としての有機農業

　慣行栽培と異なり、有機栽培では化学肥料や化学合成農薬を使用しないため、土壌生物に与える悪影響は少ない。したがって、土壌の生態系機能(炭素隔離、保水・排水など)は慣行栽培に比べて有機栽培が高い。しかし、頻繁な耕耘や過度の除草による土壌の攪乱は土壌生物にとって大きなストレスである。

　有機栽培でも土壌は有機物で被覆されないことが多く、ビニールマルチで被覆されることも多い。裸地状態は土壌の乾燥や急激な温度変化につながる。また、ビニールマルチはやがて土壌で物理的に劣化して細片化し、土壌をマイクロプラスチックで汚染する原因のひとつとなる。

　土壌保全による土壌の質の向上は、より安定した生物生産につながる。一般に、有機栽培では慣行栽培より面積当たりの生産量が劣るとされる。だが、土壌保全による生態系機能の確保は有機栽培のほうが優れており、より持続的な農業生産が可能なので、生産力以外の指標を含めた総合的な評価が必要である。

<引用文献>

FAO, IFAD, UNICEF, et al. (2017). The State of Food Security and Nutrition in the World 2017. *Building resilience for peace and food security*. FAO, Rome.

Hobbs. P. R., Sayre. K., Gupta. R. (2008). The role of conservation agriculture in sustainable agriculture. *Philos Trans R Soc Lond B Biol Sci*, 363, 543-555.

Lal. R. (2004). Soil carbon sequestration impacts on global climate change and food security. *Science*, 304, 1623-1627.

〈金子信博〉

育　種

　育種には、新品種の開発と、従来品種の改良・維持など採種技術を含む幅広い概念がある。そこには、人類の共有財産である遺伝資源の適切な利用と利益

の配分と、育成者の権利の保護のための知的財産取引とその便益を提供する仕組みをつくるという、二つの重要な課題がある。

有機農業に適した品種

有機農業の育種には、次の2点が期待される。ひとつは、歴史的に改良されてきた収量特性や食味品質などの遺伝形質を維持する方法である。もうひとつは、化学肥料や化学合成農薬などに依存せず、自然循環機能を活かした生育環境で健康な状態に育つ、動植物が本来有する潜在的適応能力の改良である。

また、農家の期待は流通の仕組みを反映して、二極化が見られる。市場流通であれば、色や形など外観の均質性が重視される。直接農産物を消費者に届ける提携であれば、食味などの内面的な品質が重視される。

今日、有機農業で栽培されている植物品種の大部分は、近代化農業のもとで育成・選抜されてきた。化学肥料や化学合成農薬を使用しないかぎり、カタログに示されている耐病性などの能力の発揮は難しい。

一方で、自家採種を継続し、得られた種子を有機栽培や自然農法を志す人たちの間で交換・共有する取り組みを発展させ、昔ながらの特性を持つ在来種を活用・再生する公的ジーンバンクや民間との共同による活動が続けられている。民間レベルで有機農業向きの種子供給を進める動きもある。ただし、国内の有機農業向き品種の育成は野菜など一部に限られている。必要な研究開発は不足し、有機農業に適した育種プログラムや有機種子生産の課題は多い。

こうした現状に対して、次のような報告(Orsini et al. 2016)もある。

「従来の育種プログラムは、有機農業に必要な形質の大半を見逃してきた」

「有機農業では、養分利用効率、病害抑止のための根圏能力、雑草との競争力、機械雑草防除に対する耐性、主要な種子伝染性の糸状菌、細菌や昆虫病害に対する耐性などの形質を持つ品種育成のため、もう一歩技術革新を進めるべきである」

育種・採種と種子供給の課題

現在、国内で流通する野菜種子の約9割が海外生産されていると見られる。また、国内に流通する種子はマメ類、ネギ、レタスなどの一部を除き、ほとんどがF_1交配種と言える。昨今のF_1交配種と固定種・在来種の利用に関する話

題や議論をみると、有機農業における育種の課題を正しく整理しなければならない。それは、有機農業に適した品種育成のための育種方法と、有機栽培で採種した種子の供給体制の確立である。

　種によって、育種方法は大きく異なる。たとえばキュウリ（*Cucumis sativus* L.）は主に雌雄異花であり、花の75％が自然交雑すると言われる。そして、遺伝的変異を起こす他家受粉と、同じ性質を伝える自家受粉（自殖）が混在する。ここでは、有機農業向きに育成されたF₁交配種と固定種のキュウリ品種の実例に即して解説していこう。

　固定種は、同系統集団に含まれる個々の株の持つ実用的な遺伝的性質が似た問題のない変異（キュウリでは果実の形や色、耐病性や雌花率が同等で、葉の形など生産に影響しないバラツキ）を含んだ集まりである。したがって、同系集団内の交配・採種により親集団の性質の大部分を子の集団に伝えられる。F₁交配種から採種を開始した雑種第2代以降の個体でも、自殖や同系交配を5～6世代繰り返すことで、実用的な形質は固定できる。

　一方F₁交配種は、異なる両親系の交雑組み合わせによって生まれた雑種第一代で、優良な両親となる2品種の組み合わせで新品種が育成できる。別の個体の花粉で人工受粉（他殖）する交配種としての採種は容易だ。

　また、固定種は同系交配や自殖に限られるものの、授粉操作は同じである。F₁交配種は、同じ固定種内での交雑よりも、両親の互いの短所を補い長所を伸ばす組み合わせが見つかる可能性が高まる。一般に、遠縁の組み合わせで品質や生産力が相乗的に高められる。これを雑種強勢と呼び、F₁品種の第一の利点とされる。第二の利点は、純系の両親系を交雑したF₁交配種はバラツキがなく、そろいが良いことだ。

　有機農業向けの育種では、多様性を持つ集団から固定を進める中で、無施肥・無農薬・少耕起・草生栽培といった条件に適応する能力の高い集団を選抜していけば、有機農業に適した固定種やF₁交配種を育成できる。ただし、固定種もF₁交配種の親系統も、自殖を8世代以上繰り返すと弱体化（自殖弱勢）し、施肥や農薬による保護が必要となるため、有機栽培では多様性を残す必要がある。前述の経験では、両親系統は有機栽培で採種維持しやすい4～5世代の自殖で実用的形質をそろえ、採種が難しくなる6～8世代をめどに集団にして、固定種並みの多様性を残している。

第Ⅰ部　持続可能な農業としての有機農業　33

そのうえで、両親系統は風媒(風で花粉が飛散し、授粉する)や虫媒(花粉媒介昆虫が授粉する)による自然交雑を避け、受粉相手を限定するため、開花前日から袋をかける。一般向けの種子は、採種コストを削減するために袋かけを行わず、開放空間(オープン)での放任授粉が採用される。

現在は大規模な海外生産へのシフトが進み、国内採種の空洞化が起きている。国内でオープン採種をする際は、交雑の可能性が少ない人里から離れた山間地が適地となる。だが、近年は山間地農業の高齢化に鳥獣被害も加わって、継続が困難になっている。採種に人手がかかり、短期集中型の土地利用型栽培で土地生産性が高くないことも、種子生産を難しくする理由である。

有機農業の育種

EU(2018)では新たな有機農業規則が公布され、2021年施行の予定であるという。この規則では、例外規定をできるだけ減らし、消費者の信頼を高めようとしている。品種の利用については、遺伝的な不均一性を許容し、現行の品種の純度を下回ってよいとする方向だ。

前述した有機農業条件下で適応するキュウリの品種育成法では、家系交配などの近系交配で循環選抜が行われる。優良な交配系統を栽培時期や栽培方法の異なる有機農家が試作し、現地で必要な耐病性や適応力などの特性を見ながら、従来品種や市販品種よりも強健で多収となる特性を確かめている。

そこでは、さまざまな交配組み合わせをつくり、固定系統の遺伝特性と交配系統の生産性や品質の特性の変異度を確認する。そして、通常の固定種よりそろいが良く、純系よりも強さを残した両親系統を利用すれば、一般的な固定種よりも能力が高く、よりそろいの良い F_1 交配種となる。

さらに、育種の完成には採種コストと種子供給体制を考えなければならない。有機農業を広げるためには、より広域的に支持される特性を持つとともに、風土や栽培条件に適応するローカルな特性を持つ品種の育成と供給体制が課題となる。

その一つに、生産現場での地場育種が挙げられる。多様な環境との相性を高めるために、変異しうる多様な遺伝的形質を備えた交配種を使い、現地の栽培環境と栽培方法に適応する条件において、微動遺伝子(量的形質を決める多くの遺伝子座にある複数の遺伝子)の集団内での頻度を高める交雑と選抜を繰り返す

34　第1章　有機農業とは何か

のである。

　そのような採種地と生産地の関係を再構築しながら、遠縁交雑や雑種強勢利用など多様な遺伝的形質を取り込んだ採種親を育成し、植物が自ら変異する環境適応力の仕組みを利用していく。こうした品種改良が、今後の有機農業や自然農法において有用な方法になると思われる。

＜引用文献＞

EU(2018). Regulation(EC)2018/848 of the European Parliament and of the Council of 30 May 2018 on organic production and labelling of organic products and repealing Council Regulation(EC)No. 834/207.

Francesco Orsini, Albino Maggio, Youssef Rouphael, Stefania De Pascale (2016). "Physiological quality" of organically grown vegetables Scientia, *Horticulturae*, 208, 131–139.

〈岩石真嗣〉

地域資源の活用

農の永続性を支えてきた地域資源

　日本は豊かな水資源と温暖な気候により豊富な地域資源がもたらされ、農耕地の永続性確保に大きく寄与していた。とくに、国土の7割を占める森林は、かつては薪炭など生活にとって必要な資材やエネルギーを供給する一方で、落ち葉や落枝などの有機物ストックを形成してきた。そして、微生物がこの有機物を植物が吸収しやすい無機栄養成分に分解し、その養分を含む谷あいの水などを豊富に含む湿地を活かして水稲作が成立してきた。上流域の森林が形成する有機物ストックが、下流域の水稲作の永続性をもたらしていたのである。

　畑作の多くも、人里に近い森林(いわゆる里山)がもたらす地域資源に依存してきた。柴刈り、山草刈り、落ち葉かきなどを通じて、堆肥資材や家畜の餌として利用してきたのである。落葉広葉樹の1年間の落葉量は1haあたり2.2〜5.3トンになり(河原1985)、これらの耕地還元により地力維持がなされてきた。明峯(2015)は、伝統的な管理において里山と畑地の面積を等しくして有機物投入が行われてきた事例を報告している。

さらに、水田畦畔などの雑草を敷き草として、あるいは家畜給餌後に家畜糞として農地に還元してきたことも、農耕地の永続性に役立ってきた。著者は、メヒシバなどの畑地雑草の養分吸収量は10 a 当たり窒素10kg、リン酸1.2kg、カリウム8 kg を示し、緑肥と遜色ない養分供給能力があることを報告している(小松崎ほか 2012)。これらの草を堆肥化したり敷き草として利用することで、作物生産性を大きく改善してきた(たとえば Hashimi et al.(2019)によれば、敷き草の利用で不耕起ナス栽培の収量が3.6〜15.3倍に増加)。

一方、圃場内で生産される稲わらや麦わらなどの副生産物も、地力維持に重要な役割を果たす。北関東の畑作では冬作麦類と夏作物(サツマイモ、ダイズ。ラッカセイ、露地野菜など)とを組み合わせた栽培体系が続けられ、麦類のわら量は10 a 当たり600〜700kg となり、穀物収量以上の有機物量の農地還元が地力維持に大きく貢献してきた。さらに、人間生活から生じる食物残渣や屎尿なども農耕地に有効に還元されてきた。

あらゆる農業に重要な資源循環

落ち葉、草、作物残渣、家畜糞、食物残渣、屎尿などの有機資源は、農耕地において土壌微生物やミミズなどの土壌生物による分解を通じて有機物の腐植化による土壌有機物の涵養と、土壌有機物分解により無機化された栄養塩類の作物吸収を促す。こうして作物生産に貢献してきた循環関係を示したのが図1－1－2である。ここでの作物生産は、太陽エネルギーをもとに生産される再生産可能な地域資源を基盤としていることが注目される。

近代化農業(慣行栽培)においても農耕地土壌の有機分施用は重視され、家畜排泄物(牛・豚・鶏の糞尿)由来の堆肥の利用が進められている。家畜排泄物の発生量は年間約8,300万トンで、窒素ベースで約64万窒素トンになる。このうち堆肥などを経て農地に還元されるのは約43万窒素トン／年と推定され、6〜7割が慣行栽培と有機農業などで利用されている(耕畜連携)。有機農業の土壌の肥沃度管理においても、家畜排泄物由来の堆肥は重要な有機資源である。

このほか、地域内の落ち葉などを利用した腐葉土、食品残渣や生ごみなどを発酵・堆肥化させたコンポストも用いられている。ただし、食品残渣などの廃棄物を活用する場合、産業廃棄物となるため汚泥扱いとなり有機JASでは使用が認められない場合がある[1]。

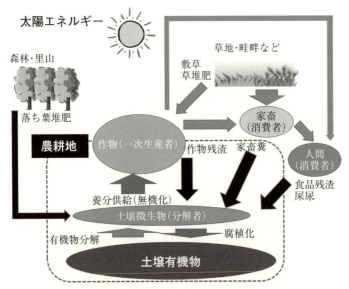

図Ⅰ-1-2　地域資源の循環と作物生産と人間生活

　日本は資源の乏しい国と言われる。しかし、これは石油や鉱物などの地下資源のみに限った視点であり、森林資源と草、食品廃棄物、家畜の糞尿を考慮すると、地域には有用な資源がたくさんある。こうした有用資源の活用が、化学肥料が製造される以前の農業の基本にあった。それらが化学肥料に代替された結果、里山や森林が荒れ、草原の管理がなされなくなり、食品廃棄物や家畜糞尿が農耕地に戻されなくなる。その結果、循環が回らなくなってしまった。有機農業の生産手法は多様であるが、地域資源を有効に活用する農の技術は、農業本来の持続性確保に大きく寄与すると考える。

（1）食品廃棄物をメタン発酵した場合、産業廃棄物による汚泥扱いになるため、現状では有機JAS制度に不適合となる場合がある。

＜引用文献＞
明峯哲夫（2015）『有機農業・自然農法の技術——農業生物学者からの提言』コモンズ。
Hashimi, R., Komatsuzaki, M., Mineta, T., Kaneda, S. & Kaneko, N. (2019). Potential for no-tillage and clipped-weed mulching to improve soil quality and yield

第Ⅰ部　持続可能な農業としての有機農業　37

in organic eggplant production, *Biological Agriculture & Horticulture*, 35(3).
河原輝彦(1985)「森林生態系における炭素の循環―リターフォール量とその分解
　　速度を中心にして―」『林試研報』334号。
小松﨑将一・菅沼香澄・荒木肇(2012)「夏作カバークロップの生育と多変量解析
　　による特性分類の検討」『農作業研究』47巻2号。

〈小松﨑将一〉

多様な農法

　有機農業推進法では、有機農業のもつ自然循環機能の維持増進を図る観点が
強調されている(第2条)。
　「「有機農業」とは、化学的に合成された肥料及び農薬を使用しないこと並び
に遺伝子組換え技術を利用しないことを基本として、農業生産に由来する環境
への負荷をできる限り低減した農業生産の方法を用いて行われる農業をいう」
　ただし、現実の営農場面での有機農業は、きわめて多様である。

さまざまな自然農法

　有機農業の中には、主として自給的な有機肥料による養分供給を行い、それ
ぞれの地域における自然の力や土の力を活かして栽培する自然農法がある。自
然農法には二人の代表的な提唱者がいる。
　その一人である岡田茂吉氏は、1935年に無農薬・無肥料で育てる自然農法の
基本となる理論を構築した。岡田氏の死後、家畜由来の堆肥の使用の有無やビ
ニール被覆資材の使用の範囲、およびEM(有用微生物群)技術の活用などの意
見が分かれているものの、MOA自然農法文化事業団、(財)自然農法国際研究
開発センター、秀明自然農法ネットワークなどが、その理念を引き継いで活動
している。また、有機質も人為的には施さない特定非営利活動法人無施肥無農
薬栽培調査研究会もある。
　もう一人の提唱者である福岡正信氏は、1947年から不耕起・無農薬・無肥
料・無除草という、なるべく人の手を加えずに、播種と収穫以外は何もしない
自然農法を掲げた(福岡 1983)。その後、川口由一氏は、不耕起・無肥料(持ち
込まず、持ち出さない)、農薬と除草剤の不使用、草や虫を敵としない、を原則

として、農地の自然のバランスを活かした栽培法を提唱した（鏡山 2007）。

　このほかにも、多様な自然農法が展開している。主な農法を例示する。

　①農薬・化学肥料の不使用に加えて、堆肥や有機肥料を使用しない自然栽培（木村秋則氏）。

　②伝統的な栽培から野菜の育ち方を学び、作物に十分手を加えることで無農薬・無化学肥料栽培を行う天然農法（藤井平司氏）。

　③圃場の雑草を利用してカルシウムなどの供給を促し、草・虫・菌のすべてが物質循環を担うことに注目した循環農法（赤峰勝人氏）。

　④木材など炭素率の高い有機物のみを圃場表層に施用し、養分供給する炭素循環農法（林幸夫氏）。

有機農業と自然農法

　明峯（2015）は、農業内部および外部から堆肥などの有機質資材を投入し、土づくりに励むのが有機農業であり、無施肥を基本として何もしていないように見える自然農法では耕地内の草などを活かした有機物還元を行っていると指摘している。両者は一見対照的であるが、「有機物還元」という共通性があると述べる。そして、農業内部の資材利用に依存しているのが自然農法であり、有機農業は地域内外の有機資源も活用することを強調している。こうした指摘をもとに、農薬・化学肥料の使用の有無と農業外資材の投入量による現代農業の類型について、図Ⅰ−1−3に示した。

　最近は、雑草を資源とみて有機物還元に活かす取り組みが広がっている。三浦（2016）は、草との闘いに苦戦してきた有機農業や自然農法に、その苦戦の局面をある程度通り抜け、抑草技術の工夫と広がりへ進み、さらには草に活かされた農業の実現などへ結びついていると指摘する。そこでは、シードバンクの豊富さ、雑草草勢のあり方が農地の基本的ポテンシャル指標としても意識されるようになっているという。

　また中島（2010）は、有機農業の技術の柱として、作物の自立的生命力を育てることに注目し、農耕地内の雑草植生や土壌生物などの生物的多様性と機能性の向上で内部循環を高度化し、より低投入条件下での生産力向上をもたらすと述べる。低投入型の有機農業が内部循環を促し、作物生産に寄与する科学的根拠については、本書第Ⅱ部において詳述する。

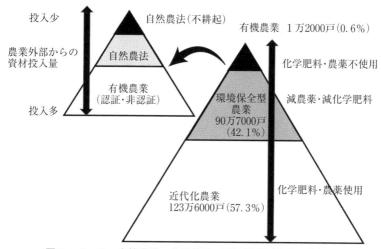

図Ⅰ－1－3 有機農業、自然農法、環境保全型農業の多様性
(注)総農家数および環境保全型農業に取り組む農家数は農林業センサス(2015)から、有機農業に取り組む農家数は農林水産省(2012)からそれぞれ作成。

なお、有機農産物の日本農林規格(JAS法)では、最大限の手立てを講じても対応が難しい場合には、特定の農薬と肥料の使用を許容している。とくに、新規に有機栽培を始める場合や有機栽培への転換直後において、圃場条件や技術レベルの関係で、こうした許容されている肥料、土壌改良資材および農薬の利用も視野に入れておくと、経営の安定につながる。また、あらかじめ示された公開基準に則って生産管理され、認証機関などが認めた生産方式の採用であるから、流通事業者・消費者に理解が得られやすいというメリットもある。

＜引用文献＞
明峯哲夫(2015)『有機農業・自然農法の技術』コモンズ。
福岡正信(1983)『自然農法わら一本の革命』春秋社。
鏡山悦子著、川口由一監修(2007)『自然農・栽培の手引き』南方新社。
三浦和彦著、秀明自然農法ネットワーク編(2016)『草を資源とする――植物と土壌生物とが協働する豊かな農法へ』秀明自然農法ネットワーク。
中島紀一(2010)「有機農業の基本理念と技術論の骨格」中島紀一・金子美登・西村和雄編著『有機農業の技術と考え方』コモンズ。
農林水産省(2012)「平成22年度有機農業基礎データ作成事業報告書」。

〈小松﨑将一〉

営農スタイル

有機農業における小規模複合経営と大規模経営

1970年代に日本で有機農業が始まった当初、多くの有機農業者の経営は、消費者グループの全量引き取りを前提にする提携などで成立していた。果樹や畜産などに特化した一部を除き、堆肥原料を確保するために平飼い養鶏などの小規模畜産を組み合わせる、小規模自給型の複合経営が中心であった。野菜生産の多くも少量多品種栽培で、産消提携を行う消費者グループに対し、旬の時期に収穫された農産物による「ボックス野菜」などとして届けられた。

当時の有機農業経営は、「旬の時期に収穫された農産物から、自分の食＝献立を組み立てるべき」という産消提携の「身土不二」「地産地消」の理念に規定されていたのである。たとえば、埼玉県小川町の金子美登氏の経営がその代表とされ、金子家で研修後に新規参入した初期の有機農業者の多くも、同様のスタイルを踏襲していた。

しかし、産消提携の行き詰まりもあって、有機農業の営農スタイルは多様化する。筆者の数回のヒアリングでは、小川町においても、概ね2000年代半ばを境に、栽培品種を減らして作型を単純化し、出荷を数品目にしぼる事例が増えていく（高橋 2007）。増加する若い新規参入者たちの生計確保を目的に、有機農産物を専門的に扱う流通事業者の受注に応えるため、販路の共同化を図る事例も現れた。これは、「（有機）個別複合経営」から「（有機）地域複合経営」に移行したと言えるだろう。

有機農産物の「販路（消費者との提携形態）が経営を規定する」傾向は、1990年代以降、有機JAS制度の導入を契機にした大規模有機農業経営の出現により、鮮明になる。小川町と同じ首都圏にありながら、比較的大規模で面的な畑地管理が可能な成田市や山武市などの北総台地（千葉県）では、生協や専門流通事業者との取引を背景に、数品目に作型を単純化する大規模有機農業経営が多くなった。こうした大規模経営は、北海道や九州で広がっていく。たとえば、有機農産物などの生産・販売を共同展開する㈱大地の MEGUMI（北海道大空町女満別）や㈲当麻グリーンライフ（北海道当麻町）、ながさき南部生産組合（長崎県南島原市）（ながさき南部生産組合・佐藤 2000））、㈲かごしま有機生産組合

(鹿児島市)(かごしま有機生産組合 2005)などである。

　これらの事例では、畝ごとに作目が異なる金子氏ら小規模複合経営の圃場とはまったく対照的で、ジャガイモやタマネギなどが広大なブロックで生産されており、一見、慣行農法と見分けがつかない。千葉県の畑作地帯や北海道・九州の一般的農業経営規模から考えれば当然の選択であるが、有機 JAS 制度だけでなく、有機農業技術の普及・平準化を背景とする1990年代以降の変化を如実に示すものである。

　一方で、島根県などの中山間地域では、提携に準じた取引による少量多品種栽培を行う新規参入者も依然として多い(相川 2017)。また、それとは真逆の条件にある都市近郊の藤沢市(神奈川県)でも、安定的な消費人口と多様な販路を背景に、提携型取引で経営する新規参入者が少なくない(牛山 2019)。

　もちろん、地域性や販路のみで営農スタイルが規定されるのではないが、これらが一定の影響を及ぼしていることは確認できよう。

販路や地域性と営農スタイル

　このように、現在、有機農業の営農スタイルは多様化している。では、今後、有機農業の普及推進と地域展開を図るために、販路や地域性によって営農スタイルが規定される条件(目安)は、何らかの形で一般化できるのだろうか。

　筆者らは、有機農業新規参入者について、中山間地域の茂木町(栃木県)と、平地農業地域の東金市(千葉県)で、比較調査を行った(高橋・東海林 2010；東海林 2009)。自然環境に配慮した農業を志す点は、両者に共通している。一方、前者では耕作放棄地などを活用した小規模経営による自給的・個別対応が中心で、販路確保が課題になっていた。これに対して後者では、農地利用の自由度が高く大消費地に近い地域性を活かして、大規模経営と大手流通へ販売する傾向が強かった。

　周知のとおりチューネンら農学の古典的研究は、消費地と農業生産地間の距離や土地の豊度(肥沃度)が農法を規定することを明らかにしている(上野ほか 2007)。これを現代の地域農業に置換すれば、消費地との距離や土地の肥沃度だけでなく、農業者・農業組織のキーパーソンの存在など地域農業マネジメントの実態、地域の有機農産物への関心度合や社会運動の蓄積、集荷・販売関係事業者の立地といった複数の要因に左右されることになる。これらの一般化は

容易ではないが、今後の重要な検討課題となろう。

＜引用文献＞

相川陽一（2017）「地域における家族農業の重要性と協同性――中山間地域を中心に」高橋巌編著『地域を支える農協――協同のセーフティネットを創る』コモンズ、245～272ページ。

かごしま有機生産組合（2005）『みちゃってみやんせ　南九州から有機生活――かごしま有機生産組合20年の提案』自然食通信社。

ながさき南部生産組合・佐藤和寿子（2000）『いのちと農の未来を創る主役たれ――産直組織ながさき南部生産組合25年の実践』コープ出版。

東海林帆（2009）「有機農業における新規参入者の実態と今後の課題に関する研究」日本大学大学院生物資源研究科生物資源経済学専攻修士論文。

高橋巌（2007）「有機農業の地域展開とその課題―埼玉県小川町の取組み事例を中心として―」『食品経済研究』35号、90～118ページ。

高橋巌・東海林帆（2010）「新規参入の背景・実態と有機農業―その位置づけと栃木県茂木町における事例分析―」『食品経済研究』38号、31～58ページ。

上野和彦ほか（2007）「チューネン「孤立国」（解説）」上野和彦・椿真智子・中村康子編著『地理学概論』朝倉書店、23ページ。

牛山杏香（2019）「藤沢市の地域農業についての研究―地産地消を中心として―」日本大学生物資源科学部食品ビジネス学科卒業論文。

〈高橋　巌〉

検査・認証制度の捉え方

農業者の独自基準が公的制度につながった欧米

　欧米で農業者団体が基準の設定を始めたのは1960～70年代である。

　1967年に世界で最初に基準を定めた英国の土壌協会は、30年に及ぶ研究をもとに、有機農業実践のためには生きた土の育成・維持が必要であるとして、農業者に登録を呼びかけた。最初は、署名して有機農業を実践していることを宣言するだけであったが、小売店や農業者から、偽物や質の悪い「有機」農産物・食品から質の高い本物を守るために何らかのシステムが必要という声が強まっていく。それを受けて、73年に認証制度が導入された。

米国でも、生産者が有機農業の実践方法を示すために、1970年代に生産者団体によって各地で独自基準が定められ、CCOFのように、認証制度を設ける団体も出現する(15ページ参照)。CCOFの最初の基準はわずか13行のシンプルな内容であった。

1970年代後半〜80年代前半になると、有機農産物の基準を設定してきた市民団体が中心となって検査・認証制度が構築された。しかし、多様な活動を行う市民団体が認証業務との両立を図ることは難しく、80年代半ばに認証業務を専門とする団体が誕生した。90年に米国で、91年にEUで、それぞれ基準・認証制度が法制化されると、その流れは加速し、各国で認証ビジネスが誕生した。

早い時期から有機農産物が一般流通されてきた欧米では、農業者自らが基準を定め、検査・認証制度を構築してきた経験が、公的制度導入時に積極的に活かされた。たとえば、米国における法制化はCCOFによるカリフォルニア州政府への働き掛けの成果である。CCOFの基準・認証制度をベースに同州に有機食品条例が制定され、連邦農業法のもとに有機食品生産法が位置づけられ、全米で基準・認証制度が導入される契機となる。また、認証制度の導入によって負担が増す小規模農家に配慮した制度も導入された。EUでも、土壌協会などの有機農業団体が積極的に関与してきたため、認証制度の制定と同時に有機農業支援策が法制化された。

しかし、一方で、米国で1977年に発表された基準案では放射線照射、遺伝子組み換え技術、下水汚泥の使用が認められているなど、国レベル・国際レベルの基準設定や検査・認証制度が有機農業運動や生産者の期待とかけ離れていったことも事実である。こうした中で、有機農業運動のあるべき方向を模索する流れが生まれ、CSA、PGS(Participatory Guarantee System：参加型保証システム)、小規模家族農業の支援などにつながっていった。

有機JAS認証制度の導入と功罪

これに対して、提携を軸にした有機農業が展開・推進されてきた日本では、基準や認証制度の必要性を感じていた農業者は少なかった。1980年代後半、有機農産物への関心が広がり、公正取引委員会が有機農産物の不当表示のおそれがあると警告して社会問題となった時期にも、日本有機農業研究会は積極的に対応しなかった(15ページ参照)。その最大の理由は、同研究会は、生産者と消

費者の信頼関係のもとで提携によって生命の源である有機農産物を手に入れることを運動の軸としていて、有機農産物が商品として不特定多数を対象に一般流通されることを望まなかったからである。

1992年に農林水産省が不当表示対策として制定した「有機農産物に係わる青果物等の特別表示ガイドライン」(96年に「有機農産物及び特別栽培農産物に係る表示ガイドライン」に改定)は、法的拘束力がなく、「有機」に限定したものでもなく、混乱を招いた。99年には、「有機」と表示する場合、利害関係のない第三者による検査を要する第三者認証を義務づける認証制度導入のために再び改正が行われ、2000年に有機JAS制度が誕生した。

しかし、JAS法はもともと工業生産品などを対象とする表示規制法であり、JASマークの適正管理のための機能分化・役割分担が必要である(たとえば、生産行程管理者を置く、それに該当する有機農業者しか認証を申請できない)。また、食品全体に配慮する必要があり、有機農業の実情にきめ細かく対応することは難しい。このように、有機農産物等の認証に用いるには問題が多かった。

一方で、JAS法は規格の制定を通じて製品の品質向上を図る目的の法律であるにもかかわらず、その役割を果たしていないという理由から、1999年の改正に際して政府内や産業界から強い批判が出された。農林水産省は、「国の機能、役割、関与が最低限のものになるようにJAS制度のあり方を抜本的に見直す」ことを強く求められていた。しかし、同年にコーデックス委員会が有機食品に関する国際ガイドラインを制定したことなどを理由に、国際基準に沿った法的拘束力のある有機農産物の基準・認証制度を導入した(本城 2004)。

基準・認証制度の導入により、表示の客観性は向上し、不当表示防止の実効性は高まった。しかし、有機農業推進政策を伴わない表示規制では、農業者が安心して有機農業に取り組めない。しかも、有機農業生産のリスクを生産者だけに負担させ、生産意欲を弱める要因となった。認証に伴うコストを農産物価格に転嫁することは難しい。少量多品目生産を中心とする野菜農家では書類作成などの負担が大きく、最初から取得しない農家が多かったし、取得した農家の中にも途中で取り止める事例が出ている。

2006年に有機農業推進法が成立・施行され、有機農業を取り巻く環境は大きく変化した。だが、同法が成立したにもかかわらずJAS法は見直されず、いまだに有機農業の推進と有機農産物の表示規制という2つの法制度が併存して

いる。

　加えて近年は、有機JAS規格の最低水準さえクリアしていればよいという生産者も見られる。有機農産物＝農薬不使用となっていない実状や、自然循環機能の促進や生物多様性の助長などにつながらない、資材多投入型の、環境負荷が高い有機JAS農産物の生産も増えている。有機農業推進法の理念に基づいて、基準・認証制度のあり方を見直すことが喫緊の課題である。

PGSへの期待と課題

　本来あるべき農業、持続可能な農業を推進するためには、生産者(作る側)と消費者(食べる側)を含む関係者の信頼関係の構築が不可欠である。第三者認証が有する課題解決のために、当事者間において栽培方法などの確認を行う品質保証システムであるPGSを公式に認める国も出てきた。たとえばブラジルがPGSを第三者認証と同等と認めているほか、2017年現在インド、コスタリカ、チリ、ボリビア、メキシコでもPGSが法的に認められている(IFOAM 2017)。

　現行の認証制度は、まがいものから有機農産物を守る役割をある程度果たしているし、グローバル化の中では地域内・国内流通だけでなく広域流通も避けられない。したがって、現行の認証制度をすべてPGSへ転換していくことは現実的ではない。とはいえ、生産者と消費者の信頼関係のもとで、第三者認証の問題点や限界を補完するためにPGSを活用することは、有機農業者にとっても消費者にとっても望ましいであろう。

　IFOAMは、PGSを「地域の実情を考慮した品質保証システムである。それは、信頼、社会的なネットワーク、知識の交換の基盤の上に関係者の積極的な参加活動に基づいて生産者を保証する」と定義し(IFOAM 2008)、第三者認証と並ぶ方法として位置づけ、その構築に取り組んできた。日本国内でも、日本有機農業研究会に、提携の基本を発展させる方向で「日本版PGS」を試行する動きが見られる。その定義は次のとおりである。

　「有機農業に期待し、参加する動き(P＝参加)を強めるために、互いに理解し合い協力し合う関係によって信頼を保証し合う(G＝保証)システム(S＝しくみ)」(全国有機農業の集い2019 in 琵琶湖大会アピール)

　ただし、その前提として、現在の有機JAS規格が有機農業の実情に即した適切なものであるかを見直すべきある。

46　第1章　有機農業とは何か

＜引用文献＞

本城昇(2004)『日本の有機農業——政策と法制度の課題』農山漁村文化協会。

IFOAM（2008）. Definition of PGS. https://www.ifoam.bio/sites/default/files/pgs_
　definition_in_different_languages..pdf(閲覧確認2019年11月5日)

IFOAM（2017）. *The Global PGA Newsletter* 1(8).

〈澤登早苗〉

風　土

風土と農業

　風土とは、ある場所における気候や気象、地質や地形、森林や草原なども含めた景観によって規定される環境を意味する。ある場所で生産される農作物の品質やそこに住む人の性格も、風土に大きく左右されると考えられてきた。

　風土と農業の関係を考えると、農業はまさに風土によって規定されている。農業を営む農家は、風土という環境条件に応じた農業形態や農法を長い時間をかけて、伝統知として蓄積してきた。たとえば、温帯モンスーン気候である東アジアでは夏に降水量が多い。そこで、多量の雨を貯め、熱帯起源の植物である稲を気温の高い夏に水田で栽培する技術が導入されて広がるとともに、各地域で独自の文化を形成した。

　農業を支える土壌も、環境と生物の相互作用で生成されると考えられる。したがって、農業では風土に応じた農作物が独自の土壌で生産され、場所ごとに違った個性を持つ。一方で伝統知は、農機具や農業暦といった技術的側面とともに、祭礼や服装、音楽といった文化的な側面も併せ持つ。農耕社会は風土によって、農業生産から文化まで、地域ごとの特色を持って維持されてきたと言える。

近代化と風土の否定

　工業化や農業の近代化は、化学肥料や化学合成農薬、そして農業機械や灌漑といった適用範囲の広い技術を開発し、風土の違いを超えて農業生産力の格差解消に成功した。しかし、それは同時に風土に基づく伝統知を駆逐し、農業の個性を大きく破壊してきたことを意味する。

近代農業は、同一の農作物を大量生産し、長距離に運搬し、加工することで成り立っており、風土に基づく農産物の個性は失われている。食文化はグローバルに均一化する方向に向かっており、世界中どこでも、産地は不明だが，工業的に加工された同じ味の食品を食べられる時代になった。

経済成長にともなって、食料に占める食肉の割合が増えることが知られている(Tilman ＆ Clark 2014)。家畜は種類によって食肉の生産効率が異なり、とくに肉牛の飼育には多量の餌が必要である。肉食の拡大は家畜の餌としての穀類栽培の拡大を意味し、農地の拡大のための森林破壊や、農地からの温室効果ガス排出量の拡大につながる。最近では、地球温暖化の抑制のために、肉食を抑制することが国際的に求められるようになっている(Schiermeier 2019)。

有機農業と風土

有機農業運動は、地産地消やスローフード運動のように地域の農産物の価値を高く評価し、農家や消費者の個性を大事にして地域固有の文化を尊重する精神を持つ。食のグローバル化と違って風土を大切にする食では、食材の供給量は少ないものの、生産現場に近いところに消費者が出かけてその風土を感じながら食べるという楽しみがある。小規模家族経営の農業では、このような風土を活かした栽培と経営が広がりつつある。

一方、現代では大気中の二酸化炭素濃度が急上昇し、日常的に異常気象を感じるようになった。今後、気候変動はますます拡大すると予測されている。農業生産をどのように気候変動に適応させるかが問われるようになってきた。

環境制御型の施設園芸は別として、大多数の農業生産は気候に大きく左右される。そのような農業の適応策としては、未知の気象条件でもその影響をいろいろな方法で緩和し、生産を落とさない栽培法が求められる。気候変動の影響は地球全体で同じように起こるのではなく、地域ごとに異なる現象が起こる。たとえば、夏の高温や少雨がある一方で、これまでにない多量の雨に見舞われる地域もある。

風土を反映した伝統知は、将来起こる気候変動すべてには対応できない。しかし、伝統知を再確認し、それを活かした農法を開発すれば、伝統知をネットワーク化して共有することで適応力を高められる。平均気温の上昇に対応する単純な農業技術の開発よりも、個々の風土に対応した多数の技術的適応のほう

48　第1章　有機農業とは何か

が、予測不能な気候変動に対して有効な対策を効率的に発見できるだろう。このことは、小規模家族経営が多く、生態系機能を高度に活かすことのできる有機農業の利点となる。

＜引用文献＞

Schiermeier. Q. (2019). Eat less meat: UN climate-chage panel tackles diets. *Nature*, 572, 291-292.

Tilman. D., Clark. M. (2014). Global diets link environmental sustainability and human health. *Nature*, 515, 518-522.

〈金子信博〉

家族農業

再評価される家族農業

　近年、国際社会では家族農業(Family Farming)を再評価し、政策的支援を求める流れが強まっている。国連は、2014年を国際家族農業年、19〜28年を家族農業の10年と定めた。さらに、18年には「農民と農村で働く人びとの権利宣言」（通称：農民の権利宣言）を国連総会で採択した。

　家族農業が国際的に再評価されるようになった直接の契機は、2008年の世界食料危機と経済危機の発生である。二つの危機を受けて、既存の食料・農業政策や農村開発政策のあり方に対する批判的検討がなされ、方向転換を図る気運が国連機関や国連加盟国で高まっていく。さらに、グローバル化や都市化、国際市場競争が進み、気候変動が激化し、土地や種子といった農業の基本的生産要素が企業や国家による包摂の対象となって、家族農業が世界各地で存続の危機に直面していることもまた、国際社会に緊急の行動を迫った。

　こうした家族農業の再評価と支援の流れは、国連機関のみでなく農民組織や市民社会の長年にわたる啓発活動の成果でもある。家族農業は、持続可能な農業のあり方とされるアグロエコロジーの推進と両輪で推進されている。

家族農業とは

国連食糧農業機関(FAO)は、家族農業を「家族によって営まれ、家族労働力が農業労働力の過半を占める農林水産業」と定義している(FAO 2018)。なお、個人や家族、およびその団体による農業経営は、家族農業に含めて議論されており、雇用労働力に依存した企業的農業の対義語として位置づけられる。また、小規模農業(smallholder agriculture)や小農農業(peasant farming)の同義語としても用いられている(HLPE 2013, FAO 2014)。

FAO の試算によると、全世界の農場数の9割以上が家族農業であり、農地面積の7〜8割を利用して、食料生産の8割を担っている(FAO 2014)。また、世界の農場数の7割強が1 ha 未満の経営規模であり、5 ha 以上の経営規模の農場数は6%にとどまる(HLPE 2013)。

この事実を踏まえて、国連の持続可能な開発目標(SDGs)の実現のためには、家族農業が食料安全保障や貧困・飢餓の撲滅などに対して主要な役割を果たす存在であるという認識が国際的に形成されてきた。さらに、食料生産だけでなく、貧困・飢餓、環境問題、ジェンダー間の不平等といった社会全体の諸矛盾を解決していくうえでも、重要な役割を期待されている。

家族農業と有機農業

家族農業は、人類が農耕を始めたころから営まれてきた最も普遍的な農業の形態である。そこでは長く有機農業が営まれてきたが、農業近代化の波の中で多くが慣行農業に移行していった。

しかし、資本主義的企業農業が利潤を第一義的目標として経営されるのに対して、家族農業は経営の存続と家計の維持、自給を目的として営まれる。そのため、生産規模は比較的小さく、環境負荷や資源枯渇に対する影響も相対的に限定される傾向がある。また、雇用労働力よりも家族労働力に基礎を置くため、より柔軟な労務管理ができる。したがって、多様な作物を育てる有機農業、有畜複合、アグロエコロジー的農業の実践に優位性を発揮する。

持続可能な社会への移行に向けて、国際的には有機農業やアグロエコロジー的農業への転換が政策的に推進されている。日本においても家族農業が慣行農業から有機農業に回帰できるように、政策的支援と社会の啓蒙が急務である。

50 第1章 有機農業とは何か

＜引用文献＞

HLPE.（2013）. *Investing in smallholder agriculture for food security and nutrition: Prepared for the High Level Panel of Experts on Food Security and Nutrition of the Committee on World Food Security*, FAO.（家族農業研究会・農林中金総合研究所共訳(2014)『家族農業が世界の未来を拓く——食料保障のための小規模農業への投資』農山漁村文化協会）.

FAO.（2018）. *FAO's Work on Family Farming: Preparing for the Decade of Family Farming (2019-2028) to achieve the SDGs*, Rome: FAO.

FAO.（2014）. *What do we really know about the number and distribution of farms and family farms in the world？: Background paper for the State of Food and Agriculture*, FAO.

〈関根佳恵〉

エネルギーや暮らしの半自給

「できるかぎりの自給」を目指す

　循環型社会の構築が有機農業の目的の一つである。その実現には、「できるかぎりの自給」の取り組みが基盤とならなければならない。農業による環境汚染の防止対策も、この範疇にある。さまざまな資源の地域自給と経営内自給が重要な課題となる。身のまわりの資源を活用するためには、その技術を持たなくてはならない。伝統的な自給技術に現代科学の成果を組み合わせて、時代に合った自給の仕組みが求められる。

　地産地消を推進して食料の国内自給を高めることはもとより、土づくりのための有機物資源や家畜飼料などの生産手段、使用するエネルギー源まで、できるだけ地域資源でまかなうことを目標にしよう。米ぬかなどの農業副産物、野山や河川敷の刈り草、落ち葉や間伐材、海藻残渣などの豊富な植物資源、生ごみなど廃棄物類のほか、農地周辺に棲息する天敵昆虫など野生生物も重要な資源である。こうした豊かな地域資源をうまく農業生産と暮らしに取り込んで活用しようとする意識と技術の形成が、有機農業の重要な課題である。

半自給を目指す農業経営

　完璧な自給農業の実現はとても難しいが、半自給的な農業経営あるいは暮らし方に取り組む農業者は多い。地力の培養を地域の有機物資源を使って行おうとする有機農業は、そのことですでに半自給が始まっている。堆肥や有機肥料、あるいは家畜の餌を、地域内で発生するさまざまな植物資源、農業副産物、食品廃棄物などでまかない、生産物である食料をできるだけ地域内で利用してもらう。そうした農業経営を意識的に行えるか否かが第一歩である。

　有機農業経営の中にも、経済合理性を優先させて有機肥料をすべて肥料業者から購入し、生産物を主として地域外に販売する事例がある。だから、すべての有機農業が自給的であるとは言えない。以下に、意図して半自給に取り組んでいる事例を紹介する(湧井ほか 2019)。

　①有機農産物を納品している農産物直売所で、お客さんから使用済み天ぷら油の提供を受け、これを業者に委託してバイオデイーゼル燃料(BDF)に精製し、自農場のトラクター燃料として利用してきた(茨城県)。

　②寒冷地域で、野菜や花の施設抑制栽培を年末まで続けるために暖房機を設置。化石燃料には依存せず、近隣で発生する廃木材を利用する木材ボイラーを自ら開発して、実用化した(新潟県)。

　③有機農業者の畑が集まっているところにバイオトイレ(もみ殻やおがくずに糞尿を落とし、ときどきかき混ぜて発酵分解させる)を自作し、共同利用している(静岡県富士宮市、木の花ファミリー)。

　④有機農業者が集団でバイオガス製造施設を建設。近隣住民に協力を呼びかけ、生ごみを収集してバイオガスを製造し、発電してバイオガス施設の運転に使うとともに、近隣の農業用施設に給電。ガス発生装置に溜まる汚泥(スラリー)と上澄み液は、有機農業者が交互に抜き取ってリキッド有機肥料として活用する(埼玉県小川町、NPO ふうど)。

　⑤水田稲作、野菜栽培と平飼い養鶏の複合経営を行う。昼間は鶏舎に付属する緩傾斜の野外運動場で鶏を遊ばせる。その鶏糞が雨で流れ落ちる先に養魚池を設置し、汚水を池で浄化してから排水。この排水を水田に利用し、稲作にも栄養を導く(栃木県市貝町、ウインドファミリー農場)。

　⑥開発途上国の農村青年を日本に招いて農業を基軸にした人材育成を行う

52　第1章　有機農業とは何か

NGOの農場。家畜飼育や農産加工なども行い、研修生の給食食材をほとんど自給している。研修生宿舎の汚水を処理する合併処理浄化槽の排水をクロレラ培養槽に、次に養魚池に導き、さらに水田に導水して浄化を完璧にしてから、外部に排水。クロレラは養豚飼料にする(栃木県那須塩原市、アジア学院)。

SDGs に貢献

　人間の生活にとって恒久的で持続的な環境を創り出そうとする循環システムの追究をパーマカルチャーという。有機農業の取り組みは、その第一歩だ。樹林と農耕を融合させたアグロフォレストリー、経営内循環を行う有畜複合農業、糞尿や生ごみの発酵堆肥化あるいは飼料化による循環、汚水浄化のための湿地(バイオ・ジオフィルター)や養魚池、機械使用を抑制し低投入を実現する不耕起栽培、排水の汚染を起こさないためのバイオトイレ、電気を使わない踏み込み温床、太陽光や水車、風車、バイオガスなど自然エネルギーの活用……。手法は多種多様である。

　こうした取り組みのいずれか、ないし複数を個別の有機農業経営に採用する半自給は、SDGs に貢献できる。

<引用文献>
涌井義郎・藤田正雄ほか著、有機農業参入促進協議会監修(2019)『有機農業をはじめよう！研修から営農開始まで』コモンズ。

〈涌井義郎〉

持続可能な開発目標＝SDGs

持続可能な開発とはなにか

　「持続可能な開発」は日常用語にもなっているが、必ずしもその概念や内容が十分に理解されているとは言えない。最も一般に受け入れられている定義は、1987年に「環境と開発に関する世界委員会」に提出された「私たちの共通の未来」報告書に説明されているものであろう。

　そこでは、「将来の世代がそのニーズを充足する能力を失うことなく、現在

第Ⅰ部　持続可能な農業としての有機農業　53

の世代のニーズを充足させる開発」と説明されている。「将来の世代」と明示されているため、時間的な持続に注目が集まりがちであるが、世代間のみならず、貧困削減や人間の基本的ニーズの充足など世代内の公平も意識した概念であることに留意しなければならない。また、日本の経済問題においてしばしば議論される、無制限な経済発展を意図する「持続可能な成長」とはまったく異なる概念であることにも留意が必要である。

持続可能な開発目標＝SDGs 採択の経緯

SDGs は、2015年の国連総会で採択された17の目標と169のターゲットから成る、開発と環境に関する世界共通の合意内容で、二つの大きな特徴がある。

第一は、先立つミレニアム開発目標(MDGs)の多くが達成されながらも、貧困や飢餓などの根本的課題を残したことから、その後継目標の設定が必要であった経緯である。第二に非常に重要なのは、NGO を含む多様な人や組織が参加して2年近くの協議をもとにまとめられた、きわめてオープンな国連文書であることだ。

また、MDGs では対象が主に開発途上国であったのに対し、SDGs は先進国も対象となり、私たちの生活も含まれることに注目したい。17の目標の中には、飢餓の撲滅(目標2)、働きがいのある人間らしい仕事(目標8)、持続可能な消費と生産(目標12)、気候変動への対策(目標13)、陸上の生物の保全(目標15)など、有機農業を含む農業および食に直接関係する目標も多く設定されている。

なお、SDGs を理解する際に、ほかに二点とても重要な考え方がある。一つは5つの P。これは、People(人びと)、Planet(地球)、Prosperity(繁栄)、Peace(平和)、Partnership(パートナーシップ)の重要性を強調しており、すべての人の尊厳、環境、豊かさ、平和、多様な関係者の協力を理念としている。もうひとつは「われわれは誰一人取り残さないことを誓う」(leave no one behind＝LNOB)。有機農業の推進が、持続可能な社会にどう位置づけられるべきかを考える際に、誰がどのように推進し、参画するのかを第一に考えていかなければならない。

持続可能な開発目標が有機農業に問いかけるもの

目標15では、「陸の豊かさも守ろう」をスローガンに、陸上生態系の保護、回

54 第1章 有機農業とは何か

復と持続可能な利用の推進、森林の持続可能な管理、砂漠化への対処、土地劣化の阻止および回復、生物多様性消失の阻止を図ることが目指されている。

　陸地に生育する農作物をはじめとする植物は、人間の食料の80％を提供する。私たちが食料生産のために利用している自然資源ストックとして、地表の30％を占める森林、数百万の生物種およびその生息地や、きれいな空気と水は、部分的には技術の進歩によってその減少が制御可能となっている。だが、気候変動への対処など、具体的な技術的・政策的手段において行き詰まりを覚えている側面も見逃せない。

　現在、国際的には、FAO を筆頭にアグロエコロジーによる農業・農村開発に舵を切りつつある。事務局長は「これまでの食料生産は、大きな環境コストを伴う高投入で資源集約的な農法に依存してきており、その結果、土壌、森林、水、大気、生物多様性の質を低下させてきた」ことを踏まえ、「環境を保全するとともに、健康的で栄養に満ちた食料を供給する永続可能な食料システムを推進する必要がある」と述べ、アグロエコロジーが自足性に貢献する可能性を指摘している（池上 2019）。

　従来は、環境保全と開発はトレードオフ関係にあると認識されがちであった。経済的な発展にはある程度の環境破壊はやむを得ないから、一定程度は許容されるという考え方である。これは、現在「弱い持続可能性」という形で理解される。たとえば、森林・生物多様性・地下水のような自然資本ストックを現代世代が減少させても、代替技術の開発などによって人工資源ストックを増大させれば、将来世代のニーズを満たすことができると考える。

　一方、「強い持続可能性」では、健全な大気や水のような自然資本ストックは持続性を支える本質的なストックであり、人工資本や人的資本では代替できないと考える。有機農業が資源の循環を基本とするのは、この「強い持続可能性」の実現を前提としているからであり、代替技術による人工資本ストックの増大を手放しで受け入れる企業型有機農業の拡大には注意が必要であろう。

＜参考文献＞

池上甲一（2019）「SGDs 時代の農業・農村研究―開発客体から発展主体としての農民像へ―」『国際開発研究』28巻1号、1〜17ページ。

佐藤真久・田代直幸・蟹江憲史編著（2017）『SDGs と環境教育――地球資源制約

の視座と持続可能な開発目標のための学び』学文社。とくに第6章「持続可能性についての考え方」。

高柳彰夫・大橋正明編(2018)『SDGsを学ぶ——国際開発・国際協力入門』法律文化社。とくに序章「SDGsとはなにか」および第8章「陸と海の生物多様性」。

〈西川芳昭〉

アグロエコロジー

可能性と期待

アグロエコロジーは持続可能なフードシステムを目指すための科学であり、実践であり、社会運動である。そこには、農業だけでなく社会的・経済的・文化的・政治的な要因など、持続可能性に影響を及ぼすあらゆるものが含まれる。日本語に訳せば「農生態学」となるが、一般的に理解されている生態学の枠にはとどまらない。アグロエコロジーの実践的プロジェクトを日本で進めてきた羽生淳子は、「農業の実践における伝統知と科学知の接点を考えるとともに、その背後にある社会の仕組みまでを論じる超学際的なアプローチ」と記している(アルティエリら 2017)。

アグロエコロジーの提唱者の一人であるアルティエリらは、その概念と原則を以下のように整理している。

「アグロエコロジーの真髄は、地域の生態系を模倣した農業生態系の構築にある／農場およびその周辺の景観に多様性を取り戻すことが、持続可能な農業実現のカギである／特に力を入れているのが、間作、アグロシルボパストラルシステム(agrosilvopastoral systems：林業＋農業＋畜産業)、輪作やマメ科植物などの被覆作物、水田養魚など、自然の再生力を利用した手法である／エコロジカルな(生態系に配慮した)農業とは、小農民たちの生態系への理解とその論理的根拠に基づいた農業のことである／最終ゴールは、農家の自立と自治であり、農家自らが発展のモデルを選択することである」(アルティエリら 2017)。

現代社会の持続可能性を考えると、「生態学的」側面と「社会体制」の両面からアプローチすることが不可欠である。生物の多様性に関する条約が締結され、遺伝子組み換え作物による遺伝子汚染が進む中で、食料問題が生産だけで

なく貯蔵や分配など社会的・政治的な問題であることは論を待たない。

すでに述べてきたように、基準や認証制度の浸透により、有機農業は単に禁止物質を使用しない農法という狭い枠組みの中に追い込まれつつある。実際に、持続可能ではない有機農業も増えている。一方で、アグロエコロジーのアプローチは守備範囲が広い。それゆえ、本来あるべき農業の探求のために、アグロエコロジーへの期待は大きい。有機農業が包含していた問題はすべて含まれているからである。日本の有機農業運動は生命重視の社会の創造を目的とした世直し運動として、提携運動を主体に展開されてきた歴史があり、それはまさにアグロエコロジーの精神につながっている。

筆者が勤務する恵泉女学園大学と、やはりアグロエコロジーの提唱者の一人であるグリースマン名誉教授が勤務していたカリフォルニア大学サンタクルーズ校(UCSC)では、アグロエコロジーを意識した教育実践が行われてきた。そこには4つの共通点がある。

①大地を耕すことを通じて、種子から食卓までの過程を体験する。

②農法研究ではなく、持続可能なフードシステムのために、農業、生態系、社会問題などを総合的・体系的に捉え、そのあり方について考えていく。

③専門教育ではなく、教養教育である。

④CSAとファーマーズマーケットが実践されている。

持続可能なフードシステムへの転換

有機農業推進法が施行されて13年が経過した。しかし、有機栽培への転換は順調に進んではいない。その最大の理由は、慣行農業から有機農業への転換の道筋が見えないからであろう。増えつつある新規参入者だけでなく、慣行栽培農家が持続可能な農業へ転換しないかぎり、持続可能な有機農業が大きく広がることは難しい。

グリースマンは最新版のアグロエコロジーの教科書(Gliessman 2015)の中で、近代化(工業化)されたフードシステムを持続可能なフードシステムに転換するための段階をレベル1〜5に分類している。

レベル1：化学農薬・化学肥料など投入資材の利用効率向上。

レベル2：投入資材の代替。

レベル3：農業システムの再設計。

レベル４：生産者と消費者の関係のより密接な再構築。

レベル５：持続的かつ地球の生命維持システムの修復・保護に役立つ公平・公正で参加型の新たなグローバルフードシステムの構築。

レベル１〜３は圃場で工業的・慣行的な農業生態系を転換するための実践で、すでにさまざまな研究や取り組みがある。減農薬栽培や有機農業で推奨されている手法の多くは、レベル１と２に該当する。農業生態系の機能と構造の転換を図るレベル３では、農業システムの生物多様性の向上が最も重要であるとされている。

レベル４と５は最新版で新たに加えられたものであり、研究は始まったばかりで、実践例も少ない。しかし、グリースマンは、長年にわたるアグロエコロジーの教育・研究・栽培実践の中でレベル５に到達した実践事例を有し、社会変革は持続可能な農業と密接に関係していることを実証している。

生産者と消費者の相互関係を大切にしてきた日本の有機農業運動の中には、レベル４に相当する要素があると言われている（Muramoto et al. 2010）。有機農業の未来としてのアグロエコロジーに期待したい。

＜引用文献＞

Gliessman, S. R. (2015). *Agroecology: The ecology of sustainable food systems* (3rd ed.). Boca Raton: CRC Press.

ミゲール. A. アルティエリ、クララ. I. ニコールズほか（柴垣明子訳 2017）『アグロエコロジ―基本概念、原則および実践―』総合地球環境学研究所。

Muramoto J., Hidaka K., and Mineta T. (2010). *Japan Finding opportunities in the Current Crisis. The Convertion to sustainable Agriculture: Principles, Processes, and Practices*. Boca Raton: CRC Press.

〈澤登早苗〉

COLUMN　　　　　　　　　　　　　小農の新しい定義

　私は産業が発展すれば国民の暮らしも豊かになると信じ、大学に所属して、農業の研究に一心不乱に取り組んできた。しかし、農村から若者は流出し、後継者は育たず、農家の暮らしは豊かにならない。

　40代後半になって、水田で稲と合鴨を同時に育てる合鴨農法の研究に没頭した。合鴨たちは田んぼの中の雑草や害虫を食べ、排泄する糞は稲の肥料となる。こうして、無農薬による米作りが実現した。

　その普及のために組織した全国合鴨フォーラムの参加者には夫婦連れが多く、会場では笑い声が絶えない。明るく農を楽しむ合鴨農家と学習・交流を深めていくうち、農業には2つの側面があることに気づいた。それは、産業としての農業（産業農業）と、暮らしとしての農（生活農業）があるということだ。

　第二次世界大戦後の農業政策は、産業農業の発展のみを目指して専業農家の育成を推進してきた。だが、現在も農家の70％以上は兼業農家である。農家の多くは家族を養うために、小さな農地を守り、他産業で働いて生き延びている。戦後農政への抵抗と知恵の証が、小さな農家と兼業農家の存在である。これを小農と呼ぶ。

　小農は、利潤の追求よりも家族の暮らしを目的とする、家族経営業者である。その存在が農村社会を形づくり、守ってきた。

　この小農の視点こそが、①国土（資源）を有効に循環的に活用し、②自給自足と地域流通によって食料自給率の向上を図り、③食の安全性と安定性を保障し、④農業の低コスト化すなわち省資源となり、⑤田園の自然環境を守り、⑥小さな農地の多い中間山地域を守る。そして、農村の人口減少を食い止め、都市との調和を実質的に推進していくのではないだろうか。

　したがって、高度経済成長を遂げた現代日本において、小農とは何かの新たな位置づけと定義が必要である。既存の概念の小農に限定せず、農的暮らし、田舎暮らし、菜園家族、定年帰農、市民・体験農園愛好者といった都市生活者も含めた階層を、新しい小農と定義づけたい。彼ら・彼女らも加わって村が再生していく。

　戦後の日本では、大半の人たちが第二次産業と第三次産業に従事してきた。しかし、今後は、そうした人たちも、小農として何らかの形で、命の源であり、人の生きる礎である第一次産業に関わる時代を迎えるのではないだろうか。

　これが私の考える新しい社会であり、また中山間地域農村の再生の道筋でもある。

〈萬田正治〉

第Ⅰ部　持続可能な農業としての有機農業　59

第2章
日本と世界の有機農業

1　日本の有機農業

藤田　正雄

1　日本の有機農業の現状

　農業生産性と農家所得の向上を謳い、日本農業の近代化を進めた農業基本法（1961年制定・施行）に代わって、環境の保護や自然循環機能など農業・農村の持つ役割の増進を謳った食料・農業・農村基本法や、短期的な増収よりも持続性の高い農業生産方式を重視した「持続性の高い農業生産方式の導入の促進に関する法律（持続農業法）」が99年に制定・施行された。このころから、日本の農業政策は有機農業を認知する方向に動き出す（**表Ⅰ－2－1**）。

　そして、2006年12月に施行された「有機農業の推進に関する法律（有機農業推進法）」において、有機農業を以下のように定義する。

　「化学的に合成された肥料及び農薬を使用しないこと並びに遺伝子組換え技術を利用しないことを基本として、農業生産に由来する環境への負荷をできる限り低減した農業生産の方法を用いて行われる農業をいう」（第2条）

　有機農業推進法では、国と地方自治体は有機農業の推進に関する施策を総合的に策定し、実施する責務を有するとされた。同法に基づき農林水産省（以下、農水省）は、2007年4月に「有機農業の推進に関する基本的な方針」を策定（14年4月に改定）。この基本方針にそって、有機農業の全国および地域における推進の取り組みへの支援をはじめ、さまざまな施策が実施されている。

　しかし、法律の施行から13年が経過した今日においても、国と地方自治体が有機農業を推進する人員も予算も十分とは言えない。2014年に改定した「有機農業の推進に関する基本的な方針」で目標とした「おおむね平成30年度までに、現在0.4％程度と見込まれる我が国の耕地面積に占める有機農業の取組面積の割合を、倍増（1％）させる」と謳った拡大目標は、達成されていない。実際、

60 第2章 日本と世界の有機農業

表 I-2-1 国の有機農業推進への取り組み

施行年	法律・施策	主な内容
1999	食料・農業・農村基本法	農薬・肥料の適正な使用、農業の自然循環機能の維持増進
1999	持続農業法	環境と調和のとれた持続的な農業生産を確保するため、堆肥の投入などによる土づくりと化学肥料・化学合成農薬の使用の低減を一体的に促進。エコファーマーの認定
2001	有機食品の検査(有機JAS)認証制度	「有機農産物」と「有機加工食品」の作り方をJAS規格として定め、検査に合格し、かつ有機JASマークが付けられたものでなければ、「有機」の表示をしてはならないとする制度
2005	農業環境規範	環境と調和するための取り組みを生産者自ら点検・改善
2006	有機農業推進法	有機農業の定義を定め、国・地方自治体は基本理念にのっとり、有機農業の推進に関する施策を総合的に策定し、実施する責務があると定めた
2007	有機農業推進に関する基本方針	都道府県に推進計画の策定を促す
2008	有機農業総合支援対策事業	参入促進、普及啓発および実態調査の全国事業と地域推進(モデルタウン)事業
2007	農地・水・環境保全向上対策	地域ぐるみで化学肥料・化学合成農薬の5割低減を支援
2011	環境保全型農業直接支援対策	地域ぐるみで化学肥料・化学合成農薬の5割低減とセットで、温暖化防止や生物多様性保全に効果の高い取り組みを支援
2013	日本型直接支払制度	農業・農村の有する多面的機能の維持・発揮を図るため、地域の共同活動、中山間地域などにおける農業生産活動、自然環境保全に資する農業生産活動を支援
2014	有機農業推進に関する基本方針(第2期)	有機農業の実施面積割合の倍増(1%)を目指す(おおむね2018年度までに)
2015	多面的機能発揮促進法	農業・農村の有する多面的機能の維持・発揮を図るため、日本型直接支払(多面的機能支払など)の取り組みを法律に位置づける

有機農業の実施面積は、日本の耕地面積の0.5％（2017年現在、約2万3000ha）に
すぎない（農林水産省 2019a）。一方、環境保全型農業直接支払交付金における
有機農業の実施面積は1万3471ha（18年）で（農林水産省 2019b）、有機農業実施
面積の約6割を占める。

　2010年の調査で、有機JAS認証取得農家は約4000戸、有機JAS認証を取得
せずに有機農業に取り組む農家は約8000戸と推定された（MOA自然農法文化事
業団 2011）。16年時点では、有機JAS認証の取得農家数は、北海道、熊本県、
鹿児島県で200戸を超え、13道県で100戸以上である（農林水産省 2019a）。ただ
し、その総数は全農家数の減少と同様にやや減少傾向にある。他方、新規参入
者のうち有機農業実施者は2〜3割を占める。しかも、49歳以下の割合が高く、
有機農業に取り組む生産者は若いという特徴がある（全国農業会議所全国新規就
農相談センター 2017）。

　有機農業技術の体系化については、農水省の有機農業支援事業の一環として、
財団法人日本土壌協会が実施主体となり、普及指導員に対する技術的な参考資
料となる技術指導書『有機栽培技術の手引き（葉菜類等編、水稲・大豆等編、果
樹・茶編、果菜類編）』が、2010〜14年度に発行された。また、農水省の委託を
受けて、農業・食品産業技術総合研究機構（農研機構）が中心となり、「有機農
業を特徴づける客観的指標の開発と安定生産技術の開発」（2013〜17年度）など
も実施されている。

　有機農業の技術体系化に向けた都道府県の独自事業もある。北海道、福島県、
栃木県、千葉県、神奈川県、山梨県、長野県、福井県、岐阜県、静岡県、愛知
県、島根県、愛媛県、佐賀県、長崎県、鹿児島県で、「有機農業の栽培マニュ
アル」や「事例集」が公表されている。また、農研機構や都道府県・民間団体
の研究・技術開発の成果は、2008年より毎年行われている有機農業研究者会議
（農研機構中央農業研究センター、日本有機農業学会、有機農業参入促進協議会の
共同開催）や日本有機農業学会大会などを通じて、公表されてきた。

　では、有機食品市場はどの程度の規模になっているのだろうか。農水省では、
2017年の消費者アンケート調査の結果をもとに、日本の有機食品の市場規模を
1850億円と推計している。この金額は、09年の推計値の1.4倍である（農林水産
省 2019a）。そして、消費者の17.5％が週に1回以上有機食品を利用（購入や外
食）しており、約9割が有機やオーガニックという言葉を知っている。ただし、

表示に関する規制の認知度は低い（農林水産省 2018）。

一方で、有機食品コーナーを設置するスーパーは増加傾向にある。今後、新たに設置したい、または設置数を増やしたいとの意向を持つ事業者は約3割を占める。また、農産物を扱う流通加工業者の約2割は、有機農業で生産された農産物を取り扱っており、約4割は取り扱いを希望している（農林水産省 2019a）。取り扱う理由の約8割は「安全」を挙げ、求める条件として「一年を通して一定量が安定的に供給されること」が約6割で最も多い。「価格がもっと安くなること」は約3割である。今後の有機農産物などの需要については、約4割が拡大すると考えている。

2　自治体の取り組み

47都道府県すべてで、有機農業推進計画が策定されている。しかし、それぞれの取り組みは大きく異なる。

島根県では有機農業を県農業の柱の一つとして位置づけ、有機農業に利用可能な技術開発や普及指導員を対象に有機関連技術の情報提供や研修をしている。これに対して、計画期間が過ぎても見直しが行われなかったり、地域の有機農業の実態すら把握できていない自治体もある。

農業（林）大学校に有機農業のコースを設置しているのは、島根県と埼玉県の2校のみである。その一方で、茨城県石岡市、群馬県高崎市、兵庫県丹波市、大分県臼杵市など、有機農業での就農希望者の研修を実施している市も、少しずつ増えてきた。

市町村が主体となった地域ぐるみの取り組みでは、給食への食材提供のほか、有機JAS制度の普及、イベントの開催・出展支援、地域ブランド認定による販売促進などが行われている。数は少ないが、市町村とともに農業協同組合（JA）が主体になり、有機農業を多様な栽培方法のひとつとして捉えているケースも見られる。農産物の集出荷、有機JAS認証資材の取り扱い、有機JAS認証への支援、販路拡大などに加えて、JAやさと（石岡市）のように新規就農者の育成に取り組む事例もある（有機農業参入促進協議会 2016）。

また、有機農業を推進する全国もしくは都道府県・市町村単位の団体や実施農家（団体）が各地に存在する。それらは、有機農業相談窓口や研修受入先とし

て、ウェブサイト「有機農業をはじめよう！」に紹介されている。

3　経営の現状

　国の「2013年度有機農業参入支援データ作成事業」の一環として、有機農業参入促進協議会が実施主体となり、全国の有機農業推進団体などの協力のもと、有機農業者を対象に有機農業への新規および転換参入者の実態を調査した（藤田・波夛野 2017）。

農業粗収益が3.6倍に増えた新規参入者

　調査した新規参入者(122名)の平均年齢は45.5歳である。専業農家の割合は82.8％で、農業歴の平均が11.1年、有機農業歴の平均が9.7年。有機農業の実施率は、参入時が90.9％、現在が95.8％で、85.2％が初年から栽培面積の100％で有機農業を実施していた。有機農業歴では15年以下が81.1％（うち10年以下63.9％）で、72.1％に研修経験がある。

　新規参入者が推測した周辺農家の理解では、参入時は「変わり者」が68.0％、「良くやっている」が47.5％だったが、現在では「良くやっている」が79.5％と大きく伸びている。

　新規参入者の参入時と現在(2012年度)の農業粗収益の分布を図Ⅰ-2-1に示した。参入時は中央値（小さい順に並べたとき中央に位置する値）が50万～100

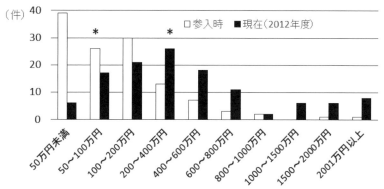

図Ⅰ-2-1　新規参入者の参入時と現在の農業粗収益の分布
（注）＊印は中央値。

万円であったが、12年度には200万〜400万円に増加している。ただし、200万円未満も36.4％を占めた。農業粗収益の平均を見ると、参入時の187万円(50万円未満は32.0％)から637万円と3.6倍に増加。有機農業実施面積の合計でも、参入時の67aから239aへと3.6倍に増加した。そのため、家族労働以外の労働力の合計は、参入時の0.2名(パート0.2名)から2.0名(研修生0.4名、正規雇用0.3名、パート1.3名)に増えている。

農業粗収益が1.8倍に増えた転換参入者

調査した転換参入者(68名)の平均年齢は56.4歳である。専業農家は88.2％、農業歴の平均が25.9年、有機農業歴の平均は15.4年。有機農業の実施率は、参入時が43.2％、現在が67.4％で、初年から栽培面積の100％で有機農業を実施した割合は22.1％であった。有機農業歴は15年以下が60.3％(うち10年以下44.1％)で、17.6％に研修経験がある。

転換参入者が推測した周辺農家の理解では、参入時は「変わり者」が70.6％、「普通の農家」が44.1％だった。これに対して現在では「良くやっている」が70.6％と新規参入者と同様に大きく伸び、「環境に貢献している」(52.9％)が続いている。

転換参入者の参入時と現在(2012年度)の農業粗収益の分布を図Ⅰ−2−2に

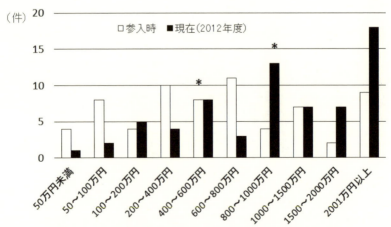

図Ⅰ−2−2　転換参入者の参入時と現在の農業粗収益の分布
(注)　＊印は中央値。

示した。参入時は中央値が400万〜600万円であったが、現在では800万〜1000万円に増加し、800万円以上の農業粗収益を上げている農家（団体）が増えている。農業粗収益の平均を見ると、参入時の971万円から1702万円と1.8倍に増えた。有機農業実施面積の合計も、参入時の176aから447aへと2.5倍に増加。そのため、家族労働以外の労働力の合計は、参入時の2.5名（研修生0.1名、正規雇用0.2名、パート2.2名）から4.9名（研修生0.4名、正規雇用0.7名、パート3.9名）へと約2倍に増加した。

4　有機農業推進の課題

　調査した新規参入者・転換参入者の多くが有機農業による自立を目指す一方で、農産物の収量、品質の不安定さを経営の課題として挙げていた。安定した経営の実現には、地域ごとの条件に応じた栽培技術の確立が求められる。そのためにも、公的機関では担いきれない研修先の充実・支援が欠かせない。

　また、ウェブサイト「有機農業をはじめよう！」の「みんなでつくろう！経営指標」に紹介されている、地域の作目ごとの労働時間、作付体系、収量、販売価格、栽培に関わった経費などを参考にすれば、就農計画の作成や経営改善に役立てられる。あわせて利用した方は、自らの経営指標を提供し、掲載情報の充実に協力していくことが大切である。

　消費者への直接販売、レストラン、朝市などに加えて、スーパーでの有機食品の取り扱い額が増加するなど、有機農産物の販路も多様化している。有機農産物を求める消費者には、健康に関心が高い高齢者世代に加えて、子育て世代が多いという。もちろん、有機農産物が身近に入手できることは望ましい。それに加えて、名古屋市のオーガニックファーマーズ朝市村の生産者と消費者の関係に見られるように（137ページ参照）、競争力や価格の高低だけを尺度とするのではなく、将来にわたって存在してほしいと考えるマーケットを選択し、買い支える消費者の育成に心がける必要がある。

　有機農業実施面積割合を地域別にみると、鹿児島県では0.7％（鹿児島県有機農業協会 2018）、埼玉県小川町では7.2％（小口 2019）と、日本の平均を上回っている地域もある。有機農業の推進には、先進地域の取り組みに学び、それぞれの地域に合った取り組みの模索が欠かせない（各地の取り組みは「有機農業をは

じめよう！」シリーズで紹介されている）。

　食料増産と農業所得の向上を目標とした農業の近代化は、結果として農家の高齢化、担い手不足、そして耕作放棄地の増加を招き、日本農業の存続自体が危ぶまれている。私たちは、地球を救う機会を持つ最後の世代となるかもしれない。SDGs（持続可能な開発目標）を達成するためにも、単に有機農産物を入手しやすくするだけでなく、拡大した生産者と消費者との物理的・心理的距離を縮める取り組みなど、近代化農業を進めた思考とは異なる発想で、農業や地域のあり方を官民が協働して考える時期に来ている。

<引用文献>

藤田正雄・波夛野豪（2017）「有機農業への新規および転換参入のきっかけと経営状況：実施農家へのアンケート調査結果をもとに」『有機農業研究』9巻2号、53〜63ページ。

鹿児島県有機農業協会（2018）「鹿児島の有機農業の今」『KAGOSHIMA Organic』14号、2〜6ページ。http://www.koaa.or.jp/jyouhoushikikanshi/imeges/2018_0rganicvol.14.pdf

MOA自然農法文化事業団（2011）「有機農業基礎データ作成事業報告書」。https://moaagri.or.jp/manage/wp-content/themes/moaagri/pdf/hojojigyo/H22_yukikiso_houkokusho.pdf

農林水産省（2018）「平成29年度有機食品マーケットに関する調査結果」。http://www.maff.go.jp/j/seisan/kankyo/yuuki/attach/pdf/sesaku-6.pdf

農林水産省（2019a）「有機農業をめぐる事情」。http://www.maff.go.jp/j/seisan/kankyo/yuuki/attach/pdf/index-120.pdf

農林水産省（2019b）「平成30年度環境保全型農業直接支払交付金の実施状況」。http://www.maff.go.jp/j/seisan/kankyo/kakyou_chokubarai/other/attach/pdf/h30jisshi-3.pdf

小口広太（2019）「つながりを再構築する有機農業——埼玉県小川町の実践から」『農業と経済』85巻2号、61〜68ページ。

有機農業参入促進協議会（2016）「有機農業をはじめよう！地域農業の発展とJAの役割」。http://yuki-hajimeru.net/wp-content/uploads/2016/06/hajimeyo8.pdf

全国農業会議所全国新規就農相談センター（2017）「新規就農者の就農実態に関する調査結果」。https://www.be-farmer.jp/service/statistics/pdf/OChagC5X8b3V3NsIcbsm201704071333.pdf

第Ⅰ部　持続可能な農業としての有機農業　67

2　グローバリゼーション下の国内農業政策と有機農業

高　橋　　巌

1　農産物市場の開放と国内規制の緩和

　1980年代半ば以降、日本の経済政策の基本は新自由主義に大きく転換し、対外的には自由貿易による国際化(グローバリゼーション)を、国内的には市場開放、構造改革・規制緩和、「民営化・株式会社化」を政策の柱にするようになった(高橋編著 2017)。これを受けて農業政策も市場開放と規制緩和の方向で推進され、近年の相次ぐ自由貿易協定の締結により「総輸入自由化」の様相を呈している。

　当然、有機農業への影響も大きいが、とくに1993年12月には GATT・ウルグアイラウンド交渉結果の受け入れ表明により、米・乳製品・でんぷんなど主要農産物の輸入禁止・制限措置が大幅に緩和された。さらに、1995年には緩やかな協議体の GATT から法的拘束力を有する WTO(世界貿易機関)への移行により、世界経済は本格的な貿易自由化に踏み出すことになった。ここでは、このようにグローバル化・新自由主義的傾向が強まるもとでの農業政策と有機農業との関連を述べていく。

　1999年以降の20年間に進められてきた農産物市場開放・国内規制緩和策について、有機農業との関わりを踏まえてまとめたのが表Ⅰ-2-2である。この表からは次の三点が明らかになる。

　第一に、ほぼすべての農業政策(国内政策・対外政策)の基調が、規制緩和・市場開放路線に支配されてきたことである。これは、国が「食に責任を持つ体制」を放棄し、日本の食の大半を多国籍巨大資本によるグローバル市場システムの支配下に置くことを意味する。

　第二に、とりわけ「農協改革」以降の直近数年間、主要農産物種子法の廃止や漁業法の改定のように、農林水産業が長年果たしてきたセーフティネットの役割を無視する国内法制度の改定が強行されていることである。こうした動きは、地域の自主性や、地産地消、地域自給、それらを支える家族経営による小農をはじめ、沿岸漁業、里山・森林の保全などを崩壊させるものばかりである。言い換えれば、市場開放とグローバリゼーションを進めるために、その障害と

68　第2章　日本と世界の有機農業

表Ⅰ-2-2　1999年以降の農産物市場開放・国内規制緩和政策と有機農業の関係

1999年 (日本有機農 業学会設立)	米国シアトル市で行われた世界貿易機関(WTO)閣僚会議(新ラウンド交渉)が、市民の反対運動と先進国主導交渉への途上国の抗議によって、開始を阻止される。
2000年～	WTO農業交渉開始。世界経済を一元的に自由市場化しようとするWTOの交渉は難航を極め、2000年代半ば以降、FTA・EPAなど少数国・地域間での自由貿易交渉に移行。
2001年	**有機JAS制度発足。**有機農産物の販路拡大が期待される一方、認証の制度的矛盾による生産現場の混乱や、有機農産物・食品の輸入拡大の可能性が高まる。そのため、本来の有機農業の普及・推進に対する影響が大きく生じ、新たな法制定の運動が始まる。
2006年	**日本有機農業学会が尽力し、議員立法・超党派による有機農業推進法が制定される。**「有機農業」「有機農産物」の法的根拠が明確となり、「**有機JASに該当しない有機農業**」を含めた、国レベルでの有機農業の普及・推進が図られることになった。同年、食料自給率が39％に下落、その後いったん微増するも、2010年以降は30％台後半で推移。
2009年	**民主党政権に政権交代。**農業者に対する戸別所得補償制度の一方で、「事業仕分け」によって有機農業支援事業が廃止になるなど混乱も生じる。
2010年	**民主党の菅政権は10月、突如としてTPP(環太平洋経済連携協定)参加を表明。**農業関係者は絶対反対を訴え、国内農業界のみならず民主党政権も混乱に陥る。
2011年	**東日本大震災・東京電力原発事故。**放射能汚染が広がる中、東日本の農林水産物全体が大きな被害を受ける。とくに、「安全性」を訴求してきた有機農産物は、現在まで続く放射能汚染による取引停止などによる大打撃を被り、有

なる国内諸制度やセーフティネットを、さらに言えば国内農林水産業そのものを、規制緩和と称して解体しつつある状況と言える。

　規制改革会議など官邸や財界に直結した一部勢力の意見を丸呑みにし、国会でも十分議論されず、マスコミも政権に「忖度」して報道を控える中で、市民がほとんど知らないまま、暮らしの安全や生存に関する法制度が次々に改変される現在の政治状況は、異様とも言える。

　第三に、GATT交渉受諾の表明(1993年)が細川連立政権、TPP推進の開始が民主党菅政権で行われたように、民主党の「事業仕分け」を含めて、ほとんどの政治勢力がグローバリゼーションと規制緩和の波に翻弄され、それに対する有効な対抗策を示せていないことである。

　こうした20年間のうち、有機農業に直接関係するのは、まず2001年の有機JAS

第Ⅰ部　持続可能な農業としての有機農業　69

	機農業や有機農産物市場のあり方を問われる事態に。また、有機農産物市場再編の契機ともなった(第6章参照)。
2012年	**自民党が衆議院選挙で「TPP反対」を訴え、政権奪取。第2次安倍政権発足。**
2013年	**安倍政権が選挙公約に完全に反した「TPP交渉参加」を表明。**
2014年	安倍政権の意を受けた規制改革会議が「農協改革」を提言し、農協法改定を目指す。TPPに反対し原発に慎重な系統農協に対する、安倍政権からの圧力が強まる。
2015年	TPP先取りの形で**日豪経済連携協定(日豪EPA)発効。TPPに各国が「大筋合意」**(その後米国トランプ政権は離脱)。
2016年	**改定農協法施行。中央会廃止・非営利条項削除など協同組合の組織や論理を否定する内容。**
2018年	**TPP11の交渉決着。国内対策などの関連法案を自民党などが強行採決し、TPP11が発効。関税大幅削減・重要品目以外の関税廃止により、農産物市場開放は「未知の領域」へ。**以後、国内農林水産業全般の規制緩和が相次ぐ(①加工原料乳生産者補給金等暫定措置法(不足払法)廃止、畜産経営の安定に関する法律(畜安法)改定、②主要農産物種子法廃止、③卸売市場法改定(2020年施行)、④森林経営管理法制定、⑤漁業法改定(2020年施行))。**11月、日米FTA＝日米貿易協定交渉の開始合意。**
2019年	**国内対策などの関連法案を自民党などが強行採決し、日欧EPA発効。**ワイン・チーズ・豚肉などの関税引き下げによる輸入急増へ。10月、**農産物に関してはTPPと「同水準」**(日本政府の説明)で、日米貿易協定合意署名。

(出典)日本農業新聞(2019年1月1日)の記事をもとに、筆者作成。

　制度発足である。それまで不十分だった「有機農産物」の基準を明確にし、北海道や九州など大規模生産地において有機農産物の生産・流通を促進したという側面での肯定的評価はある。だが、基本的にコーデックス委員会の「ハーモナイゼーション」を指標とした有機JASは「有機農産物」の定義を狭め、「国際標準化」を通して有機農産物・食品の輸入拡大を意図する多国籍資本の狙いを直接的に体現したものと言えよう。

　これに対して、2006年施行の有機農業推進法は、有機農業の推進を謳ったことにとどまらず、有機農業の位置づけを「本来の形」に戻し、有機農業の基本が国内(自給)農業生産にあることを明確にした。その意味で、グローバリゼーションに抗する一定の役割を果たしたことを特筆しなくてはならない。現在の巨大な流れはすぐには押しとどめられないとしても、国内農業の存在とその持

70 第2章 日本と世界の有機農業

続可能性を前提とした有機農業推進法の体系と理念は、今後、一定の役割と担保たり得ると考えられる。ただし、楽観できる事態ではまったくないことは言うまでもない。

2 農産物市場開放と国内規制緩和の有機農業への影響

TPP11や日欧 EPA、日米貿易協定などにより、国内農産物市場がどのような影響を受けるかについては、日本政府の各種試算（農林水産省 2016）と、それに対する批判的分析（農文協編 2011；J. ケルシー 2011；高橋 2013；鈴木 2015；TPP テキスト分析チーム 2016a、2016b）が発表されている。しかし、有機農業・有機農産物への直接的影響の試算は、現時点では存在しない。また、直近の国内諸制度の改変が有機農業にどう及ぶかについても、今後の分析に委ねられている。ここでは、分野別の大まかな見通しのみを記すにとどめたい。

まず、全体的な見通しである。TPP11に限っても、「TPP は関税の全面撤廃が原則であり、日本の全貿易品目（9,321品目）のうち、TPP で最終的に関税をなくす割合を示す撤廃率は約95％と、国内通商史上最高の水準に達する」（時事通信 2018）。

農林水産物では、関税品目2,594のうち、TPP で関税撤廃が2,135品目（82.3％）、関税撤廃の例外が459品目（21.4％）である。だが、税率は維持したものの関税割当を設けた品目や、税率削減、税率が限定的な品目もあるので、税率の完全維持は156品目のみである。重要品目（米、麦、牛肉、豚肉、乳製品、砂糖、でんぷん）では、関税品目594のうち170品目（28.6％）で関税撤廃、重要品目以外では、98.3％の関税を撤廃した（TPP テキスト分析チーム 2016a；農林水産省 2016）。

これに、日欧 EPA と、「TPP11並み」と日本政府が言う日米貿易協定の枠が加わる。したがって、日本が農産物を輸入しているほぼすべての国からの輸入品価格が関税相当分は下落する可能性が高い。当然、この輸入品圧力により農産物市場価格全体の下落も避けられず、価格支持制度がほぼ完全になくなる中で、セーフガードも脆弱になる。国内（有機）農産物の再生産を保障する販売価格の維持については何ら保障がなくなることになる。

政府は、TPP 関連対策当時の説明で「TPP 交渉当初の全面関税化当時の予

測より4倍ものGDP波及効果がある一方で、負の影響は少なくなった」とい
う趣旨の説明をしている(TPPテキスト分析チーム2016)。しかし、これは
「経営安定対策等農産物国内対策による体質強化が最大限に効果を発揮し、生
産コストの低減・品質向上に伴う生産や農家所得が引き続き確保され」「多く
の産業で関税撤廃効果が発揮され」、その結果、「農業では生産性と現行水準の
国内生産が維持される」というような、きわめて楽観的なシナリオを根拠にし
ている(内閣官房TPP政府対策本部2015)。

　しかし、実際には、国内対策の政策効果がどこまで見通せるのかは不透明で
ある。ほとんどの作目で生産基盤自体が弱体化している現状では、「総輸入自
由化」のもとで国内対策を利用した追加投資を利用できる経営体は限定される。
離農だけが加速する可能性が高い。

　以上を踏まえて、有機農業に関連する品目を見ていこう。

　米について国は、当初シナリオの「関税・国家貿易撤廃」は阻止されたとす
るが、当初5.6万～7.84万t(2018年を起点として13年目以降)の米国とオースト
ラリアに対する追加輸入枠(SBS)が設けられるほか、米菓などの加工品・調製
品等関税も撤廃となる。こうした輸入枠の市場隔離が十分でない場合、総需要
が減り続けている状態で供給量が増加するので、生産者米価の引き下げ圧力は
いっそう強まる。

　主業農家を中心とする「産業としての農業」の担い手において、生産者米価
が再生産水準を下回れば、早晩、担い手そのものが確保できなくなるであろう。
「付加価値」的に高価格商品として位置づけられる有機米も、販売価格引き下
げの影響が生ずるのは自明である。

　果樹では、柑橘類・サクランボ・ブドウ(加工品のワインを含む)・モモ・ナ
シなど、地域によっては重要な作目で、軒並み現行10～30％程度の関税が段階
的な撤廃の波に曝される。生鮮品の輸入は急増しないとしても、市場価格の押
し下げは不可避である。とくに国内生産量が多く、有機農業でも取り組まれて
いる事例の多い柑橘類は、生果や果汁などの段階的な関税撤廃のほか、オレン
ジの8年後のセーフガード廃止などにより、高齢化が進む果樹農家に与える影
響は甚大で、離農の加速が懸念される。当然、有機栽培や特別栽培で果樹を生
産する農家への影響も深刻となろう。

　一方、有機農業者にとって重要な野菜類の多くも即時関税撤廃となる。もっ

とも、すでに関税率は3～9％程度の品目が多く、生鮮品需要が中心であるので、国産有機野菜が即座に輸入品に代替するとは考えにくい。ただし、業務用需要での輸入代替加速化は想定される。

なお、TPPなどへの対抗策として国が強調している農産物輸出は、有機農産物の場合、日本茶などを除き限定的である。有機農業者における「メリット」はほぼないであろう。

また、国内の規制緩和では、主要農産物種子法廃止による農業者全体への影響が避けられない（山田ほか 2019）。種子市場で一定のシェアを占める多国籍資本の市場支配がより強まり、農業者自身の種苗管理にも影響を与える懸念がある。そして、卸売市場法改定による野菜などの市場価格の不安定化（三国 2018）は、市場外流通が大半である有機農産物の価格形成に与える影響も小さくない。これらの影響は徐々に長期間にわたって続くと予想され、その動向に注視しなければならない。

▌3　国内農業と食の安全を守る「最後の防波堤」としての有機農業

すでに発効したTPP11や予断を許さない日米貿易協定についても、情報の非公開や今後の見直し可能性は高く、危険性の全貌は解明されていない点が多い。とくに懸念されるのが、すでに多くの問題を内包した遺伝子組み換え農産物・食品、ポストハーベスト農薬の問題である。

TPP協定「第2章 内国民待遇及び物品の市場アクセス」C節では「現代のバイオテクノロジーによる生産品の貿易」が明記され、その第27条5項で遺伝子組み替え農産物輸出国義務を曖昧にし（微量混入）、逆に第27条9・10項で「現代のバイオテクノロジーによる生産品に関する作業部会」（実質的には遺伝子組み換えを指す）の設置などを定めている。

また「第8章 貿易の技術的障害（TBT）」の「WTO貿易の技術的障害に関する委員会」規定により、業界利害関係者が直接関与する可能性もある。さらに、「遺伝子組み換え不使用」などのほか、「国産」「地産地消」「産地」などの表示が、「"科学的根拠のない"差別化」として輸出国側から攻撃される可能性がある（TPPテキスト分析チーム 2016a）。

こうした自由貿易協定による国際的市場支配の中で、途上国を中心に、家族

第Ⅰ部　持続可能な農業としての有機農業　73

農業を守り食料主権と公正な貿易を求める声が強くなってきた。それらの声は、さまざまな国・地域の運動と結びついて国連を動かし、「SDGs（持続可能な開発目標）」（52〜54ページ参照）に結実した。SDGs は「持続可能な地球と社会」を目指すアクション・プログラムであり、その実効性が世界的に担保されなくてはならない（高橋 2019）。もちろん、単なる努力目標ではなく、日本政府も遵守義務がある。

　ところが、すでにみたように日本では、格差拡大をもたらす新自由主義的経済政策と、グローバル化された市場経済のみを唯一絶対とする政策が強行されている。しかし、これは、SDGs が採択された 3 年後の2018年に国連が採択した「小農宣言」とも完全に逆行する。また、有機農業の推進や家族農業・小農の維持には協同組合の役割発揮が必須であるが、日本はこれも逆行した政策を展開しており、SDGs の目標達成は不透明である。

　農産物輸出国は今後、遺伝子組み換え農産物・食品や長距離輸送に伴うポストハーベスト農薬など「安全性の規制緩和」をいっそう求めてくるだろう。TPP11や日欧 EPA を締結した日本は、それらを防ぐ手段をもはや持ち合わせていない。それゆえ、有機 JAS 制度が唯一の「科学的根拠のある」「国際的な統一ルール」に沿ったものとされる可能性がある。それは、「合法的に」遺伝子組み換え農産物・食品などを排除しようとすれば、有機 JAS 制度に基づく農産物を利用する以外に方法がなくなることを意味する。

　さらに、大きな危険性が指摘されるゲノム編集された作物の流通や、米国でも「人間の口に入る」という理由で忌避されている遺伝子組み換え小麦を含め、広範な遺伝子組み換え農産物・食品の国内流通が懸念されている。日本の慣行栽培の多くでは小規模農家も含めて、モンサント社のラウンドアップ系除草剤やネオニコチノイド系農薬が使われている。たとえ国産や地産地消であっても、グローバル化に席巻され、ゲノム問題でも歯止めがかからない以上、慣行栽培による食の安全の確保はますます厳しくなるのではないか。

　すなわち、地域と地域農業を維持しつつ、食の安全を守り、国産農産物の優位性を確保する「最後の防波堤」は、有機農業にこそあるという状況になりつつある。実態に即した有機 JAS 制度と有機農業推進法の関係の整理という重大な課題を視野に入れつつ、日本における有機農業のさらなる普及と拡大が求められるゆえんである。日本有機農業学会の責務は大きく、重い。

＜引用文献＞

J. ケルシー（環太平洋経済問題研究会・農中総研共訳 2011）『異常な契約──TPP の仮面を剥ぐ』農山漁村文化協会。

時事通信記事 https://www.jiji.com/jc/graphics?p=ve_pol_seisaku-tsusyo20180309j-06-w440（2018年3月9日閲覧確認）。

三国秀実（2018）「卸売市場法『改正』で今後どうなる」http://www.nouminren.ne.jp/newspaper.php?fname=dat/201804/2018043007.htm（2019年9月25日閲覧確認）。

内閣官房 TPP 政府対策本部（2015）「TPP 協定の経済効果分析について」4ページ。

農文協編（2011）『TPP と日本の論点』農山漁村文化協会。

農林水産省（2016）「TPP における農林水産物関税の最終結果」。

鈴木宣弘（2015）「隠され続ける TPP 合意の真相と影響評価の誤謬」JC 総研。

高橋巌（2013）「TPP で危機に曝される協同組合──自治とセーフティネットを守るために──」『協同組合研究』33巻1号、99〜109ページ。

高橋巌編著（2017）『地域を支える農協──協同のセーフティネットを創る』コモンズ、8〜9ページ。

高橋巌（2019）「スペインの多様な協同組合──SDGs を担う主体としての事例──」『BIOCITY』78号、36〜42ページ。

TPP テキスト分析チーム（2016a）『そうだったのか！TPP24の疑問』http://notppaction.blogspot.com/2016/03/blog-post_28.html（2019年9月25日閲覧確認）。

TPP テキスト分析チーム（2016b）『TPP 協定の全体像と問題点──市民団体による分析報告　Ver. 6──』http://www.parc-jp.org/teigen/2016/TPPtextanalysis_ver.6.pdf（2019年9月25日閲覧確認）。

山田正彦ほか（2019）「〈座談会〉種子法廃止・種苗法の運用とこれからの日本農業について」『農村と都市を結ぶ』4〜23ページ。

3 世界の有機農業

（1） 米　　　国

着実な拡大

　米国の有機農業は、2000年代以降、着実に拡大している。2000年と16年の統計を比較すると、有機栽培面積は2.8倍（71万8715ha→203万1318ha）、有機栽培農家数は2.2倍（6592戸→1万4217戸）（USDA-ERS 2013；USDA-NASS 2017a）、有機商品（食料と、化粧品・石けん・繊維などの非食料を含む）の売上高は4.8倍（90億米ドル→434億米ドル）（OTA 2019a）に増えた。16年における有機農産物（作物と家畜）の年間総生産額は76億米ドル、18年における有機商品の売上高は525億米ドルに達し、米国は世界最大の有機市場（オーガニック・マーケット）となっている（FiBL 2019）。

　ここでは、まず米国農務省国立農業統計局が2016年と14年に実施した調査結果をもとに、米国の有機農業の現状について概観する。

　2016年認証有機調査（USDA-NASS 2017a）によると、同年の全国の認証有機農場数は1万4217戸（前年比11％増）、面積は203万1320ha（同15％増。うち草地・放牧地93万2800ha、作物畑109万8519ha）である。州別では、カリフォルニア州が農場数（2713戸）も面積（43万3014ha）も最大で、全米の有機農場数の19％、有機栽培面積の21％を占めた。そのほか1000戸以上の有機農場が存在したのは、ウィスコンシン州（1276戸）とニューヨーク州（1059戸）。そして、ペンシルバニア州（803戸）、アイオワ州（732戸）、ワシントン州（677戸）、オハイオ州（575戸）、バーモント州（556戸）、ミネソタ州（545戸）と続く（図Ⅰ－2－3）。

　また、2016年の認証有機農産物（作物と家畜）の総販売額は76億米ドルで、前年より23％増加した。総販売額のうち56％が作物、44％が畜産物である（表Ⅰ－2－3）。商品別にみると、牛乳（14億米ドル）、鶏卵（8.2億米ドル）、ブロイラー鶏肉（7.7億米ドル）の家畜・家禽関連が上位3位を占め、以下リンゴ（3.3億米ドル）、レタス（2.8億米ドル）、イチゴ（2.4億米ドル）、肉牛（2.3億米ドル）、ブドウ（2.2億米ドル）、トマト（1.8億米ドル）、穀粒トウモロコシ（1.6億米ドル）となっている。

　また、総販売額に占める上位10州の割合は77％に達する。一方で、総販売額

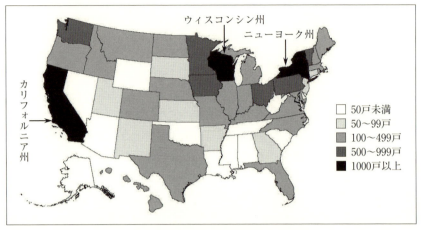

図Ⅰ-2-3　州別の認証有機農場数(2016年)

表Ⅰ-2-3　部門別の認証有機農産物総販売額(単位：億米ドル)

部　門	2015	2016	増減(%)
作物	35	42	+20
牛乳および鶏卵	19	22	+15
家畜・家禽	7	12	+56
合計	62	76	+23

が少ない主に南部のカンザス州、オクラホマ州、ジョージア州、ルイジアナ州などは、前年比で100%以上の高い伸び率を示した。

販売形態や栽培方法

　2014年有機調査(USDA-NASS 2015)では、有機農産物総販売額が年間5000米ドル未満であるために認証免除対象となった農場(以下、認証免除農場)についても調べている。1459件の認証免除農場が存在し、全体の10.4%を占めた。その平均面積は約30haと、認証農場の面積(115ha)に比べて4分の1程度である。

　有機農産物の販売先は、全国的に見ると総販売額の78%が卸売市場で、6割以上の有機農場が少なくともある程度を卸売市場に出荷していた。一方、消費者への直販は総販売額の8%にすぎない。ただし、45%の有機農家が部分的あるいは全農産物を直販で販売していた(表Ⅰ-2-4)。

　また、最初の販売地点(最初に現金交換が行われた場所)の農場からの距離は、有機農産物総販売額の46%が農場から160km(100マイル)以内で、全体の8割の農場が部分的あるいはすべての有機農産物をこの範囲で販売していた(表Ⅰ-

2-5)。

生産経費に関しては、2014年に全国の有機農場は合計40億米ドルを支出していた。そのうち、飼料代と人件費がそれぞれ総生産経費の23%、合わせて46%を占めている。これは12年の全米全農場の33%と比べると、13ポイントも高い。

栽培方法をみると、67%の有機農場で緑肥または厩肥を利用し、66%の有機農場で緩衝地帯または畝を設けて圃場を非有機圃場から隔離していた。そして、41%の有機農家が不耕起または保全耕起（土壌の耕耘をできるだけ省いて、土壌有機物の分解を抑制し、土壌の質を高める技術）を採用していた（表Ⅰ-2-6）。

今後の有機生産については、5000戸以上の有機農場（39%）が5年以内に有機栽培を増やすと回答した（5%は縮小または中止と回答）。有機栽培に転換する予定の農地については、1365戸の認証農場・認証免除農場がすでに4万9443haを転換中で、さらに現在有機生産を行っていない688戸の農場が2万513haを転換中である

表Ⅰ-2-4　有機農産物の販売形態（2014年）

	総有機販売額に占める割合（%）	販売した有機農場の割合（%）
卸売市場	78	63
小売店または企業・学校・病院などへの直販	14	25
消費者への直販	8	45

表Ⅰ-2-5　有機農産物の最初の販売地点（2014年）

	総有機販売額に占める割合（%）	販売した有機農場の割合（%）
160km以内	46	80
161〜799km	34	33
800km以上	18	13
海外輸出	2	3

表Ⅰ-2-6　有機農場で用いられた栽培方法（2014年）

	農場数（%）
緑肥または厩肥	9400（67）
有機圃場を隔離するための緩衝地帯または畝	9259（66）
灌漑・排水などの水管理	7506（53）
有機マルチまたは堆肥	7082（50）
不耕起または保全耕起	5724（41）
有害生物防除のための計画的な栽培地点の選択	5405（38）
有害生物防除のための品種選択	5035（36）
病虫害管理のための有益生物の棲み処の維持	4840（34）
生物防除（天敵利用）	4779（34）

と答えた。

　以上のように、米国の有機農業は成長を続けている。とはいえ、2016年現在、全農地に占める認証有機農場の割合は面積ベースで0.6%、農場数ベースで0.7%にすぎない。また、16年の全農産物(作物と家畜)に占める有機農産物販売額の割合は2%、17年の全食品に占める有機食品の売上高の割合は5.5%に到達したところである(OTA 2019a)。

　一方、消費者サイドでは、米国の消費者が購入した全野菜と果実の14.1%、全乳製品の8%が有機農産物であった(OTA 2017, 2018)。米国全家庭の82%が何らかの有機製品を購入した(OTA 2017)という調査結果も報告されている。

特徴と最近の動向

　近年の米国の有機農業の最も顕著な特徴は「産業化」(industrialization)と「慣行化」(conventionalization)であろう(Obach 2017；Guthman 2014)。

　米国の有機農業は第二次大戦後、アルバート・ハワードと親交のあったJ. I. ロデイルによって種を播かれた。1960年代に入ると、レイチェル・カーソンの『沈黙の春』によって明らかにされた農薬による環境汚染問題、農業労働者の劣悪な労働条件を改善するための労働組合運動、ベトナム戦争に対する反戦活動などの反体制的ヒッピー文化を背景とした社会運動として広がっていく。

　1970年代になると、残留農薬問題に端を発した消費者需要の増大、ニセ有機農産物の出現などを背景に、有機農産物に認証基準を設ける機運が高まる。ロデイルの土壌分析による有機基準(71年)を皮切りとして、各地で有機農業者のグループにより民間有機認証団体が設立された。80年代には認証団体間での基準の不統一が顕在化し、全国統一基準を求める動きが高まっていく。その結果、90年に施行された有機農業法に基づいて2003年に農務省が全米有機プログラム(National Organic Program)を施行した。

　全米有機プログラムは有機農業の定義で、生産方法の基準を示している。

　「資源の循環、生態学的バランスおよび生物多様性の保全を促す耕種的・生物的・機械的作業の統合により、それぞれの圃場の特定の条件に応じ、有機農業法とそれが定める規則に則って管理される生産体系」(e-CFR 2019)

　「有機食品は、慣行農薬、石油を起源とする肥料、下水汚泥肥料、除草剤、遺伝子組み換え(バイオテクノロジー)、抗生物質、成長ホルモン、放射線照射を

使用せずに生産されねばならない。有機農場で肥育される家畜は、動物の健康・福祉基準を満たし、抗生物質または成長ホルモンを使用せず、100%有機飼料で飼養され、屋外へのアクセスが与えられねばならない。圃場は、有機栽培作物の収穫までに、最低3年間使用禁止物質が施用されてはならない。全米有機プログラムの基準が順守されていることを保証するため、「USDA Organic」を表示するすべての農場、牧場、処理施設は、州または民間の認証機関によって有機認証を受けねばならない」(USDA–NASS 2017b)

　農務省の管轄下にある全米有機プログラムによる統一基準の設定は、米国内外での有機農産物や有機食品の生産、販売、流通を容易にして有機農業の「産業化」を促し、前項に示したような継続的な成長と有機農産物の低価格化をもたらしつつある。

　一方、有機農業の産業化は、膨大な資金力を持つ大規模農場、巨大食品企業(ゼネラル・ミルズ、コカ・コーラ、ハインツなど)(Howard 2009)および大規模小売店(ウォルマート、セイフウェイ、コストコなど)の有機農業への参入を促し、徐々に全米有機プログラムにおいて彼らの影響力を強めている。こうした大企業は、有機農業の伝統的な理念を守るよりも利益の向上を至上目的とする。

　彼らは、上記の基準を最低限クリアした代替的有機農法(Hill 1985；Gliessman & Rosemayer 2010)による生産、さらには有機農産物の大量生産に不都合な基準の削除などを通して、有機農業の「慣行化」(Obach 2017：143)を進めてきた。たとえば、米国の有機農業では現在、効率的な大量生産を求める大規模農場の要求の結果、土壌を使用しない水耕栽培や多数の家畜を密集状態で肥育するフィードロットなどの集約畜産経営体(concentrated animal feeding operation：CAFO)での家畜の飼育を認めている(Chapman 2019)。

　こうした動きに対して、一部の伝統的な小規模有機農業者は全米有機プログラムの基準を超える新たな基準の模索、農家同志による認証の復活(CNG 2019)、有機ラベルの不使用(とくに消費者に直売している農場)などによって対抗している。「本当の有機プロジェクト」(Real Organic Project)は、その一例だ。土壌肥沃度の向上、生物多様性の促進、家畜の草地での飼育、農場システムの持続性の向上、コミュニティの形成を理念とし、新たな認証ラベルの創設を目指して活動している(Real Organic Project 2019)。さらに、有機貿易協会(OTA)は、1990年有機農業法に反して家畜福祉基準条項を廃棄したとして、全米有機

プログラムを管轄する農務省を相手に訴訟を起こした(OTA 2019b)。

　米国の有機「産業」は現行の生産方法に限定された定義のもとで、安全で味の良い生産物や食品を求める消費者に支えられ、当面、成長を続けると予想される。有機「農法」の中身についても、議論が続いていくにちがいない。だが、真に持続的なフードシステムの構築(Gliessman 2015)を目指すのであれば、このような生産方法に狭められた「有機」、しかも市場メカニズムに依存した認証制度では、影響力に限界があるとする声もある(Guthman 2014)。

　米国における初期の有機農業運動の一部は社会的公正の実現をも目指していたが、そうした条項は統一基準を作る過程で削除され、現在の有機農業基準には含まれない。安全で栄養があり文化的に適合した食料へのアクセスを基本的人権と捉え、貧困なコミュニティにおける健全な食料の不足を人権問題とする食料主権運動(food sovereignty movement)や食料正義運動(food justice movement)、移民農業労働者の福利厚生・待遇・労働環境の改善に関わる労働運動などと連携しつつ、長期的には現行のフードシステムを支えている国や地方自治体の農業・食料政策の変革を目指していくことが必要であろう。

<引用文献>

Chapman, D. (2019). After One Year: Why Were We Created and Where Are We Heading? 2019 Real Organic Project Symposium Video. https://www.realorganicproject.org/2019-symposium-videos/(2019年11月7日確認)。

CNG (2019). Certified Naturally Grown. https://www.cngfarming.org/(2019年11月7日確認)。

e-CFR (2019). CFR Regulatory Text, 7 CFR Part 205, Subpart A — Definitions. § 205.2 *Terms defined "Organic production"*. http://www.ecfr.gov/cgi-bin/text-idx?SID=ac13bb030ee7a5c5ded65732f5c8946e&mc=true&node=se7.3.205_12&rgn=div8(2019年11月7日確認)。

FiBL (2019). Organic Agriculture: Key Indicators and Top Countries. FiBL Survey 2019, based on national data sources and data from certifiers. https://www.organic-world.net/yearbook/yearbook-2019/key-data.html(2019年11月7日確認)。

Gliessman & Rosemayer (2010). *The Conversion to Sustainable Agriculture; Principles, Processes, and Practices.* Boca Raton, FL: CRC Press.

Gliessman, S. R. (2015). *Agroecology. The Ecology of Sustainable Food Systems.*(3rd

第Ⅰ部　持続可能な農業としての有機農業　81

ed.）. CRC Press. Boca Raton.

Guthman, J.（2014）. *Agrarian Dreams; Paradox of Organic Farming in California*. （2nd ed.）. Oakland, CA. University of California Press.

Hill, S.B.（1985）. Redesigning the food system for sustainability. *Alternatives*, 12: 32-36.

Howard, P.（2009）. Consolidation in the North American organic food processing sector, 1997-2007. International Journal of Agriculture and Food. 16（1）13-30. より最近の傾向については以下を参照。https://philhoward.net/2017/05/08/organic-industry/（2019年11月7日確認）。

Obach, B.K.（2017）. Organic Struggle: The Movement for Sustainable Agriculture in the United States. Cambridge, MA. The MIT Press.

OTA（2017）. Nielsen findings released by the Organic Trade Association, March 2017.

OTA（2017, 2018）. 2017 & 2018 Organic Industry Surveys.

OTA（2019a）. U.S. organic sales break through $50 billion mark in 2018: Sales hit a record $52.5 billion as organic becomes minstream, says Organic Trade Association survey. Press Release. May 17, 2019. https://ota.com/news/press-releases/20699（2019年11月7日確認）。

OTA（2019b）. Organic Trade Association advances court battle to defend organic standards: Motion for summary judgement states USDA acted unlawfully in withdrawing livestock standards. Press Release. October 31, 2019. https://ota.com/news/press-releases/21045（2019年11月7日確認）。

Real Organic Project（2019）. https://www.realorganicproject.org/（2019年11月7日確認）。

USDA-ERS（2013）. U.S. certified organic farmland acreage, livestock numbers, and farm operations 1992-2011. https://www.ers.usda.gov/data-products/organic-production/（2019年11月7日確認）。

USDA-NASS（2015）. Organic Farming, Results from the 2014 Organic Survey. ACH12-29. Sep. 2015. https://www.nass.usda.gov/Surveys/Guide_to_NASS_Surveys/Organic_Production/（2019年11月7日確認）。

USDA-NASS（2017a）. 2016 Certified Organic Survey. NASS Highlights. Oct. 2017. https://www.nass.usda.gov/Surveys/Guide_to_NASS_Surveys/Organic_Production/（2019年11月7日確認）。

USDA-NASS（2017b）. Certified Organic Survey, 2016 Summary. Sep. 2017. https://www.nass.usda.gov/Surveys/Guide_to_NASS_Surveys/Organic_Production/（2019年11月7日確認）。

〈村本穣司〉

82　第2章　日本と世界の有機農業

（2）　フランス

慣行から有機へ

　1950年代から半世紀で、フランスの農業人口は4分の1に減った（Desriers 2007）。その傾向は21世紀に入っても変わらず、2000年からの10年間で26％減（**表1-2-7**）。10年～18年は20％減と減り方がやや緩やかになったが、個人営農の小規模家族農業者は39％も減った[1]。親の農業を継ぐ若者が減っているのだ。

　農業者が定年で引退すると[2]、後継者のいない農地は買収されたり貸し付けられたりする。そのため営農規模は拡大し、2016年の平均は63haとなり、2000年を7ha上回った（INSEE 2019）。規模の拡大にともなって個人経営から法人経営に変わり、7～8割が有限責任農業経営体（Exploitation agricole à responsabilité limitée：EARL）登録をしている。EARLは個人資産と営農を分離できるので、拡大による事業リスクの予防策とも言える。

　一方で有機農業者数は、1995年の3602人（Cardona 2014）から2018年には11.6倍の4万1623人に増えている。フランス農業省の2010年度調査では、同年度の平均年齢は45歳で、慣行農業より5歳若い。フランスでは、新規就農者の75％は40歳未満である。40歳未満であれば新規就農者用の助成を受けられ、60％近くの就農者がその恩恵を受けている[3]。

表1-2-7　農業者数、有機農業者数、農地・有機圃場面積の推移

年度	2000	2010	2016	2018
農業者 （人）	664,000	491,000	437,000	394,000
有機農業者 （人）	8,985	19,594	32,266	41,623
農地 （1,000ha）	29,807	28,926	—	28,837
有機圃場 （1,000ha）		845	1,540	2,035

（出典）Agreste, Agence Bio, Inseeなど公的機関の最新発表数値を参照。調査機関によって数値に多少の違いがある。

　慣行農業から有機農業へ転換する場合は、有機農業を対象とする助成を受けられる。レンヌ市（パリから高速鉄道で西へ1時間半弱）近郊の野菜農家ガビヤール夫妻は、政府の有機農業振興5カ年計画（1998～2002年）の助成を受けて、転換に踏み切った。ガビヤール氏は後継者として慣行農業を5年やったが、経営が軌道に乗らなかったそうだ。

農薬と化学肥料の使用量を増やして収量を上げるか、有機に切り替えて品質で勝負するか、ぎりぎりの選択で有機を選んだ。転換できたのは、友人の手助けと公的助成があったからだと言う(2004年2月の聞き取り)。

「助成は不可欠だが、有機農業こそ本来の農業の姿と思えたからだ」と語るのは、転換したばかりのアリエス家である[4]。南部のオート゠ガロンヌ地方の100ha以上の農地で30年間、飼料作物の栽培と肉牛の飼育を慣行農法で営んできた。飼料作物価格が市場に左右される暮らしから抜け出し、小規模でも自立した経営を目指すための転換である。転換後も学ぶことがたくさんあるのが楽しいと息子は語る。

アリエス家では、欧州共通農業政策(CAP)の第2の柱である農村開発政策用予算から転換助成を受けた。CAPは有機農業の環境保全への貢献を評価し、1992年から助成してきた。加えてフランスには、地域の特性に呼応した助成制度(Contrats Territoriaux d'Exploitations：CTE)、新規就農希望者によりそって就農まで支える AMAP(農民農業を守る会)[5]や FNAB(有機農業者連合)[6]などの組織がある。

こうして若者の有機就農者が増え、圃場も年々拡大してきた。2018年には有機と有機転換中の農地は204万 ha で、全体の7.5％を占める(17年は6.5％)。EU 28カ国の有機圃場の総計は1280万 ha で、前年度より5.9％増えた(Agence Bio 2019a)。フランスの有機圃場は、スペイン、イタリアに次ぐ第3位である。**表Ⅰ－2－8**に生産形態別割合を示す[7]。

フランス政府は、ヨーロッパ随一の有機農業国を目指している。フランス農業省が2019年に発表した「2022年有機待望計画」によると、目標は、22年までに有機圃場の割合を15％に引き上げ、学校給食に有機食品を20％導入することである。

伸びる有機市場

有機農業の発展にともない、その流通・加工・販売に関わる雇用も毎年10％

表Ⅰ－2－8　有機圃場の生産種別占有率(単位：％)

牛の放牧	ブドウ畑	複合栽培、複合飼育	大規模畑作	山羊・羊の放牧	果樹	野菜・園芸	養鶏・養豚
20	18	16	15	9	8	8	6

以上増えている。2018年は前年より14％増えた（Agence Bio 2019a）。

　私が暮らすレンヌ市のスーパーに有機のビスケットなどが並びだしたのは、2003年ごろである。当時気がかりだったのは、大手企業が参入して有機食品を量産し、市場を独占することだった。そうなる前に、日本の産消提携にならった有機農業の新規参入モデルを定着させたいと思い、「ひろこのパニエ」という産消提携グループを発足させたのは、06年の秋である（雨宮 2017a）。

　これを発端に、レンヌ市周辺には多くの提携グループが誕生し、地産地消の動きがブルターニュ地方全体に広がっていく。研究協力機関の CIVAM[8]の調査によれば、2005年の22から16年には184に急増している（有機農産物以外も扱うグループを含む）（Berger 2018）。

　一方、大手のスーパーや食品会社は予想どおり自社マークの有機食品を次々に開発し、有機マークの食品が専門店以外にも並ぶようになった。いまでは大型スーパーに有機食品コーナーが出現し、品ぞろえも豊富だ。有機マークは食品だけでなく、洗剤、化粧品、衣料などへも広がっている。

　ABマークを知らないフランス人はいない。有機農業推進のために2001年に設置された公的機関 Agence Bio（有機オフィス）が18年度末に2000人のフランス人を対象に行った調査[9]によると、7割以上が月に1回以上、有機食品を食べている（Agence Bio 2019b）。18年の有機食品の総売上高は97億ユーロ（約1兆2000億円）で、前年より15.7％増えた。

　その調査結果によると、フランス人が選んだ有機食品のベスト5は野菜・果物78％、卵65％、牛乳44％、チーズ43％、乳製品38％。肉類は9位以下だ。

　なお、フランスで消費されている有機農産物の69％は国産で、なかでも牛乳と乳製品は97.8％、肉、卵、ワイン、酒類は99％が国産である。

　また、有機食品を買う場所は、大・中規模スーパーが最も多く49％を占め、有機食品店が34％、

スーパーが開発した有機ビスケット。ABはフランスの有機マーク、その右がEUの有機マーク

第Ⅰ部 持続可能な農業としての有機農業 85

以下マルシェ[10]・農場直売12％、パン・チーズなどの専門店5％と続く。スーパーの有機野菜や果物は外国産も多く、パック入りである。鮮度のいい有機農産物が欲しい場合は、マルシェやAMAPで農家から直接買うほうがいいが、利便性ではスーパーにかなわない。

スーパーには有機マークの化粧品や日用品も並んでいて、買い物が一度ですむ。

パリ15区のマルシェ。生産者が自分の軽トラックの前で販売する

食器や洗濯用の洗剤は61％、化粧品やシャンプーも57％の人びとが有機マークを選んでいる。アンケートからは、時間をかけずに有機製品を選べる店を希望していることが分かる。実際、スーパーであれ、専門店であれ、「行きつけの店に有機製品が豊富にあれば、そこで買う」という人は28％で、2015年より18％増えている。

有機食品への評価

アンケートは、「有機食品を月に一回以上食べる」と答えた1417名に、その動機を尋ねている。一番の理由は「健康でいるため」(69％)だ。

また、「有機食品は高い。都会の金持ちのインテリの食べもの」という評価がしばらく続いていたが、食の安全や環境汚染が身近な問題になってから、若者の意識も変化した。若者が有機食品を選ぶようになったので、レンヌ大学の前のスーパーも有機食品が豊富になった。「有機食品を買うようになって一年未満」と回答した17％のうち約4分の1は18～24歳である。若者たちは、有機食品が高いことに異を唱えない。18～34歳の43.5％は、有機農業は手間のかかる農業であることを知っていて、労働が価格に反映されるのは当然と考えているのである。

親は子どもの健康を心配して有機食品を勧める。子どもは自分で調理しながら、無駄を出さない食生活を心がけていく。こうして、有機食品購買者の66％は食生活の変化を自覚し、61％は食品の無駄に気をつけるようになっている。

消費者が有機食品を選ぶのは、「味と質の良さ」(58％)のためでもある。良い食材がなければ、良い料理は作れない。マルシェで行列ができるのは、新鮮で味の良い農産物を売る生産者の前である。買うたびにちょっとした話もできるので、人柄や作付けの様子も分かる。自分で選んで買えるので、消費者の見る目も育つし、生産者も良いもの売ろうと努力する。

生産者にとって、直売は楽しみの一つである。産消提携研究会の調査でも、「直売は買い手の声が聞けて励みになる」と答える農家が大半で、「辞めたい」と答えた農家は一軒もなかった(Amemiya 2007)。

地元の新鮮な有機農産物へのこだわりは、名だたるシェフたちの間では当たり前である。有機野菜を自家栽培したり、有機農家から直接調達したりしているシェフは多い。さらに、美食の追求から責任ある美食の追求へと、より深い視点に立って行動するシェフたちがいる。

たとえば、三ツ星シェフのアラン・デュカスは、地球を守る食育に力を注ぐ。オリヴィエ・ロランジェは、シェフを退いてから海産物の保全運動に取り組んでいる。魚は捕獲し尽くしては資源が枯渇する。地球を思いやり、安全で節度ある食を広めようと、世界中のシェフ仲間に訴えている(Roellinger 2019)。シェフは美食の守り人である。それゆえに、水産資源を絶やさないように、保全の責務を自らに課しているのである。

エコを求める市民

アンケートでは、有機食品を買う理由として環境保全を挙げる人が56％いた。資源の枯渇だけでなく、地球温暖化も危機感が募る環境問題である。また、国連食糧農業機関(FAO)の2011年度調査によれば、世界で生産される食料の3分の1は無駄に捨てられているという。廃棄食料のために、どれだけ CO_2 が排出されたことであろうか。

パリをはじめとする大都市では、CO_2 を減らすために多様な施策がとられている。たとえば自転車専用路の整備が進み、貸自転車が普及したので、自転車通勤者が増えた。自家用車を郊外の駐車場に置き、そこから相乗りや自転車で

通勤する人もいる。ダンケルク市など公共交通機関を無償にした自治体は30近い。自動車の相乗りシステムも定着した。

EUは2014年に、使い捨てのプラスチックを25年までに75％減らすことを承認している。大手スーパーのルクレールは16年に、環境を守るためにレジ袋廃止を宣言。他のスーパーも、土壌に還元されないプラスチックやビニールなどを廃止して、紙袋や植物性素材の袋に切り替えた。

いまや買い物にカートとエコバッグが欠かせない。有機食品専門店では、包装をなくしたバラ売りが増えているので、マイボトルも持参しなければならない。油も洗剤も量り売りだ。消費者は「お客様」ではなく、共に「地球を守る」連帯責任者の一人なのである。そんな意識が売り手にも買い手にもあるから、エコな販売に文句は出ない。

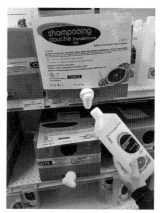

マイボトル持参でシャンプーを買う

雨水を貯めるタンクや生ごみを堆肥化するタンクは、園芸店で買って簡単に設置できるので、我が家でも使っている。そんなエコ暮らしの知恵を遊びながら学べるイベントがある。年に一度レンヌ市近郊のギッシャン村で行われる有機見本市で、2019年で27回目になる。バイオダイナミック農法に魅かれて就農した数人の農業者と有機農業に興味を持った消費者たちが企画したイベントが年々大きくなった。子どもたちは、わらでつくったプールで遊んだり牛や馬と触れ合って、一日中楽しんでいく。

消費者のエコ意識が高まった背景には、それを育てた情報の豊かさがあると思われる。有機食品の購買者が情報源のトップに挙げたのは広告(47％)だが、評価はあまり高くない(56％が「まあまあ」)。以下、ドキュメンタリー映画やルポルタージュ(42％)、新聞(30％)と続く。前者は86％、後者は75％が高く評価している。

ドキュメンタリー映画では、南フランスのバルジャック村の有機農産物を利用した給食を軸に農民の暮らしと農薬禍を描いたジャン＝ポール・ジョー監督の『未来の食卓』や、有機農業の可能性を描いたマリー＝モニク・ロバン監督

の『未来の収穫』が有名だ。地球温暖化や環境汚染は日常の問題で、新聞やラジオでも論戦が繰り広げられている。ミツバチの激減を心配する声が上がるなか、2018年にはネオニコチノイド系の農薬が全面禁止になった。

　フランス北西部を広くカバーする日刊紙『ウエスト゠フランス』の紙面を最近賑わせているのは、人口600人のランゴエット村である。レンヌ市の北20kmに位置するこの村は、2004年から完全有機給食を実施し、太陽光パネルでエネルギー自立を目指している。2019年に村民36人を対象に除草剤の残留を調べる尿検査をしたところ、全員の尿から許容量を超える数値が出た。そこで村長は住民の生活圏150m以内には農薬散布をしてはならないという条例を制定したのである。

　ところが、この条例は村長の権限を逸脱すると県庁が撤回を求め、裁判になった。問題の農薬は、モンサント社のグリフォサート入りの除草剤で、発がん性が指摘されている。村長の判断を支持する他の市町村長が連帯表明を行う一方で、マクロン首相が散布してはならない距離を5〜10mの間で決めようと提案し、全国の注目を集めることになった。

　除草剤の危険性を実証することは難しく、EUでもグリフォサートに対する規制は国によって異なる。周囲を田畑に囲まれた農村の暮らしでは、農薬散布から生活圏を守ることは困難だ。村民の健康を優先するこの条例についてレンヌ市の地方裁判所は、「正当ではあるが、違法である」という判断を下した。

都市住民が参加する新たな農のスタイル

　有機マークの食品や日用品が豊富にあるスーパーの利便性は高い。需要があれば市場は応えるので、温室栽培の有機トマトが一年中並ぶ。EU外からも届く輸入パック野菜が、有機コーナーには満載だ。温室で栽培すれば、CO_2の排出量が増える。それは有機農業の本質とは異なるとフランスの有機農家たちが抗議して、ハウストマト反対署名集めが2019年に始まった。

　有機食品の消費動向アンケートによれば、購買者は地元産農産物を優先し(52%)、季節の農産物を買うようになった(58%)と答えている。鮮度が大切な野菜はできるだけ産地の近くで手に入れたいと思う消費者が集まって、AMAP農園を結成する。その構成や運営については雨宮(2017b)に記したので、ここでは有機農業の発展という観点にしぼって考察する。

パリ近郊のプレヌッフ農園を例にとると、有機野菜の定期産消提携は1年契約で、会員は毎週水曜日の夕方、農園へ野菜を受け取りにくる。配布を仕切るのは消費者の分担で、当番は各自が事前に登録する。2019年度の会員は80家族で、待機リストに入会希望者があふれている。

プレヌッフ農園の野菜配布の日に集まった会員たち

そのため、新しい AMAP 農園を準備中だ。緑地を維持する有機農園は地域住民に歓迎されるので、市議会でも賛同を得られる。ただし、問題は農地探しである。パリ周辺の平野は100ha単位の大規模慣行畑作が一般的で、有機野菜での就農に適した5ha以下の農地はなかなか見つからない。

そこで、環境保護団体、有機農業者組合、就農者支援の市民組織などが連携して農地を探し、行政を動かして、新たな農園を立ち上げてきた(Blanc 2012)。慣行農地を少しでも有機農地に転換できれば、地域の景観や水質を改善できる(Cardona 2014)。会員は、安全な食べものだけでなく、安全な環境も求めて加わっている。農作業を手伝うときもあれば、農具の修理や雑木の伐採に手を貸すこともある。生産者を支える作業をいとわず、できる範囲で参加する。

このような都市住民が関与する AMAP 農園の営農は、「都市に田舎を回帰させる」新しい試みと言える(Blanc et al. 2015)。プレヌッフ農園では教育農園として地域の小学生を受け入れ、作物の生育や生物の多様性を学ぶ機会を提供している。都市住民にも、農作業の手伝いや農園の野菜を使った調理実習を企画し、農のある暮らしの豊かさを体験できる場を設ける。調理用の台所の設備には、地域振興基金や欧州共通農業政策からの助成金があてられている。

1980年代に慣行農業を拒否して有機農業に取り組んだ先駆者たちと、慣行農業で暮らしをつないできた農家の間には、いまも深い溝がある。しかし、都市住民が加わる AMAP 農園は、その溝を埋めるきっかけとなるかもしれない。なぜなら、こうしたタイプの農業(連帯農業)は地域の自然を守りたい人たちによ

る取り組みで、従来の農業とは違った地平に立っているからである。

　有機農法を一部に取り入れている慣行農家もある。誰しも、水質汚染や環境保全に関心がないわけではない（Cardona 2014）。AMAP農園の消費者たちが担う連帯農業が、慣行農業から有機農業への流れをつくっていくかもしれない。

　そして、欧州共通農業政策が次の交渉に向けて前面に打ち出しているのは、緑地化の推進である。農業の環境保全への貢献を評価するだけでなく、農業者の緑化活動をも評価し、助成する。大地を守る農業を支えていかなければ、地球を救えない。環境に配慮のある有機農業こそ、多投多収の機械農業に替わる未来の農業ではないか。

　フランスの有機農業者は農業者総数の1割未満である。だが、若者の新規参入が続き、有機市場は確実に伸びている。疲弊させてしまった大地の復権に、有機農業が待たれている。その思いがEU諸国に共有されているから、有機農業は助成され、緑地化がより推進されることになった。食と環境の安全を願うなら、自分が動かなければいけない。フランスでは、その自覚が都市の消費者を有機農民の支援に向かわせているのである。

（1）http://agriculture.gouv.fr
（2）法律で定められた農業者の定年は62歳で、農民年金の受給額は納入期間によって算出される。
（3）新規就農時に200万〜350万円の助成金を受けられるほか。農機具の購入助成、税の免除や優遇などの措置がある。金額は地域と就農形態による。2010年度は、酪農で81％、野菜で35％が助成を受けた（Agreste, Primeur, 293, Novembre 2012）。
（4）https://www.agri-mutuel.com/?s=Haute-Garonne%2C+conversion+en+Bio
（5）Association pour le Maintien d'une Agriculture Paysanne の略称。2001年に南フランスのオーバーニュ市でヴュイヨン夫妻が始めた契約型の産消提携方式。各グループは連合組織をつくり、社会変革を目指している。ホームページのサイトから、消費者は近隣のグループを紹介してもらえる。新規就農希望者が消費者会員と組みたい場合は、会員探しから立ち上げまで指導を受けられる（雨宮 2017b）。
（6）Fédération nationale de l'agriculture biologique.の略称。1978年に有機農業者たちが設立した組織で、有機農業者の生活を守り、有機農業を広めるための活動を展開。新規就農希望者は短期研修や技術指導を受けられる。
（7）https://agriculture.gouv.fr/infographie-lagriculture-biologique-en-france
（8）Les Centres d'Initiatives pour Valoriser l'Agriculture et le Milieu rural. 農業

と農村の活性化を目的に設立されたネットワーク。

（9）2018年度有機食品・製品の認識および消費動向。18歳以上の男女を対象に、社会階層や居住地などを均等にして行われた。

（10）フランスのマルシェは自治体が関わっているので、生産者は販売管理だけを行えばよい。たとえばパリでは、毎週決まった通りや広場の一角に売り場が設置され、終われば撤去される。ごみや野菜くずなどは、市役所の清掃員が片付ける。生産者は路上に軽トラックを止めて売り場に並べ、終了後は売れ残りを積んで帰る。野菜も果物もすべて量り売りなので、少量でも買える。

＜引用文献＞

Agence Bio（2019a）. Un ancrage dans les territoires et une croissance soutenue.

Agence Bio（2019b）. Baromètre de consommation et de perception des produits biologiques en France–édition 2018.

Amemiya H.（2007）（dir.）, *L'Agriculture participative*, Rennes, PUR.

雨宮裕子(2017a)「ひろこのパニエ——フランスで取り組んだ共生の産消提携」西川潤／マルク・アンベール編『共生主義宣言——経済成長なき時代をどう生きるか』コモンズ。

雨宮裕子(2017b)「フランスの農業とアマップの成立・展開」「安全な農産物を供給し、緑地を守るフランス・プレヌッフ農園」波多野豪・唐崎卓也編『分かち合う農業 CSA～日欧米の取り組みから～』創森社。

Berger B.（2018）. *Etat des lieux sur les dynamiques alimentaires en Bretagne, Projet ATLASS*, FRCIVAM Bretagn.

Blanc J.（2012）. Ressorts sociaux et politiques du développement des AMAP en Ile-de-France, *Norois* 224, 21–34.

Blanc J. et al.（2015）. Vivables, vivantes et vivrières: de nouveaux espoirs pour la ville?, *Revue d'ethnologie* 8, 1–9.

Cardona A.（2014）. Le développement de l'agriculture biologique: effets directes et indirectes dans le monde agricole et non–agricole. Une enquête en Île-de-France, *Economie rurale*, 339–340, janvier-mars, 183–194.

Desriers M.（2007）. L'agriculture franàaise depuis cinquante ans: des petites exploitations familiales aux droits à paiement unique», *L'agriculture, nouveaux défis*, INSEE, 17–30.

INSEE（2019）. *Tableaux de l'Economie Française*, 161.

Roellinger O.（2019）. *Pour une révolution délicieuse*, Paris, Fayard.

〈雨宮裕子〉

92　第2章　日本と世界の有機農業

（3）韓　国

韓国の農業

　韓国の農業の概要は、日本とよく似ている。稲作と野菜が中心で、畜産が続く。農地面積は160万 ha で、国土（約10万 km²）の15.9％を占める。農家人口は約231万人、人口（約5150万人）の4.5％で、うち65歳以上が40.3％程度と、日本ほどではないが高齢化が進んでいる。農業生産額の GDP 比は2.9％と、日本より高い。2010年前後から農業に興味を持つ非農家出身者が増えてきた。その多くは有機農業への関心が高い。

　2017年度の食料自給率（カロリベース）は38％、穀物自給率は23.4％、主食用穀物自給率は49％。OECD 加盟36カ国の中で、日本と並んで30位以下である。2000年度と比べると、それぞれ22％、21％、13％下がった。

　一方で、農薬使用量はきわめて多い。2016年度基準の1 ha 当たり農薬使用量は11.8kg で、オーストラリア1.1kg、カナダ1.6kg の約10倍になる。なお、世界最大の農業生産国である米国は2.6kg 程度である。

　2017年8月には卵から殺虫成分があるフィプロニルが検出され、スーパーやコンビニで卵の販売が一時停止される事件が起きた。フィプロニルはゴキブリやノミなどの害虫駆除に使われ、イヌやネコのノミ予防にも利用されている（同じ時期に、オランダやベルギーなど EU 諸国でも鶏卵のフィプロニル汚染が発覚）。さらに、国立農産物品質管理院が全国の養鶏場を調査したところ、慶尚北道の養鶏場から猛毒性の DDT が検出されて大きな問題になった。韓国では、DDT は1979年に使用が禁止されている。

有機農業運動の背景と経過

　韓国の有機農業運動が広がる背景には、1970年代半ば以降の3つの活動がある。

　第一は、反軍事独裁運動や民主化運動から生まれた生命運動だ。その中心は、江原道原州の思想家ジャン・イルスン先生で、政治闘争だけでなく、生活の根底にある生命を重視された。大量生産・大量消費・物質万能社会への問い直しと言ってよい。

　第二は、有機農業技術を基盤とした民間団体の活動である。正農会（1976年

設立)と韓国有機農業協会(78年設立)がリードしてきた。

　第三は、生活協同組合の活動である。とくに、ハンサリム生協(1986年設立)と女性民友会生協(現在の幸福中心生協)が早くから有機農産物の取り扱いに積極的であった。ハンサリム生協は人と自然、都市と農村が生命でつながっているという思いから始まり、生産者・消費者の双方によって結成された生協である。モットーに「生命を活かし地球を守る生活実践」を掲げている。女性民友会生協1989年に共に行く生協としてスタートし、91年に韓国女性民友会生協事業部に改編され、2011年に幸福中心生協連合会となって今日に至る。

　次に、国レベルの有機農業政策(韓国では有機農業を環境への配慮を強調して「親環境農業」と呼ぶ)の推進経過を見ていこう。

　まず、1991年(盧泰愚政権)に、日本の農林水産省に該当する農林水産部(当時、現・農林畜産食品部)に有機農業発展企画団が設置され、94年(金泳三政権)に環境農業課に発展する。そして、97年に親環境農業育成法が制定された(施行は98年)。そこでは親環境農産物を①一般環境農産物、②低農薬農産物、③転換期間中有機農産物、④無農薬農産物、⑤有機農産物に分け、99年から①以外に直接支払い(所得減少についての補填)が始まった。こうした政策転換をリードしたのは、金泳三政権と金大中政権で農林部長官や農水産主席を務めた３人の農業経済学者である(足立 2001)。

　2001年には親環境農産物認証制度がスタートする。あわせて、親環境農業育成５カ年計画が策定され、以後５年ごとに改定されていく(16年に第４次５カ年計画策定)。また、04年には農村振興庁(農林畜産食品部傘下の研究・技術普及機関)内に親環境農業課が設置され(08年に有機農業課に名称変更)、国レベルでの有機農業研究が始まる。

　さらに2016年11月、親環境農産物義務助成金制度が設けられた。すでに06年に任意助成金制度が始まっていたが、国の責任をより明確にするために義務助成金体制に転換したのである。生産者は親環境認証面積を基準として一定金額を国に納付し、それを原資として国は親環境農産物の消費拡大活動の支援や技術普及事業などを行う。韓国では６月２日が有機農業の日で、そのイベント開催やテレビ広告にも使われている。総額で年間約20億ウォン(約1.8億円、100ウォン＝約９円)程度である。

親環境農業政策と親環境農業の現状

　現在の親環境農業認証は、有機と無農薬の２つに分かれる。低農薬は2009年７月から新規認証を停止し、15年末で完全に廃止された。もともと、果樹など有機栽培が難しい作物に対して段階的に無農薬、そして有機へ転換していく最初のレベルとして位置づけていたが、市場がそれを認識せず、評価が低かったからである。以下、有機と無農薬の定義を紹介しよう。

　①有機農産物

　有機合成農薬および化学肥料をまったく使わないで栽培した農産物（転換期間：多年生作物は最初の収穫前３年、その他の作物は播種・定植前２年）。

　②有機畜産物

　有機農産物の栽培・生産基準にそって栽培された有機飼料を給与し、認証基準を守って生産した畜産物。

　③無農薬農産物

　有機合成農薬をまったく使わず、化学肥料は慣行農法の施肥量の1/3以内に抑えて栽培した農産物。

　④無抗生剤畜産物

　抗生剤、合成抗菌剤、ホルモン剤などが添加されていない飼料を給与し、認証基準を守って生産した畜産物。

　こうした農畜産物の生産を振興するために、親環境農業直接支払いが農家に実施されている。2019年度予算は224億ウォン（約20億円）で、１ha当たり支給単価は以下のとおりである。

　①米――有機70万ウォン、無農薬50万ウォン（＋水田直接支払金100万ウォン）

　②野菜など――有機130万ウォン、無農薬110万ウォン

　③果樹――有機140万ウォン、無農薬120万ウォン

　このほか、親環境農業資材支援として、堆肥や微生物農薬、天然系農薬への支援制度もある。

　次に、親環境農産物認証制度が始まった2001年度以降の親環境農業認証農家戸数と親環境農業認証面積の推移を図Ⅰ－２－４、図Ⅰ－２－５に示す。2018年度の認証農家戸数は５万7261戸（有機１万5528戸、無農薬４万1733戸）で、全農家数に占める割合は5.6％（有機1.5％、無農薬4.1％）だ。また、18年度の認証面積は７万8544ha（有機２万4666ha、無農薬５万3878ha）で、全耕地面積に占める

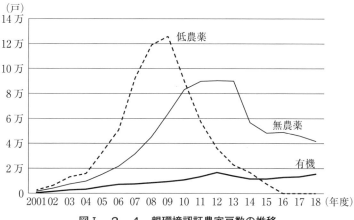

図Ⅰ-2-4　親環境認証農家戸数の推移

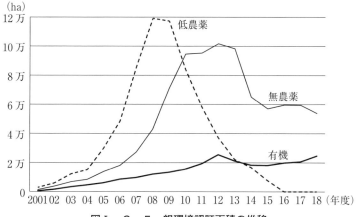

図Ⅰ-2-5　親環境認証面積の推移

割合は4.9%(有機1.5%、無農薬3.4%)だ。

　2つの図から分かるように、順調に伸びていった認証農家数と認証面積は2012年度にピークを迎え、無農薬は14年度に急減している。12年度の認証農家数は、有機1万6733戸、無農薬9万325戸で、18年度と比べると、有機は7.7%多く、無農薬は2.16倍である。また、12年度の認証面積は、有機2万5467ha、無農薬10万1657haで、18年度と比べると、有機は3.2%多く、無農薬は1.89倍である。

　これは、2014年に韓国の公営放送局KBSが「KBSパノラマ——有機農業の

真実」というテレビ番組で、国内で生産されている有機農産物の大半はまがいものであると報道し、有機農産物に対する消費者の信頼が急速に落ちたためである。この番組は有機農業に偏見を持つプロデューサーが意図的に制作したと思われるが、放映を契機に多くの農家が親環境認証の取得を止めた。

2016年以降、有機認証は農家数・面積ともに回復したが、無農薬認証はどちらも減少傾向に歯止めがかかっていない。有機認証取得農家にはかなりの哲学を持つ人が多く、自らの信念を貫いて有機農業を実践している。一方、無農薬認証取得農家は有機へ転換する前段階であると見ていいが、親環境農業直接支払金を受け取るためという農家も少なくない。その違いが、有機の回復と無農業の減少に現れているのであろう。

また、大規模農家の後継者は若手も含めて、有機農業への興味があまりないようだ。一方、非農家出身の若い新規参入者は有機農業に関心があり、実践するケースが多い。こうした新規参入者の大半は、日本と同じように、金儲けよりは社会的意義のある人生を送りたいと考えている。彼ら・彼女らは、有機農業を通した地域おこしや消費者との交流など慣行農業ではできないことに価値を見出し、重視する傾向が強いと思われる。

親環境農産物の流通の拡大と生態系保全へ

親環境認証を受けた農産物の市場規模は、2015年の1兆2255億ウォンから、18年には1兆7853億ウォンへ46%も伸びた。有機が占める割合は、17年が31.9%、18年が24.1%である（**表Ｉ－２－９**）。日本の有機食品の市場規模は1850億円（17年）と推計されているので（農林水産省 2019）、韓国のほうがやや少ないが、人口が日本の約40%であることを考慮すれば、一人当たりの消費金額は2倍を超える。そして、2025年の市場規模は2兆1360億円（有機の割合は26.9%）と、18年より20%伸びると予想されている。

表Ｉ－２－９　親環境農産物の市場規模（単位：億ウォン）

年区分	2017	2018	2019	2020	2021	2025
有機	4,342	4,311	4,516	4,721	4,925	5,745
無農薬	9,266	13,543	13,839	14,135	14,431	15,615
合計	13,608	17,853	18,354	18,855	19,356	21,360

(注) 2020年以降は見通しである。
(出典) 韓国農村経済研究院(2018)。

生産者から消費者に届くまでの流通経路は多様である。韓国では直接取引は

第Ⅰ部　持続可能な農業としての有機農業　97

7.3％と少ない。残りの92.7％は、地域農協(単位農協)・生産者団体・親環境農産物専門流通事業体に出荷される。そこからの主要ルートは３つに分かれる。最も多いのは学校給食で39.0％、次に大手量販店で29.4％、そして流通事業者と生協が併せて19.2％である。最近は、学校給食で使われる比率が増えている。

　たとえば、ソウル市では2011年に朴元淳氏が市長に就任して以降、学校給食の無償化に加えて、親環境農産物の使用が急速に進められてきた。小学校給食の80％、中学校給食の60％が親環境農産物である(ソウル市親環境給食課に対する日本からの調査団の2019年10月のヒアリング)。また、現在は50％以下にとどまっている高校も含めて、2021年からは100％を親環境農産物にするという。

　さらに、保育園・福祉施設・児童福祉センター(主に低所得家庭の児童が放課後に過ごす施設)の給食(韓国では公共給食という)についても、2022年に親環境農産物比率を70％まで上げる目標をたてている。このほか、19年６月にはモデル事業として軍隊の給食に無農薬以上の親環境米を供給した。この取り組みは20年以降、拡大していく予定である。

　加えて、2020年からは妊産婦に親環境農産物を供給するための支援を行う方針だ。20年度の事業対象に選定されたのは、２つの広域自治体(済州道・忠清北道)と12の市郡区自治体である。妊産婦がインターネットを通して必要な親環境農産物の品目を選んで申請すれば、宅配される。自己負担は20％で、政府が50％、地方自治体が30％負担する。

　一方、文在寅政権(2017年〜)の主要政策のひとつにフードプランの策定がある。そこでは、生産→加工→流通→消費→リサイクルの持続可能な循環を実現するとともに、全国約30自治体で策定を農林畜産食品部が支援していく。このフードプランはイタリアの都市食料政策ミラノ協定[1]などに影響を受け、自治体が地域の総合的な食生活政策をつくろうとして始まった。現在、各自治体がフードプランを策定しつつある。

　これまでは、親環境農業の価値は安全性が中心であった。しかし、2019年に親環境農業育成法(正式名称は2013年以降、親環境農漁業育成および有機食品などの管理、支援に関する法律)が改正され、親環境農業の定義を新たにこう定めた。

　「生物の多様性増進、土壌での生物的循環と活動の促進、農漁業生態系を健康に保全するために、健康な環境で農水産物を生産する産業」

98 第2章 日本と世界の有機農業

　農林畜産食品部は、親環境農業は多様な価値を持つと認識している。この改正によって、消費者の認識も変わっていくだろう。

　また今後は、有機農業と他分野との融合も重要である。たとえば、農福連携（社会的農業、ケア・ファームなど）、後継者育成（インキュベーティング農場）、レクリエーション（コミュニティ・ガーデン）などが挙げられる。

　（1）持続可能な都市食料体系の構築のための政策方向に対する都市次元の宣言で、2015年に各都市の市長が署名して結ばれた。ロンドン、パリ、ニューヨーク、ソウルはじめ、世界中で約140都市にのぼり、日本では京都市、大阪市、富山市が署名している。

＜引用文献＞

足立恭一郎（2001）「日本の有機食品市場をめぐる周辺諸国の政策動向」日本有機
　　農業学会編『有機農業研究年報 Vol. 1 21世紀の課題と可能性』コモンズ。

韓国農村経済研究院（2018）「2018年国内外親環境農産物市場の現状と課題」『農
　　政フォーカス』69号。

農林水産省（2019）「有機農業をめぐる事情」。

〈鄭　萬哲〉

第Ⅰ部　持続可能な農業としての有機農業　99

第3章
農の本質を抱きしめていく有機農業
足元に広がる農学のフロンティア

宇根　豊

┃1　本質を問わない習慣

　30歳代初めの頃、「自然」がNatureの翻訳語だと知ったときの衝撃は忘れられない(柳父 1982))。「自然」という言葉は、明治時代に西洋から輸入しなければならなかったのだ。ところが、いまでは「ええっ、そんな！こんなに自然が豊かな国に"自然"という日本語がなかったはずがない」と、不思議に思う日本人は、もういなくなった。農業の本質が見えなくなった最大の理由が、ここにある。

　第二次世界大戦前までの百姓の日記には、「自然」という言葉はほとんど出てこない。百姓が「自然」を使い始めるのは、戦後になってからだ。それまでは人間も含む「天地」という日本語が使われていた。簡単に言うと、自然を内から見れば「天地」と見え、外から見れば「自然」と見える。なお、近年私が「百姓学」の手法として常用する「内からのまなざし」の起源は、ここにある。

　それまでの日本語の「自然」は名詞ではなく、おのずからなる様子(自然な、自然に、自然と)を表す副詞的なものだった(もっとも「自然」という漢字も輸入語で、よく使われるようになったのは、平安末期だ)。自然(Nature)の「神と人間と人造物以外を指す」という原意に忠実なら、「農業は自然破壊の最たるものである」というのは、正しい。しかし、人為のなせる極致とも言える棚田の風景を見ても自然な感じがするのは、自然(Nature)は自然な(natural)ものだと、私たちが西洋語と日本語を重ねてしまっているからだ。

　したがって「人間も自然の一員である」のは、Natureの原意に忠実なら誤用もいいところだが、賛成する日本人が9割を越えている(宇根 2019)。人間が自然の一員なら、田んぼや畑や農は当然"自然"である。あわてて断っておくが、この場合の"自然"は、両方(西洋語と日本語)の意味を持つ「合成語」だと言えよう。

100 第3章 農の本質を抱きしめていく有機農業

　この曖昧さ、融通無碍ぶりが、農と自然の関係を問い詰めることを妨げてきた。赤とんぼも蛙も、田んぼで自然に生まれている、と日本人は思っている。「そんなわけない。百姓が育てているんだ」と言うと、「ええっ、何言ってるの？」という反応が何よりの証拠になる。

　ただ、もう一つの衝撃を語っておかないと、この論考は始まらない。Natureの翻訳語ではない元からの「自然」という日本語の由来を、私は最近までまったく知らなかった。溝口(2011)によると、「自然」という中国語は、戦国時代末期(紀元前250年頃)に道家によって、つくられた思想用語だそうだ。その意味は「全体世界の条理性」「あるべき正しい在り方」なんだと言う。うーん、と考え込む。

　そうであるなら、私は有名な『老子』の「人は地に法り、地は天に法り、天は道に法り、道は自然に法る」の意味を、間違って「あるがまま」と理解していた。相良(1995)は、そこをうまく整理している。

　「日本語の「おのずから」は、本性・本質・秩序の意を含まず、「おのずからなる」という生成の意味を中核とする。中国の「自然」は生成的意味も含むが、むしろその中核は、自ら然る本来的な正しいあり方にあった」

　つまり、老子はおのずからなるあり方自体を「正しい」というところに力点を置いて、主張していたわけだ。

　ところが、私たち日本人は、自然だけでなく農の本質が「何であるか」を問うことがない。立川(1995)はこのことをわかりやすい比喩で論じている。

　「われわれ日本人は、道端に咲く一輪一輪のタンポポを見るとき、その一つの花に宇宙を見てしまう。その花が、世界の構造の中でどこに位置するか、などとは問わないのである。梅の花の香りがただよってきた時に、香りと花との関係はどのようなものであるかなどという問題に何十年、何百年をかけてきた歴史は、幸か不幸かわれわれ日本人の中にはない。しかしインド哲学はその問題に2000年の時をかけてきた」

　そして、農学に限らず、有機農業をやっている百姓もまた「農の本質」を問わないまま、ここまできたのではないかと、私は感じる。農に関する言説があまりに現世利益に偏りすぎている理由の一つが、ここにある。

　この論考は現実世界(意識世界・外からのまなざし)と、精神世界(無意識の世界・内からのまなざし)を行ったり来たりしながら、「農とはいったい何なのか」

（つまり「農の本質」）を考え、表現することになる。たぶん、これまで誰もやらなかった「方法」を駆使しながら。

2　有機農業とは「農の本質」を深く抱きしめて生きていくこと

　ところで「農の本質」って何だろうか。「農の本質は食料生産と決まっているだろう」というのは、本質を考えようとしない日本人の典型だ。それなら、その食料がどこで穫れたのかも知らずに食べても農の本質は守られることになる。これではグローバル化には反対できない。また、東京電力福島第一原子力発電所の事故で作付けが禁止された田んぼで、燕や蛙のために代掻きをしたすごい百姓がいたが、それは農ではないことになる。

　それでは、「農の本質」を失った農業もあるのだろうか。それは「農業」と言えるのだろうか。「言えない」と考えた少数の人たちが、自分たちの農を指して「有機農業」と名づけたのではなかったのか。

　「これからは、AIやICTを農業もどんどん導入し、技術革新を進めて、人間は田畑に入ることなく、ロボットが作業をする時代になります」と、JA全中の前会長が語っていた。これも農と言えるだろうか。「言えない」と答える人が多ければ、有機農業思想の出番はない。しかし、圧倒的多数の日本人が、「それも農業でしょう」と答えるのだ。

　「農の本質」を考えないのだから、これは当然の成り行きだ。有機農業などは異端であり続けるだろう。そこで、あるとき私は気づいたのだ。本質を探さない日本人の中にあって、かつて「農の本質」を本気で探した百姓たちがいたことに。当然ながら彼らは異端で、少数派に甘んじた。もうほとんどの人は知らないだろうが、大正時代から昭和初期の「農本主義者」たちである。

　誤解を招かないように、最初に断っておく。農本主義のイメージとして言及される「農は国の本」というスローガンは、農の本質とはまったく無縁だ。農本主義を矮小化させ、堕落させたプロパガンダとして最低のものだ。

　彼ら農本主義者はなぜ、日本人なのに「農の本質」なんてものを考えたのだろうか。その理由は重要だが、単純だ。近代になって「農の本質」が失われ始めたからだ。私たちにとっては、「農の本質」とは失われないと考えないものかもしれない。

102　第3章　農の本質を抱きしめていく有機農業

　彼らのなかでも代表格の橘孝三郎がたどり着いた結論を要約してみる（詳しくは宇根（2015、2016）をぜひとも読んでほしい）。

①農を本として天地のめぐみを受けとる以外に、人間は生きるすべがない。

②農は天地自然を相手にしている。その天地自然とは、経済価値では測れない。

③天地自然に抱かれる百姓仕事こそが、最も人間らしい生き方だ、しかも、百姓仕事の最中には、経済など眼中にない。

④したがって、農は資本主義には合わない。

これくらいにしておこう。後で詳しく説明する。

3　なぜ、農薬・化学肥料・遺伝子組み換え技術を拒否するのか？

　農薬・化学肥料・遺伝子組み換え技術を拒否する理由として、生産物の「安全性」を確保するためだというのは、有機農業の本質ではない。安全性が確認されたら、認めるのか？　「農の本質」を傷つけるからだ、というのが私の理由だ。そう言うのなら、農薬・化学肥料・遺伝子組み換え技術以外にも傷つけるものがあるだろう、という指摘は、そのとおりだ。それは何だろうか、と考えるべきだ。後で、AI と ICT 技術を装備したスマート農業を例示する。

　同時に、傷つけられるものは何だろうか、とも考えないといけない。それは、①天地自然（生きものや田畑も含む）と百姓の関係、②天地のめぐみ自体、③百姓仕事の経験知、そして精神性、であろう。

　そこで、ケーススタディをやってみよう。スマート農業のロボット（機械・装置・施設）が、無農薬・無化学肥料・遺伝子組み換え技術なしの農業をやる場合を想像してほしい。植物工場の権威である古在豊樹さん（元・千葉大学学長）は、「植物工場でも作物の出来は、実務者の経験に左右される」と正直に吐露している。百姓仕事や農業技術はマニュアル化できない世界によって支えられていることに、気づいているのだ。

　そもそも、まったく同じ条件下でも作物の育ちは異なる。作物一つひとつに個性がある。いや、もともとまったく同じ条件など、自然界にも植物工場にもあるはずがない。たとえば百姓がよく通る通路側とそうでない側では、生育が違う。農林水産省の推進資料「ICT 農業現状とこれから（AI 農業を中心に）」

(2015年)には、ICTの課題として「熟練農家の高い生産技術(暗黙知、経験則)をどう引き継ぐか」が挙げられていた。古在さんと同じ壁にぶつかっている。

しかし、なぜ、いまごろになって初めて、こういうことに気づくのだろうか。結論を言ってしまえば、農業技術(上部技術・テクニック・マニュアル化できる工程)は広大な「土台技術」(経験知・無意識の暗黙知・準備・ふりかえり・情念・情愛・生きがいなど)によって支えられているからだ。

さて、田畑から人間を引き上げさせるのが農業の進歩だと考えるなら、当然ロボットにも「土台技術」を身につけさせるべきだ。そうしないとうまくいかないし、何よりもロボットに失礼だろう。要するに、百姓の生きる喜びも悲しみもロボットに譲り渡そうとするなら、ロボットに生きがいを持たせなければ、百姓の生きる喜びは誰が(何が)継承するのだろうか。この百姓の(そしてロボットの)生きる喜びと悲しみこそが、「農の本質」の表情だと言える。

科学は(脳科学も)、人間の脳内の物質的な反応からどうして非物質的な精神活動(心)が生まれるかを解明しようとしている。もしうまくいけば、農薬・化学肥料・遺伝子組み換え技術よりもはるかに危険なものになることを、百姓は、いや人類は気づいているだろうか。

将来、有機農業とは「……とAI技術を採用しない農業である」と定義するような社会にならなければいいのだが。ここで、これからの有機農業が採用すべきでない技術が明らかになる。スマート農業の技術は「農の本質」を破壊する。それは、農薬や化学肥料や遺伝子組み換え技術の比ではない。

さてさて、現代の農業技術の展開は、①AI化やICT化の方向、②経済効率追求の方向、③環境保全の方向ばかりを向いているようだが、もう一つ別の方向が見失われているのではないか、と言いたい。それこそ、④「農の本質」を守り抜く方向ではないだろうか。

4 仕事を思想化するということ

「農の本質」とは、農本主義者が見事に見抜いたように、百姓(人間)と天地自然との関係の中に居座っているもので、姿としてはさまざまに現れるが、何よりも百姓仕事に現れることは間違いない(念のために言っておくが、農業技術の中には現れない)。そこで、百姓仕事のことを考えてみよう。まず現代の風

潮を問わなければならないのは、「生産物で百姓仕事が語れるのか」だ。

「いい物は、いい仕事から生まれる」とは言うが、「いい物」は科学的に精緻に分析され、表現され続けている。一方の「いい仕事」は、どれほど深く分析されてきただろうか。

こういうと、すぐに反論される。「同じ物をつくるなら、労働時間が短いほうが、コストが低いほうがいい生産で、いい仕事でしょう」と。この「同じ物」は、たぶん同じ品質＝同じ経済価値だろう。ここが気にくわないが、せいぜい「同じ物」という考え方は、たかだかこの30〜40年前からの習慣にすぎない。そもそも、そういう発想が仕事を堕落させたことは明らかだ。この「物」が「生きもの」だということを忘れている。

いずれにしても、仕事を「外から」見ている。生身の生きているという実感から、切れてしまっている。たとえば、私が草取りをしているのを見ていたある人が「百姓仕事は単純作業の連続ですね」とコメントした。やれやれと思いながらも、外から見るとそう見えるんだ、と気づいた。それでは、内から見たらどう見えるだろうか。拙著『農本主義のすすめ』に、次のように書いたので、顰蹙をかうかと思ったら、意外に賛同する百姓が多いので驚いた。

「誰も言わないから私が代弁するのですが、「草とり」ほど、楽しい仕事はありません。百姓が生きものの中でも、草の名前を一番多く知っているのはその証拠になるでしょう。

草取りするから、草の名前を呼び、草の様子から天地自然を読み取り、田畑の性質を感じとり、生きものの生死の感覚を学び、何よりも仕事に没頭し、天地自然と一体になる境地を身につけることができるのです。外から見ると「単純作業」に見えるかもしれませんが、内から見ると、草と「今年も生えてきたね」「もう花を着けたのかい」「よく根がはってるね」「葉が虫に食われているよ」などと話をしながら草取りしているのですから、単純作業と見る見方とはまったく別の世界を感じているのです」

仮に同じ百姓の仕事で、「同じもの」が「できた（つくった、とは言ってはいけない）」としても、楽しく仕事したときと、苦労したときと、悲しかったときでは、できた「生きもの」は違って現れるものだ。しかし、百姓にはそうでも、消費者にはそんなことは分からないだろう、とすぐに反論される。

だからこそ、その断絶を埋めるために、「産直」や「地産地消」や「有機農

業」が出てきたのではないか。生産過程は、生産結果（生産物）よりもはるかに重要なんだ。

「つくった」と言うから、生産物に目が行く。工業製品を思い浮かべるといい。どこの工場で、どういう人間が、どういう気持ちで作ったかが問われることは、なくなってしまった。生産物だけが価値なのだから、困ったことだ。農業も産業化すれば、そうなる。それは近代化社会の帰結であり、農業もその流れに乗るしかない、という主張は、実は昭和初期の農本主義者と進歩的な農学者の論争の繰り返しでしかない。同じ論議が、なんと80年間も続いていることに驚いてほしい。

農学者・東畑精一は言っていた。

「社会が変化しないなら、百姓が同じ仕事をくり返しておれば済む。しかしこれからは、農業も資本主義の発達に乗り遅れないようにしないと、時代遅れになる」（東畑 1931）

対する農本主義者・橘孝三郎は、こう反論していた。

「資本主義に合わせるということは、天地自然の中に経済価値を見つけることではないか。それでは農の本質が破壊される」（橘 1932）

時代は、東畑に軍配を上げようとしているかのように見える。だが、そうではない。

かつての農本主義を私が再評価しようとしているのは、彼らが農業において発見した「反近代」の語り方が、現代でもとても新鮮に感じるからだ。その中心は、「百姓仕事は、他産業の労働とは本質的に異なる」というものだ。そこで、新しい時代の農本主義者である私は、なぜ異なるかを次のように語り直そうとしている。

農の価値を生み出す主体は、人間ではなく、天地自然なんだ。人間は受け身で受け取るのが本質だ。だから、感謝・お礼はまず天地にしなければならない。新しい技術の採用で、100kg増収したとしよう。その100kgもまた天地自然によってもたらされたと考えるべきで、技術によって得られたと判断するのは、後回しにしたほうが上等である。

百姓仕事は、自己を忘れて仕事に没頭できる。それは、天地自然に抱かれて、一体化するからだ。なぜなら、天地自然、生きとし生けるものを相手として、手入れに励み、ついには「相手（有情）本位」になるからだ。そこから、人間中

106　第3章　農の本質を抱きしめていく有機農業

心ではない情愛と、天地自然観が生まれて育つからだ。

　ここで、とても大切なことに気づく。つまり、「反近代」の根拠地は、近代化しても近代化しても、近代化しきれない世界にあるということだ。それは、「農の本質」が近代化(資本主義化)できないことを証明している。農がこれからの未来に残るとするなら、それは近代化できない世界を抱きしめて、手放さない農だけが残るということになる。これを証明できる農学者が現れてほしい。

▌5　仕事の語り方の変化

　仕事自体よりも生産物を雄弁に語るのが、資本主義社会の特徴だが、「仕事の語り方」も変化してきたことに気づいているだろうか。たとえば「稲のとりいれ」を例にとってみよう。

　①「やっと終わった。これで楽になる」〈これは「労働」の語り方〉

　②「米はよくできている」(これは「生産」の語り方)

　③「これからは、田んぼに通えなくなるな」(これは「仕事」の語り方)

　④「早くまた春が来て、田植えになればいい」(これは「相手」の語り方)

　仕事よりも労働を語るようになったのは、労働を評価する普遍的な尺度(労働時間、生産性など)が発達してきたからである。仕事自体を語ることは、個人的な思いの発露にすぎなくなってきた。仕事の対象の語り方も、作物や天地自然の有情たちを語るのではなく、生産物の語りが隆盛になり、精緻になった。これもまた、農学がさまざまな尺度を開発してきたからである。

　もう一つ「田まわり」という仕事を例にとってみよう。

　①【労働】田まわりの時間が1時間かかった。

　②【生産】稲の生育は平年並みだ。

　③【仕事】田まわりすると気持ちが落ち着く。

　④【相手】お玉杓子が今年もいっぱい生まれてきた。

　③と④の語りは、しだいに衰えてきてしまった。その最大の理由は、「仕事」を語るよりも「技術」を語るほうが、時代の要請だからである。残念ながら、科学と農学・農政が百姓に与えた影響も計り知れない。

6 技術に経験知と暗黙知を組み込めるか

そこで、「技術」に経験知や暗黙知を組み込むことができるかどうかを検討してみる。ここで「思考実験」をやってみよう。

「従来の稲作技術には、蛙を育てる技術は含まれていないのに、お玉杓子が田んぼでは育ち、蛙の個体数のうち95％以上は田んぼで生まれているのは、なぜだろうか」

人口に膾炙している答えは、「たまたま蛙が、田んぼの環境に適応している」「田んぼには蛙を育てる多面的機能がある」というものだ。要するに、そういう「技術」は存在しないことを認めるわけだ。これを論破するのは簡単だ。田植え後20日目からの「早めの間断灌水」という水管理技術を行使してみよう。お玉杓子は全滅する。これは当然である。お玉杓子の生など、この技術の目的ではないからだ。

そこで、「技術は、目的としていないものを生産しない」という定義が無効になる。「技術は目的としないもの(コト)にまで、影響を与える」からだ。ただ、その目的は眼中にないから、無視してしまうだけのことだ。それに気づいてしまうと、どうなるか。

田んぼに水を溜める。それを見回る技術(水管理技術)の目的は、稲の生育を促進し、雑草の発生を抑えることにあるのだが、目的以外のお玉杓子を育てるというコトまで生み出してしまう。このコトにどうして気づくだろうか。

水管理の技術が失敗して、うっかり水が干上がり、当然ながら、お玉杓子は全滅してしまった。こういうときに(年配の)百姓のほとんどが、不思議なことに「悪かった。ごめんよ」と詫びるのだ(図Ⅰ-3-1、若い百姓はそうでな

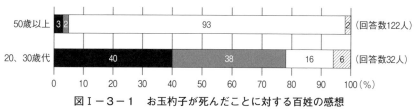

図Ⅰ-3-1　お玉杓子が死んだことに対する百姓の感想

（注1）■仕方がない。分解されて、良質の有機質肥料になればいい。■惜しい。蛙になるまで育てば、天敵として役立ったのに。□ごめん。水を切らして、悪かった。▨無回答。
（注2）40歳代は回答者にいない。
（注3）福岡県で2017年に調査。

いが)。ということは、お玉杓子のためにも「無意識に」に水を溜めていたのである。そう、気づいてしまったのだ。

　目的としていなかったのに、なぜ百姓は、お玉杓子に詫びるのだろうか。ここからが、私の発見である。

　百姓は、田まわりの仕事の一部として、無意識にお玉杓子を見ていた。そして、無意識のうちにお玉杓子への情愛を育んでいたのである。これが経験知の最も深い層だ。その証拠に、お玉杓子が全滅した田んぼは、足を踏み入れると「寂しい」と感じる。いつも足下で泳いでいたお玉杓子がいないからである。子どもを失ったように「悲しい」。

　そこで「無意識に生きものを育てる技術」もあるのだ、と言ってみたい気がする。しかし、そんな馬鹿な技術があるはずがない、というのがこれまでの常識となっている。

　ここで、仕事と技術の違いが明白になった、と言うべきだ。やはり、技術を語るのではなく、仕事を語らなければ、生産の全容は表現できないし、伝えることはできない。技術は、仕事の一部しか技術化できない。

　たしかに、「お玉杓子を育てる技術」だって、形成できないことはないだろう。しかし、その技術は田んぼに水を溜め、切らさないようにする仕事によって育まれた情愛を、引き継げるだろうか。「技術は結果としてお玉杓子を守れればいいのだ。お玉杓子を好きか嫌いかは関係ない」と言い切れるだろうか。

　実は、このように科学知を包み込み、場合によっては対峙もする百姓の経験知の実相は、つかまれているとは言えない。それがどこまで無意識に根を降ろしているか、どのように気づき、表現すればいいのかは、まだまだ解明されてはいないのだ。

▌7　有情本位の世界

　主に戦後に活躍した農本主義者・松田喜一は、百姓仕事の最大の楽しみは、自己を忘れることだと教えている。こう力説していた(松田 1951)。

　「百姓は作物から心を奪われなければならない。そうなると、一日に何回でも、回り道をしても会いたくなる。これは、己よりも相手(有情)本位になるからである」

第Ⅰ部　持続可能な農業としての有機農業　109

　百姓仕事は生きもの(有情)を相手にする。機械移植よりも「手植え」のほう
が作物がよくできるように感じるのは、機械の精度が低いのではなく、手塩に
かけて育てた実感が身体に宿るからであり、情愛が濃くなるからだ。有機農業
や前近代の農業が近代化農業よりも優れているのは、まさにこの点に尽きる。
　この自己よりも相手(有情)本位になる、人間よりも生きもの(有情)本位にな
ることは、作物だけでなく「雑草」「害虫」との間でも生じる。なぜなら、知
らず知らずに、つまり無意識のうちに、相手の生きものとの垣根が低くなり、
やがてなくなるからである。近代の特徴が人間中心主義だとするなら、これは
前近代の習慣であり、反近代の生き方だと言ってもいい。
　要するに、生きもの同士という感覚が無意識に生じてくる。その蓄積が「情
愛」になる。この「情愛」こそが、身体や思考を無意識にコントロールしてい
るのかもしれない。刈払機で畦草刈りをしていると、急に蛙が跳びはねる。そ
のたびに、私は反射的に刈払機の進行を止めて立ち止まる。この行為が数ｍ
おきに続く。情愛にコントロールされているからだ。このときに自分の情愛を
意識することにもなる(この躊躇を無駄だと決めつける近代化精神とは、しっかり
と対峙しなくてはならない)。
　この相手(有情)本位になるということは、「農の本質」ではないかと私は思
う。田んぼの畦をただ歩くという行為ですら、相手(有情)本位になる。毎日一
度だけ通る畦道は、私の足が踏みしめるだけで、畦の中央に背丈の低い草だけ
が並ぶ一筋の道ができる。内側には湿った土が好きな草が、外側には乾いた環
境が好きな草が、そして真ん中には踏まれるのが好きな草が整然と並ぶ。
　このことを百姓は無意識に見ている。だから、私が話すとみんなが「そう言
われりゃ、そうだな」と同意する。草たちは喜んでいるのだが、百姓はこのよ
うに「相手(有情)本位」になっていることすら意識しないものだ。
　つまり生きものから見るなら、百姓仕事が意識的であろうが無意識であろう
が、どうでもいいことで、その仕事がきちんと続けられることが大切だ。いや
むしろ、生きものにとっては、かつてのように無意識にやられているほうが安
定した仕事であって、安堵していたのかもしれない。なぜなら意識的な技術は、
時代の精神に合わない世界を意識的に排除していくからだ。このままでは、現
代社会では積極的な価値を持たない無意識の仕事は衰弱するばかりである。
　有情へのまなざしと情愛は、無意識に家族や共同体の中で引き継がれる。そ

110 第3章 農の本質を抱きしめていく有機農業

れはそうだろう。私たちはありふれた生きものの名前を、どうして誰から教わったのか、ほとんど思い出せない。なぜなら、在所の共同体の天地自然観は、生きものの名前と生きものへのまなざしを伝えることによって、無意識に継承されていくからである。したがって、まなざしや情愛はことあるごとに再生・再現されることが共同体を豊かにする。その手段として、まなざしは体験や仕事によって意識化されることが望ましい。

それでは、無意識の仕事のほうからの対抗は可能だろうか。「そりゃあ、無意識だから、無理だろう」と思われるかもしれないが、そうではない。植物工場だって、土台技術を形成しようとしている。農林水産省だって、１CTに「暗黙知」を取り入れようとしている。そんなの無理だと、決めつけても仕方がない。むしろ有機農業こそが、無意識の世界の豊穣さを表現しようではないか。有機農業学は、そのために一肌脱ぐ気持ちを持ってほしい。

▌8　農の精神性

草取りが終わると「やったー、終わった。これで楽になる」という感慨よりも、「稲が喜んでいる」と感じるほうが、上等だ。なぜか。

「己を愛するは善からぬことの第一なり。決して己を愛せぬものなり」(西郷隆盛)

こういう感覚は、実は百姓の価値観・感覚の影響である。大雨のときには、夜中に起き、雨合羽を着て、田んぼに急ぐ。妻が言う。

「流されても知らんよ」

今年も何人の爺ちゃんが、田まわりのときに流されて亡くなったことか。稲が、田んぼが呼んでいるのだから、止めようがない。

「稲の声が聞こえるようになれ」というのも、相手(有情)本位になれと教えていたのだ。これらの感覚(精神性)は、古くさくて時代遅れではない。その証拠に、まだ百姓の中に、ずいぶん薄れたが残っていて、たまに意識に浮上してくるではないか。これを「反近代」(近代の超克、これも古いな)の新しい思想に仕立てるのが、私の魂胆である。繰り返しになるが、仕事が楽しいときに、労働時間やコストや所得などの「近代化尺度」なんて、すっかり忘れているではないか。なのになぜ、忘れている次元の豊かさを掘り下げて表現して、新しい

尺度を考案しないのか。

　隣の婆ちゃんが、「今年もまた草が伸びてくる季節になりましたなあ」と挨拶をするときに、私が「草取りが大変でしょう」と応じると、「なにが(そんなことがあるものか)、これも楽しみのうち」と答えてくれる。ここには何の価値表現もない。ふだんの当たり前の精神性が吐露されているだけのことだ。単なる個人的な感慨であり、学や政策の対象にもならない。

　だが、そう言い切ってはならぬ。婆ちゃんは、また草取りができることを喜んでいる。草と会えることを喜んでいる。草取りは、草を殺すことである。それなのに、婆ちゃんはこの「殺生」を悩まなくていい精神性を獲得しているのだ。こういう世界を有機農業の「除草技術」も具備してほしい。

　考えてもみよ。百姓ほど、生きものを殺す仕事はない。田畑を耕せば草を殺し、水をかければ虫を殺し、間引けば苗を殺し、収穫すれば作物を殺す。これほどの「殺生」を繰り返しておきながら、そのことを悩まずにすんでいるのは、なぜだ。「また、会える」からだ。

　持続や循環や再生やエコや共生という言葉には、こういう精神性が欠けている。批判しているのではない。百姓の精神性を本格的に表現しようと提案しているのだ。有機農業もそうあってほしい。

　もう一つの思想化も語っておかねばならない。「相手(有情)本位」という精神性の宇宙への広がりのことだ。なぜなら「相手」の総体が天地だからである。その天地が、実は自分の中にあるということだ。

　科学的に捉えるなら、天地自然は人間の外側に、対象化できるものや現象として存在する。それを意識的に捉えようとするのが、一般的だ。しかし、見慣れた在所の天地自然は、眺めていてもすぐに忘れていき、すぐに無意識の世界つまり自身の内の深部に取り込まれてしまう。

　百姓仕事に没頭して、我をも忘れてしまうのは、自分の中の無意識の世界で実現されているからである。したがって、意識された世界に戻ったときに、我に帰るのだ。天地に没入していたということは、自分と天地が一体化して、自分の中に天地が入ってしまっていることでもある。

　このように百姓が感じてきた天地自然のもろもろは、無意識の世界に蓄積されているからこそ、ふと道端の小さな花にも目がとまる。そして、ほとんどの場合は意識することなく、すぐに忘れていくが、この忘れている膨大な無意識

の世界を背負って、私たちは生きてきた。この無意識の広大な、豊穣な世界こそが、百姓にとっての「天地」だった、と気づこう。

　私たちは、田畑で一服するときに、自分が抱え込んできた内なる天地を意識に浮上させて、風景や有情として見るのだ。意識的には見ていなくても、いつも無意識に見ている目の前の風景や生きものは、私たちの大いなる一部だ。この農の豊穣さを失ってはならない。

　これまで語ってきたことで、農とは、資本主義社会（近代化社会）の意識的な価値観（自己や国家の欲望実現）とはもともと相容れない営みだということを、感じてもらえただろうか。どんなに資本主義社会に合わせて日々を過ごしていても、ふと道端の小さな花に気づくときに、その花に気づかせてくれる背後には無意識の農の世界があることを、忘れないようにして生きていきたい。

9　農学のフロンティア

　農学のフロンティアは、農をもっともっと近代化・資本主義化・人工化することにあるのではなく、振り返ってごらん、ほらあなたの歩いてきた道端には見向きもされなかった野の花がきれいに咲いているでしょう、そのことに気づくまなざしの中にあるんじゃないの、と言いたかったのだ。つまり、農学が他の諸学とはどこが違うかということを、これでもかこれでもかと、語ってきた。「本質」や「精神性」という聞き慣れない切り口で、私の百姓仕事の合間に思索してきたことを披露してきた。

　ぜひとも、これからの農学者と百姓には、「農の本質」を「学」で表現してほしい。「有情本位」の意味を本格的に掘り下げてほしい。近代が再形成できなかった天地有情の自然観を、言葉にして見せてほしい。従来の農学では無理だ、ということはよく知っている。しかし、ここに農学のもう一つのフロンティアがあることだけは、たしかに言えることなんだ。

　＜土台とした拙著＞
　農本主義者の著作はほとんど復刻されていないので、拙著『日本人にとって自然とはなにか』『農本主義のすすめ』『愛国心と愛郷心』の引用を参照のこと。
　宇根豊（2019）『日本人にとって自然とはなにか』ちくまプリマー新書。

宇根豊（2016）『農本主義のすすめ』ちくま新書。

宇根豊（2015）『愛国心と愛郷心』農山漁村文化協会。

宇根豊（2014）『農本主義が未来を耕す』現代書館。

宇根豊（2011）『百姓学宣言』農山漁村文化協会。

宇根豊（2007）『天地有情の農学』コモンズ。

宇根豊（2021）『うねゆたかの田んぼの絵本』農山漁村文化協会。

【参考にした本】

松田喜一（1951）『農魂と農法・農魂の巻』日本農友会出版部。

溝口雄三（2011）『中国思想のエッセンスⅠ　異と同のあいだ』岩波書店。

相良亨（1995）『「おのずから」としての自然（相良亨著作集第6巻）』ぺりかん社。

橘孝三郎（1932）『日本愛國革新本義』建設社。

立川武蔵（1995）『日本仏教の思想』講談社現代新書。

東畑精一（1931）『日本農業の展開過程』岩波書店。

柳父章（1982）『翻訳語成立事情』岩波新書。

第4章
人と人・土がつながり合う社会を目指して

エップ・レイモンド

1　コミュニティ・デザインと農

　この章では、世界各地で進行するコミュニティ崩壊の現状とその要因を解明し、農業とくに有機農業を用いたコミュニティ・デザインの可能性について考えてみたい。コミュニティ・デザインは、非常に日本語に訳しづらい概念である。一般的には、地域の中で人と人のつながり方やその仕組みをデザインすることを意味する。この文章が皆さんの理解の一助になれは幸いである。

　この文章を読む皆さんは、少なからず有機農業に関心をお持ちではないだろうか。そうだとしたら、関心を持つようになったきっかけを思い返していただきたい。

　健康、美味しい食べものへの関心、環境汚染や地球温暖化への問題意識……。あるいは、教育的な目的や、人間らしい生き方を模索して行き着いたところが有機農業だったということもあるかもしれない。私の場合は、「人と人、人と土がつながり合う社会」を目指すという願いから、誰もが必要な食べものを慈しみをもって育てたいと考えたことが始まりだった。

　取り組む理由はさまざまだろうが、どれか一つだけが正しいというわけではない。それぞれが有機農業にたどり着いた道のりはさまざまでも、私たちはいま、一緒にふかふかの団粒化した有機の土に裸足で降り立ち、隣り合って世界を眺めていると想像しながら、この章を読んでいただけたら嬉しい。霞ヶ関からは決して見ることのできない景色を一緒に見ることができるだろう。

2　メノビレッジのCSA

　私はこの30年あまりの間、主に三つの国々（カナダ、米国、日本）で、農業問題に対する市民活動に関わってきた。1995年からは、北海道の道央エリアのほ

ぼ中央に位置する長沼町で、土に根差した暮らしを営んでいる。農場の名前はメノビレッジ長沼。町の南北に連なる馬追丘陵の最北端にある。

長沼町は札幌市から東に32キロで、新千歳空港からもほど近い農業の町だ。人口は約1万1000人、標高6〜275m、水田が面積の54％を占める。私の就農当時、町内で新たに農業を始めるケースはほとんどなく、近隣農家に助けられながら、5haの田畑と1haの森林からスタート。水稲や麦類、豆類、少量多品種の野菜などを有機栽培し、卵用鶏を育て、CSA(Community Supported Agriculture＝地域で支え合う農業)に取り組んできた。

メノビレッジという名前は、約500年前に始まったプロテスタントのキリスト教会メノナイト派に由来する。そこには、メノナイト派の伝統である非暴力による平和を希求する心が込められている。

現在は18haの農地を耕し、菜種とソバの栽培・加工、製粉・製パンが加わり、2019年からは土づくりの一環として羊も飼い始めた。クローバー、えん麦、ひまわり、ソルガムなど8〜10種類の緑肥の種子を混植した草地を電気柵で区切り、毎日新しい草地に羊を移動させることで高い栄養価の草を食べさせる、集約放牧と呼ばれる飼い方である。

放牧後は草が再生して密度が上昇し、地表には糞や腐葉土の堆積が見られる。地下部ではミミズなどの小動物や微生物が活性化し、土壌の団粒化が進む。日光も雨も直接土に当たらず、何層もの葉や腐葉土が受け止める様は、森林の土のようだ。

そのような土で、耕さず、肥料も投入せず、不耕起ドリルと呼ばれる播種機を用いて、小麦や菜種を蒔く。いま8頭いる羊は今後5〜10倍に増やし、土づくりとともに、肉用にも活用する計画である。

1996年から取り組んできたCSAは、前払い制

羊に喰まれた草は糖分を根に送る。土壌微生物がそれを食べ、空気中の窒素を取り込み、根に渡す。羊はコロコロと太り、草地は再生する

で農場が生み出す野菜セットなどを定期的に手渡す仕組みだ。食べる側は、安全で新鮮な野菜を流通業者を介さず、直接農家から受け取ることができる。農家は、天候不順による作柄や市場価格の変動に翻弄されず、再生産可能な収入を得られる。

ただし、常に10〜15種類の野菜を提供するし、野菜ができる前にあらかじめ代金を受け取るから、作り手は絶えず責任を伴う深い関わりを必要とする。メノビレッジでは最近、世代交代の時期を迎えて取り組みの見直しをしている。拡張した農地の基盤整備に力を注いだり、地域のさまざまな取り組みへと活動の輪を広げる、転換期に差し掛かっているのだ。そこで、2014年に野菜セットを届ける方式を休止し、現在は注文制で、約40km圏内に住む会員へ定期的に自ら配達している。

野菜などの収穫前に収入が入る仕組みで経営を安定させるというのが、CSAの基本原則である。だが、私たちは約20年間で培われた作り手と食べる人（会員）との関係性により、前払い制はもはや必要がないようにも感じている。食卓はできるかぎりメノビレッジで育った野菜やパンでまかないたいという思いが寄せられ、作付けする野菜や小麦などはほとんどが会員家族の食べものとなる。

私たちと会員家族の間には、信頼と共同の精神が育まれている。ありがちな「サービス提供者と顧客」という関係性ではない。「消費者が頑張っている農家を応援する」という図式でもない。健康な食べものを生み出す大地を豊かに残していくという共通の目的と使命が互いを結び、目指す社会のあり方を議論する場としての役割をも生み出している。

その代表的な例に、2017年から地域の仲間たちと続けている「懐かしい未来をつくる会」がある。月に一回のペースで集まり、グローバルに展開する工業的な経済について詳しく学びつつ、ローカルにつながり合う循環型の経済とはどんなものかを学び、何が具体的にできるかを模索してきた。手作りの料理を持ち寄って共に食事し、それぞれが感じていることに耳を傾け合う積み重ねによって、つながりが深まっていく。

このつながりの輪に新しい人たちを招こうという声が上がり、3回の公開講座を企画してきた。地域の文化や歴史を振り返り、次世代に引き継ぐ大切さを確認し合ったり、主要農作物種子法の廃止が日本やアジアの農と食、そして私

第 I 部　持続可能な農業としての有機農業　117

たちの暮らしにどんな影響を与えるのかを学んできたりした。次は教育をテーマに、共に生き生きと暮らすための方法やつながりについて、子どももおとなも学べるワークショップを企画している。

　こうした経験から見えてきたことがある。それは、日本で私たちが直面している、そして世界のあらゆる国々でも同じように直面している農と食に関する問題は、農業とは何か？食べものとは何か？という問いかけに間違った答えを当てはめ続けてきたゆえに起きているということだ。言い換えれば、農業とは何か？食べものとは何か？という問いに向き合う以外に、根本から解決できる方法はない。

3　工業的発想からの脱却

　私たちに必要なのは、新しいマインドへの転換と明確なビジョンである。ここで思い返してほしいのは、日本には2000年以上にもわたる農耕の歴史があるということだ。

　土壌学者 F. H. キングは1905年に、米国から中国・韓国・日本を訪ねた。彼がどうしても解き明かしたかったのは、それらの国々ではなぜ土が痩せることなく養分が保たれ、永続的に農業を営み続けられるのかであった（キング1944）。そして、彼がその答えとして見出したのは、人びとのマインドつまり考え方である。彼にとって最大の驚きは、農民に限らず国民すべてが、土の健康を維持することの重要性を認識しており、それはすべての有機物（人間の排泄物さえ）を土に還す行為に根差しているということであった。それを怠るのは飢餓へ向かう道だということが国民の共通理解だったのである。

　しかし、2000年を超えて培われた日本の人びとのその常識に、第二次世界大戦後、変化が起こる。農業は、根を下ろしていた文化という土壌から引き抜かれ、経済のシステムに組み込まれていったのである。その結果、「限られた労働力と資源のもとで、いかに生産性を上げ、競争に打ち勝つか」が目標となる。その答えは、絶え間なく開発される新しい科学技術に委ねられた。

　経済の観念で農業が語られるようになると、市民は「生産者」と「消費者」に分けられ、農村と都市の分断が起こった。さらに、国際的な食料の貿易と何層もの流通業者を介するシステムが進むにつれ、農家と食べる人の接点は加速

度的に失われていく。

なぜ、文化ではなく経済の中に農業を位置づけたのか。その目的は、産業に利益をもたらすことである。その証拠に、そこから生み出される問題を解決する際にも、産業にさらなる利益をもたらす方法が推奨され続けている。例を示すと枚挙にいとまがないので、ほんの一部のみ挙げてみよう。

農家の高齢化に対する解決策は何か？　機械化である。すでに無人トラクターも導入されつつある。

地力の低下に対してはどうか？　化学肥料の投入である。

雑草対策は？　除草剤で解決する。

二酸化炭素の排出量増加によって引き起こされる地球温暖化問題にすら、二酸化炭素を地中に埋め込む技術が開発されている。

農地から流れ出た硝酸塩や農薬の成分が飲み水を汚染する事態が起こっているが、それには濾過装置の開発と導入で対処する。

いかがだろうか。農村がかかえる問題や、それによって起こる環境破壊は、私たちの日常を脅かすところまで進んでいる。その事態すら経済発展のチャンスだ。私たちは、新しい科学技術による工業製品の売り上げに貢献させられている。

このようなやり方に晒されるうちに私たちは、もはや利益の追求がすべてであるかのような考えにしばられていき、システムが生み出す問題から自由になることはほとんど無理なのだと思い込む。あるいは、経済発展のためには避けられないコストや運命だと言い聞かせて、諦めることを覚えていく。そして、ただただ生産し続け、消費し続け、結果として生じる問題は専門家に委ねるのである。

この呪縛から解放されるためには、一つひとつの事柄を丁寧に見ていかなければならない。

まず、現状のシステムが私たちに突き付けるものは何か？　効率性、生産性、経済発展、競争力などが挙げられるだろう。では、これらの言葉の中に、人生の、もしくは社会の目標と呼べるものはあるだろうか？　あるいは、幸せな社会が思い浮かぶような言葉はあるだろうか？

これらを目指したとしても、私たちがその先どこへ行き着くのか、どこまで行けばゴールなのか、見えてこない。何のために頑張っているのかも明確では

ない。仮にいまは上手くいっていたとしても、いつ蹴落とされるのか分からない。よくよく想像してみてほしい。それは、すべての曲がり角に不安が潜んでいる、終わりの見えない道を孤独に進んで行くようなものではないか?

次に、私たちが知らずに思い込んでいる迷信から自由になることだ。つまり、利益を追求する経済がすべてではないし、必然でもなく、ましてや神から授けられたものでもないことを思い起こすのである。それは、特定のマインドを土台にして人間がつくったものにすぎない。

改めて考えてみれば、このことは明らかなのに、なぜ思い込んでしまうのだろうか? それは、この巨大なシステムが、産業界からの活発なロビー活動に促された特定の政策と法律によって、補助金と公的規制をそのつどうまく使い分けながら形づくられ、私たちの暮らしのあらゆる場面で目に見えない力を発揮しているからである。

4　新たなマインドで生きる

繰り返すが、私たちが直面している諸問題は、暮らし全般を総合的に問い直し、新たなマインドで取り組まないかぎり解決できない。アインシュタインが言ったように、「この世のいかなる問題も、それをつくりだした同じマインド(意識)レベルでは解決できない」のである。言い換えれば、私たちが盲目的に従うかぎり、このシステムは機能するが、その本質を見抜いて従うことをやめたなら、システムはもはや力を失う。

チェコの市民が始めた「日々の政治(the politics of the everyday)」と呼ばれるムーブメントがある。そこには、私たちの日々の暮らしを変えることこそ政治である、という意味が込められている。これは、コミュニティ・デザインの意味を分かりやすく表現する言葉だと思う。それは、市民が共に、新しい暮らし方や社会のあり方を想像しながら行動する、その日常から湧き上がるように創られていく社会変革である。

その具体例の一つとして、私たちが取り組む「まおい村」構想を紹介したい。CSAや「懐かしい未来をつくる会」などを通してつながり合った地域の仲間たちと、いわば市民立の小さな行政をつくろうとする取り組みである。

メノビレッジの存在する空知総合振興局管内夕張郡長沼町の東部から、最南

端は胆振総合振興局管内勇払郡厚真町の北西端にまで連なる、馬追丘陵の裾野を中心とした架空の村というのが名前の由来だ。もっとも、この地域に限らず理念を共有する人びとは誰でも村民となることができる。

　私たちは暮らしのいろいろな場面で直面する問題に対し、「行政が変わらなければ改善されない」と感じるときがある。しかし、一人ひとりが互いを思いやり、問題意識を分かち合い、理念を共有し、協力し合えば、小さなところから改善したり解決したりできることがある。

　私たちは、自給自足を基盤とした地域コミュニティであれば、一人240万円の年収で十分に生活できると実感してきた。そこで、村民税として仮に年間2万円払う人が1800人集まれば、15人の「公務員」を雇用できることに着目し、コミュニティに必要だと思う仕事を創出しようとしている。

　働くところは、たとえば、幼児から高齢者までが集う地域文庫のような居場所、診療所、食堂、地域で採れた農産物を販売する直売所や加工所などだ。それらを地産地消ならぬ地消地産（地域で消費されるものを地域で産み出す）の発想で創造していく道筋を話し合っている。私立小学校の創設を目指す仲間は、統廃合で2020年に空き校舎となる北長沼小学校の校舎を長沼町から無償で借り受ける協定を結んだ。学校法人の設立も申請中だ。

　まおい村内での支払いには、地域通貨「めぇめぇ」（¥マークに一本横棒を加え、羊マークで表示）を使用したり、新たな事業を地域で立ち上げる人や団体に融資を行う「ひつじ銀行」などの構想も提案されている。まおい村に掲げられる理念を紹介しよう。

　「大地が、海が、そして人を含むすべての生きもののいのちが尊重され、循環と再生を繰り返しながら、ゆっくりと未来へ進む社会を子どもからお年寄りまでがみんなで考え、学び、行動しながら楽しむ村づくり」

　小さな、しなやかな社会を共に想像し、創り上げようという呼びかけである。

　私は、これまでずっと、工業化された農業と経済発展を目的とした食品流通が生み出す問題を見つめ続けてきた。その中で、多くの問題の根には共通点があることに気づいた。それは、人が土から離れてしまったということである。多くの人は、物理的に日常の中で土に触れる機会がほとんどない。土の存在を意識することもなく、土を思いやることもなく、一日が終わる生活。朝日を浴びながら大地に立つときに感じる心の平安や、大地に抱かれ根を張る喜びから

も遠ざかってしまった現代の私たちの暮らし。

聖書には、神が最初に創ったアダム（adam）が登場する。アダムは、ヘブライ語で人間を意味する。アダムは土から創られたと書かれているが、その土を表すヘブライ語はアダマ（adamah）であり、土と人間は同じ語源を持っている。彼の使命は、神の創造したすべてのものを大切にすることであった。

そして、アダムは土で創られたあと、神の息を吹きかけられて、いのちを得る。興味深いのは、そこで使われるルアー（Ruah）という言葉は、風、息吹、神の霊を同時に意味していることだ。いのちを与える神の霊が、いつも私たちの間に吹いている風のように、すべてをつなぎ合わせるという世界観が、そこに表現されている。

もう一度、足の下の大地に意識を移してみてほしい。陽の光や雨がやさしく降り注ぎ、草木の根と微生物、虫や動物が息づく大地。私たちは、足の下の大地が私たちを生かしてくれることを五感で感じ、恵みを祝い、分かち合い、あなたと私と、この大地に生きるすべてのいのちが、互いを生かしながらつながり合う暮らしを創っていくことができるのだ。

あなたという大切な存在に手渡す食べものだから、農薬は使わない。これからの子どもたちが豊かに食べていけるように、持続可能な農法を選ぶ。それが有機農業の根底に流れる精神である。

ここから生まれる一つひとつの行動こそが、「日々の政治」としてコミュニティをデザインしていく。大地から青草のように萌えいずる「日々の政治」は、絶え間なく吹いているいのちの風（ルアー）に乗り、その種子が農村にも都市にも運ばれ、芽生えて育ち、各地域間の連帯をも生み出していく。こうして蒔かれた種子が津々浦々で実りを迎えたとき、既存の政治も社会も必ずや変わると信じている。

＜引用文献＞

キング，F. H.（杉本俊郎訳 2009）『東アジア四千年の永続農業〈中国・朝鮮・日本〉上下』農山漁村文化協会。

第5章
有機農業を支える
持続可能な種子システムを考える

西川芳昭

1 なぜ種子について議論するのか

　自然農法の提唱者のひとり岡田茂吉は、その技術方策をまとめる中で、土を清浄に保つことや、農薬を使わないことと合わせて、自家採種と連作を具体的な項目として挙げている(中島 2015)。その土地に合った作物の品種をその場で作り続けることを自然農法の重要な技術と位置づけていることが分かる。

　また、中川原(2010)は、在来種と言われる自家採種で作られた作物は、作物と人間の共同育種によって育てられたもので、自家採種が栽培の一部として普通に行われてきた結果であると説明している。

　「種を大事に育ててきた先人の知恵に改めて学び、作物自身の環境適応能力、作物が土を改善していく環境変革作用を見直し、その力を発揮させる栽培方法や育種を考えていかなければならない。(中略)自家採種は野菜と人間が同じ目標に向かって努力し、会話しながら共に生きていく、絶好の機会なのである」

　2018年12月に国連総会で、「小農と農村で働く人びとの権利に関する国連宣言」が採択された。この宣言は、その前文および第1条で小農と農村で働く人びとを人権擁護のための特定の社会グループとして認定しており、日本の小規模有機農業者にも直接関係すると考えられる(舩田 2019)。種子との関係においては、その第19条で種子への権利を独立した条文として明示している。とくに、加盟国に対して以下の四点を明記している。

　①小農が自らの種子または地元で入手できる自らが選択した種子を利用する権利を認める、②小農が栽培を望む作物と品種を決定する権利を認める、③小農の種子システムを支持し、利用と農における生物多様性を促進するための措置をとる、④種子政策や知的財産権に関する制度を、小農と農村で働く人びとの権利やニーズ、現実を尊重し踏まえたものにする。

　高等植物の生物学的なサイクルの中で最も活性が低く、また嵩が比較的小さ

いステージを表す言葉として、種子（しゅし）・種（たね）・タネという違った単語が使われている。種子という言葉は主に自然科学分野や政策用語として使われ、タネは農家や趣味の園芸家などが使う用語である。農家は種子という言葉を使うことは少なく、自分たちが田畑に蒔く種をタネと呼んでいる。

「品種に勝る技術なし」という言葉は、日本の篤農家の間で広く共有されているにもかかわらず、慣行農業の経営において種子が大きく取り上げられることは一般的ではなかった。それは、農業生産の投入財の中で種子の占める割合が必ずしも大きくなかったことが原因の一つとされている。同時に、農業基本法以降の慣行農業において、農家自身が品種の選択を行うことが必ずしも主流ではなかったことにも起因していると考えられる。

国際的には、1968年の植物の新品種の保護に関する国際条約（UPOV条約）の発効を契機に各国が種苗法を制定し、作物の品種に対する知的財産権の管理を行うようになり、種苗会社の権利がより保護された。だが、この条約では、長い歴史の中で農民が育種し保全してきた品種は原則として対象とされない。

本章の目的は、そのような背景を踏まえて、日本における有機農業・自然農法において、品種保護や種子について議論することの重要性と、品種や種子を取り巻く世界的な思想や制度の中での議論の可能性を提示し、持続可能な種子システムについての理解の共通基盤を提供することである。

2　種子システムとは

種子システムとは、種子の生産・保存・流通・認証・販売などの一連の活動とそれを支える組織制度、法律も含む広範な概念である。このシステムには、フォーマルとローカル（インフォーマルとも呼ぶ）、公的と非公的ないし農民や市民的とも呼べる2つの制度がある。

前者は、政府機関の管理のもとに供給される主として改良品種の認証種子に関わる制度である。たとえば、2018年に廃止された稲・麦・大豆の奨励品種の種子供給についての都道府県の役割を定めた主要農作物種子法（以下、種子法）は、フォーマルな制度を支える一つであった。知的財産権を規定している種苗法も、この制度を支える概念である。種苗法はフォーマルな制度の基盤となって、民間企業の品種開発インセンティブを提供している。

124　第5章　有機農業を支える持続可能な種子システムを考える

　政府が管理し、政府や民間企業が認証種子を供給するフォーマルな種子システムの普及は、必要な品種や種子への農民のアクセスの多様性、タイミングを量の面から制限し、世界規模で販売する種子企業の支配を助長するため、農民の食料主権を制限する危険性もある。さらに進んで、遺伝子組み換え種子が農薬とセットで輸入される状況では、個々の農家や地域による自家採種は制限され、少数の企業が供給する種子を農家が毎年購入するようになる。それは、種子のローカルな地域内循環システムやひいては地域の人びとの気候変動などに対するレジリエンスをより脆弱にする要因となっているとも指摘される。

　一方、ローカルまたはインフォーマルな制度は農家自身による採種や農家同士の交換によって担われ、主に在来品種の種子供給を担っている。有機農業・自然農法で栽培している農家による種苗交換も、この制度に拠っていると考えられる。歴史的には、このローカルまたはインフォーマルな制度が、本来的な種子システムであり、現在フォーマルとされている制度は農業の歴史の長さから見るとごく最近構築されたものである。

　ただし、現在、有機農業・自然農法向けの種子を採っている団体や個人も、元になる原種は国が開発した品種や企業の種子を使用していることが多い。したがって、フォーマルなシステムから種子が入って、インフォーマルな中で増殖されて有機農業などに活かされる循環が起こっているとも言えよう。片方だけでは種子のシステムは成り立たないことに注意を払う必要がある。

　オランダのような産業としての農業が高度に発展している国では、有機種子のフォーマルシステムが確立していることにより、第三者認証を受けた有機種子(非遺伝子組み換えの、有機農業で採取された種子)を農業者が確実に調達できる環境にあると報告されている(今泉 2016)。フォーマルシステムに設けられた種子カタログ会議に、種子会社と農民の意向を調整する機能が整えられているという。フォーマルシステムは供給者から需要者への一方向の流れで形成されているのではなく、農業者と種子会社の合意を基礎とするシステムとなっているのである。

　一方で今泉は、日本の有機農業者は少なくとも3つの要素(採種に関する技術的側面、種子の品質や特性、農業経営的側面)を検討して、自家採種に取り組むかどうかを決定しており、農民システムとフォーマルシステムからの調達を組み合わせていると述べている。

3 種子の資源としての価値と保全管理の場所についての議論

　作物の種内変異である品種の多様性は、他の生態系価値と同様に、利用価値と非利用価値を持っており、遺伝資源と呼ばれる(図Ⅰ-5-1)。一般に遺伝資源は品種育成の素材として将来利用される可能性があるオプション価値が認識され、有機農家などが自身の圃場における多様性を大切にするような直接利用価値は必ずしも重視されてこなかった。

　一般的に遺伝資源は多様性の存在するところで収集され、地域外のジーンバンクに保全され、企業や研究機関に品種育成の素材として利用されるという一方的な流れが主流となっている。従来の農業開発研究では、高収量品種の導入、肥料・化学薬品の投入、灌漑施設に基づく水資源管理などに加えて、さらなる産業化と生命科学やITの利用を通じて農業が直面する課題を克服できると考えられていた(古沢 2015)。

　品種育成における資源利用を農学の立場から説明すると以下のようになる。

　人間が野生植物を作物(栽培植物)に変え、多様な品種を作り上げた過程は、人類の歴史そのものとも言える(中尾 1966)。その際に、人間が作物を必要としているが、作物の側も野生植物とは異なり人間を必要としているという共生関係がある。

　たとえば穀類の場合、野生種は子実が熟するにしたがって、鳥が止まったり風が吹いたりするようなわずかな刺激でも種子が拡散する脱粒性という性質(山口 2016)を持つ。一方、栽培化された穀類はこのような刺激では種子は植物体から離れることはない。人間は穀類の栽培化の過程で、刈り取りの刺激では種子が拡散されない性質を持つ系統を繰り返し選抜することを通して、圃場

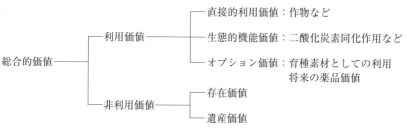

図Ⅰ-5-1　生物多様性・遺伝的多様性の価値
(出典) 栗山(1998)を参考に筆者作成。

での刈り取り作業の効率を上げ、生産された穀物(＝種子)の利用できる比率を上げてきた(田中 1975：20-25)。結果として、穀物の多くは、人間によって種子を拡散されなければ次の世代に命を継ぐことが困難になり、共生関係が成立した(佐藤 2001)。

このような経緯から、現代の耕種農業にとっては、その経営の大小や自給志向か販売志向かの違いにかかわらず、良質な種子を安価に安定的に調達することが不可欠となっている。同時に、作物にとっても人間によって管理されることが生存に不可欠となっている。

農業の持続に多様な品種の存続が必要であるとすると、次の問題は、その多様な品種をどこで管理するかである。

収量増を最大目的とする慣行農業を支える管理条件下における品種育成の素材として品種を保全することが目的であるなら、もともとその品種が作られていた場所から離れた"ジーンバンク"(遺伝子銀行)において保存する「生息域外保全」が、利用者にとって便利である。利用にあたって、その品種が栽培される現場に出かける必要がない。

これに対して、農家の圃場で保全される「生息域内保全」も多くの場所で実施されてきた。農家圃場における保全は、①環境変化や病害虫に対して適応する進化が可能である、②農家にとってアクセスが容易である、③農家にとっての直接利用と両立する、といったメリットが期待できる(Maxted et al. 1997)。

4　品種の多様性管理に関する国際的枠組み

品種の多様性を管理する枠組みとして三つの国際条約が存在する。その概要は表Ⅰ－5－1のとおりである。

1992年に発効し、最も多くの国(2018年末現在194カ国＋EUとパレスチナ)が加盟し、生物全体を対象としているのが、生物の多様性に関する条約(Convention on Biological Diversity：以下 CBD)である。この条約は、生物多様性の保全、持続可能な利用、利用から生じる利益の衡平な配分の3点を目的としている。同時に、これらの多様性が本来存在した国の主権的権利を認めたところに大きな特色がある。それ以前は、多くの育種研究者は遺伝資源を人類共通の資産として所有者を曖昧にしたまま自由に使用してきた(Andersen 2008)。

第 I 部　持続可能な農業としての有機農業　127

表 I－5－1　種子に関して並存する異なる国際条約

条約名	生物の多様性に関する条約（CBD）	食料及び農業のための植物遺伝資源に関する国際条約（ITPGR-FA）	植物の新品種の保護に関する国際条約（UPOV 条約）
発効年	1993年	2004年	1968年
目　的	①生物の多様性の保全 ②生物多様性の構成要素の持続可能な利用 ③遺伝資源の利用から生ずる利益の公正で衡平な配分	食料・農業のための植物遺伝資源の保全・持続可能な利用、得られた利益の公正・衡平な配分	植物品種の育成者の権利を保護
対　象	すべての生物の間の変異性をいうものとし、種内の多様性、種間の多様性及び生態系の多様性を含む	35種類の食用作物（人参、バナナ、稲、小麦など） 81種の飼料用作物（マメ科、イネ科など）	育成者権は、次の要件を満たしている品種に与えられる。 （ⅰ）新規性、（ⅱ）区別性、（ⅲ）均一性、（ⅳ）安定性
理念・主な特色	原産国という考え方、国家の主権的権利の概念の導入 国境を越える遺伝資源のルールを定めている（名古屋議定書に詳細） 事前同意・二国間取り決めが原則	国際的な相互依存と遺伝資源への自由なアクセスが基本理念（多国間システムの構築） 農民の権利 ①伝統的な知識の保護 ②利用から生ずる利益の配分に衡平に参加する権利 ③保全及び持続可能な利用に関連する事項についての国内における意思決定に参加する権利	新品種育成に対する資金回収（品種登録と権利独占、第14条） 条約と国内法の整合性が強く求められる 1978年条約と1991年条約が並存し、後者のほうが強い権利保護が規定されている
新品種の育種目的	「遺伝資源の利用から生ずる利益の公正かつ衡平な配分（ABS：Access and Benefit-Sharing）」に関する名古屋議定書の実施	農民の権利を認める根拠：食料及び農業のための植物遺伝資源の保全、改良及び提供について世界の全地域の農業者、とくに、起原の中心にいる農業者及び多様性の中心にいる農業者が過去、現在及び将来において行う貢献	［義務的例外］ 私的かつ非商業目的行為 試験目的行為 新品種の育種目的 ［任意的例外］ 合理的な範囲内で、育成者の正当な利益を保護することを条件として、農業者が自己の経

| 新品種の育種目的 | | 特権：農場で保存されている種子または繁殖性の素材を国内法令にしたがって適当な場合に保存し、利用し、交換し、及び販売する権利 | 営において栽培して得た収穫物を、自己の経営地において増殖の目的で使用すること |

（出典）環境省自然環境局生物多様性センター WEB サイト：http://www.biodic.go.jp/biolaw/jo_hon.html、外務省食料及び農業のための植物遺伝資源に関する国際条約 WEB サイト：https://www.mofa.go.jp/mofaj/files/000003621.pdf、農水省植物の新品種の保護に関する国際条約 WEB サイト：http://www.hinshu2.maff.go.jp/act/upov/upov1.html を参考に筆者作成。初出は西川（2019）。

　実際には、作物の品種育成において利用される遺伝資源は、国際的な相互依存関係の上に成り立っている。国境を越えた遺伝資源の効率的な利用が制限されると、品種育成の停滞が懸念され、ひいては農業生産の停滞を招く危険に晒されることになる。

　そのため、1950年代から、植物遺伝資源は自由に入手して利活用するべき「人類共通の財産」という基本的考え方に基づいて政策を提言してきた国連食糧農業機関（FAO）が中心となり、食料及び農業のための植物遺伝資源に関する国際条約（The International Treaty on Plant Genetic Resources for Food and Agriculture：ITPGR-FA、2018年末現在143カ国＋EU 加盟）が2004年に発効した。ITPGR-FA では、CBD の謳った国家の主権的権利との調和をとりつつ、農業・食料のための一定の植物に関しては、遺伝資源取得の促進を多国間システムによる利用と利益配分メカニズムに基づいて行うことを定めている（Andersen 2008；西川 2017）。

　また、この条約には、農民が育種などに不可欠な作物の品種の多様性保全に貢献していることを認識し、農民の権利（外務省公式訳では農業者の権利）として、次の3点が明記されている。①多様性を利用した個人や企業の利益が農民にも公平に配分される権利、②伝統的知識を保護する権利、③政策決定に参加する権利。

　1989年の FAO 総会で、「育種家の権利」と「農民の権利」を「技術の提供者」と「遺伝的素材の提供者」のそれぞれの権利であることと、その両方を認識し、その貢献に対して補償を行う必要を認めた（Resolution4/89・5/89）のが、

農民の権利が国際的に認められた概念となった原点であろう。加えて、農民の特権という自家採種の権利(植物遺伝資源条約第9条3)も条約は言及しており、自ら所有する遺伝資源の継続的利用(採種・保存・利用・交換など)を行う権利とされている。

他方、1968年発効の「植物の新品種の保護に関する国際条約(Convention internationale pour la protection des obtentions végétales：UPOV条約)」(2018年末現在75ヵ国加盟)は、農民や国家が中心となってきた品種開発に企業が参入し生産性の向上に寄与する反面、そのような企業が種子の権利を主張し、種子が公共財的存在から私有財へと変化することを助長してきた。ただし、留意すべきことは、品種育成者の権利の保護を目的とするUPOV条約においても、権利適用の義務的例外として保護品種の育種素材としての利用があり、さらに、各国が国内法で認めることが許される任意的例外として農家自身の自己の経営内における自家採種を規定していることである(表Ⅰ-5-1参照)。

5　種子をめぐる国内での議論

これまで、日本有機農業研究会による種苗交換会を除いては、自家採種、種子の保存や交換の仕組みや意義について、有機農業関係者を含めて国内の農業関係者による大きな議論はほとんどなかった。しかしながら、2018年の種子法廃止と20年の種苗法改正(21年以降施行)が農業者のみならず一般市民の間でも注目されるようになって、種子に関する議論が錯綜している。

種子法は、1952年5月に国民の食料安全保障を実現するために議員立法によって制定された法律である。食料を確保するために、国の責任のもと、主要農作物である稲・麦・大豆に関して、各都道府県が次の3つを行うことが定められていた。

①奨励品種(それぞれの地域に適していると判断される品種)の決定に関わる試験の実施、②奨励品種の原種・原々種(農家が米を作るために田んぼに蒔くタネの親。古くからある品種のことではない)の生産、③種子生産圃場の指定、圃場審査、生産物審査、および種子生産に対する勧告・助言および指導。

種子法があったことで、少なくとも稲に関しては、必要な種子の供給が安定的に行われてきた。とくに、それほど栽培面積がないにもかかわらず(すなわ

ち種子の需要量が小さくても）、気候風土に合ったそれぞれの地域にとっては重要な品種の種子が、都道府県の責任において供給されてきた。その種子法が、農業競争力強化という安倍政権の方針の中で、国会においても、農業に関する政策を学識経験者や農業者の代表が議論する農政審議会においても、十分な議論のないまま廃止された。

　種子法廃止で「日本古来の種子がなくなる」とか、「日本の優良な品種が多国籍企業の手にわたり、農家が多国籍企業の種子を毎年買うことになる」という誤解まで飛び交っている。そもそも、日本で作られている作物は、稲・麦・大豆はもとより野菜や果物もほとんど全部が外国原産で、日本固有の作物種はほとんど存在しない。近年の品種改良においても、コシヒカリの大敵であるいもち病に対する抵抗性品種には、中国やインド、米国から分けてもらった種子が素材として使われている（河瀨 2011）。作物の品種改良は国際協力の相互依存関係の成果であり、日本古来の種子が何を意味するのか不明である。

　種子法と混同されることもある種苗法は、「（作物の）新品種の保護のための品種登録に関する制度、指定種苗の表示に関する規制等について定めることにより、品種の育成の振興と種苗の流通の適正化を図り、もって農林水産業の発展に寄与すること」を目的とした法律である。種子法が廃止されても、登録されている品種の知的財産権は種苗法によって守られている。たとえば、稲の品種とねのめぐみの開発者の日本モンサントはコシヒカリをはじめとした日本にある多様な稲の遺伝資源を持っており、種子法の廃止で多国籍企業の遺伝資源取得に大きな変化があるわけでもない。

　ただし、農業の企業化・大規模化を促し、自然や文化に根差した小規模な農業を根絶やしにしかねない政策に基づく農業競争力強化支援法によって、公的機関が持つ知見などの民間への提供が促されている。優良品種の種子や公的機関が持つノウハウが一部企業に所有されることは、十分に懸念される。

　有機農業における自家採種と種苗交換を推進してきた林重孝（2018）は、種苗法の改正で制限されるのは品種登録されたものに限られ、在来品種や登録期間が過ぎた品種の自家採種は自由に行えることを強調している。また、品種育成者の新品種開発にかかる労力・時間・経費を考慮して、一定程度の知的財産権の保護に同意している。有機農家や小規模農業者が行う自らの圃場に適応した品種開発の促進にも種苗法改正は貢献する可能性があろう。同時に、伝統野菜

第Ⅰ部 持続可能な農業としての有機農業 131

を地域おこしに使う際に用いられる商標による囲い込みにも疑問を投げかけており、特定の関係者(ステークホルダー)が種子をコントロールしようとする動きに対する抵抗を示していると筆者は考えている。

6 種子をめぐる農の営みの実践

　日本には、地域の農業生態系に即した農の営みを続けている(世界的な種子のシステムの議論を意識しない)農家が多く存在することに注目したい。

　守田(1978：100-125)は、近代育種によって農業は進歩したのではなく、国家統制による品種統一の中で農家と品種の関わりが消えていったと指摘し、品種づくりと品種選びの自由を農民・集落が取り返すことによって、田畑で多くの種類や品種の作物の栽培が可能となり、循環型農業となると述べている。

　2003年に平成の飢饉と言われる米の凶作が起こった際に、岩手県が次年度に農家に普及しようとしていた奨励品種の種子生産ができなかったため、沖縄県に依頼し、石垣島の農家が協力して、二期作の前倒しで種子生産を行い、岩手県の稲作を救った事例があった(西川 2017：131-135)。この品種は、岩手県と石垣島の助け合いの象徴として、その後「かけはし」と名づけられた。人間の食べる食料を作るための種子が不足した際に、無理をしてでも他の地域の人たちが利用する種子生産にコミットすることが当たり前の営みとして行われた事例である。

　平(2007)は、鶴岡地方(山形県)のだだちゃ豆(在来の枝豆)には20以上の系統があり、地域の人びとが長年にわたってタネを採り続けて多様性が守られてきた理由を、次のように説明している。

　早く収穫できる系統「舞台ダダチャ」は7月下旬、最も遅い系統「彼岸青」は9月下旬が収穫適期である。意識的か無意識か鶴岡の農家が地域内で異なる系統を栽培することによって、2カ月以上にわたって食べ続けることができる文化を生み出した。

　これらの系統が同じ形質を持つのであれば、近代的な施設農業で実現可能であるが、だだちゃ豆の多様な系統の場合はうまみや成分含量が違う系統から成っているという。地域の農家が調理や加工方法までを含む生きている文化財として種子をつないできたことが多様性保全の要因であると推測するのだ。

稲の民間育種に詳しい菅は、在来野菜の品種についての考察で、野菜の特産品は元来、地域の狭い風土の気象・土壌条件のもとで育まれ、そこに適地を見出した遺伝子型を持つもので、適地がきわめて限られるであろうと述べている（菅 1987：18）。品種は、その栽培される地域、風土、生活、習慣と密接に結びついて、一つの地域文化を形成する大切な要素となっており、同じ作物種の違った品種では、本当の意味では代替できないと考えられる（菅 1987：23）。

このように、「農民の権利」という国際的概念や用語とまったく離れたところでタネが継がれてきたこと、そのような農家を評価する種子に関する議論が1970年代から日本において幅広く行われてきたことから、種子の持続性確立に何を学べるのであろうか。

7 既存システムを超えた種子研究の可能性としての自家採種研究

世界中で多様な関係者が、さまざまな価値をタネに見出し、タネを守る行為に参画している。市場を中心としたフォーマルなシステムを前提として、農業者が自分にとって必要な種子を調達しようとする行為や、国際社会における利権の確保を目指したりする「農民の権利」概念の利用も、多く観察される（西川・浜口 2018）。

しかし、それらとは異なる自家採種も多くあり、政治経済学と農学の研究からだけでは、これらの価値を総合的に理解することは不可能とも言える。日本には、世界的な政治経済的枠組みの中で経済的利益を追求しないだけではなく、権利意識も前面に出さずに、作物の多様性を守り、自家採種を続ける人や在来品種の野菜を食べる人が多く存在する。

また、フォーマルシステム・インフォーマルシステムという二元論の理解は、本来的に近代的農業の仕組みと遺伝資源を育種の素材として理解し、種子の所有を明確にしたうえでの管理を前提としている。一方、現在の農業においては、タネを採る・蒔く・育てる・収穫する・食べるという一連の人間と植物の関わりが当たり前であるという考えは過去のものとして重要性を認識されることは少ない。そもそも、多くの消費者はそのような考え方は思いもつかない。

したがって、本論で例示したような個々の自家採種や在来種利用の実態を描写し、その仕組みや技術と関係者の思いを言葉にする評価を確立していくこと

第Ⅰ部　持続可能な農業としての有機農業　133

が、タネを採り続けることのできる社会の実現に不可欠であると考える。

　小規模経営の耕種農業の持続性にとって、良質の種子を多くの資本投入なしに安定的かつ必要なタイミングで調達できることが重要である。近代的農業、とくに慣行農業では、種子は毎年購入するものとされる。日本でも奨励品種制度や産地形成政策の中でこの傾向は助長され、稲などの主要作物も含めて生産物を一般の流通に乗せるためには、種子の毎年更新が必要とされてきた。だが、近年の小規模農業や家族農業に対する評価の変化と並行して、世界中の農家の多くがその置かれている不安定な社会自然条件の中で、経済性に加えてリスク分散や文化的視点などを含めて多様な種子調達を行っていることを分析し、積極的に評価する試みが急増している(西川 2017)。

　短期的な生産性や収益重視の慣行農業推進の立場からは、自家採種を中心とした種子の自給を含むローカルシステムや農業のための生物多様性をありのままに利用しようとするアプローチは非効率的に見える。しかし、短期的な経済効率の追求や、国家や企業による品種開発の補完としてのみ農民自身による自家採種や品種育成を位置づける思考自体が、メンデルの法則の再発見以降、さらには緑の革命以降のごく短期間に敷衍した思考であることを再確認すべきであろう。アグロエコロジーが注目されているいま、新しい種子システムの展開が期待される(図Ⅰ-5-2)。

　EU では、2021年から実施される有機農業に関する制度の中で、有機種苗の流通が新たに公に認められる予定である。周知のとおり、EU 諸国においては、販売される種苗は共通リストに掲載されている登録品種であることが原則であり、その際の品種の定義は UPOV 条約が規定する DUS 原則(区別性・均一性・安定性：表Ⅰ-5-1参照)を満たす必要があった。今回認められた有機種苗の販売では、従来の品種概念を踏襲して有機農業環境に適応した品種の種苗に加えて、そうした基準を満たさない「多様性を含む有機繁殖材(organic heterogeneous material：HM)」という分類が新たに設けられ、共通リストに掲載されていない品種の販売・流通ができるようになる見込みである。

　EU の動向にも見られるように、近年グローバリゼーションの潮流が多様化しつつあるように見受けられる。国際社会におけるローカル化の潮流を促すものとして、国際家族農業年の決議(2014年)、国連家族農業の10年と小農の権利宣言の採択がある。この動きは、グローバルなフードシステムに変革を起こす

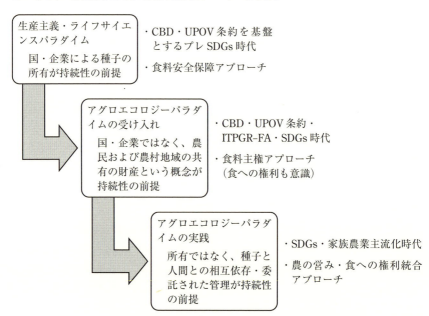

図Ⅰ-5-2　農業のパラダイムおよび種子と人間の関係の変化

可能性がある。というのは、大半の小農が多国籍アグリビジネスに主導される食農システムから最も遠いところにいて、その原理は新自由主義的食農システムの原理と大きく異なっているからである。

　国連家族農業の10年と小農の権利宣言の採択は、多国籍アグリビジネスが実質的に主導的な役割を果たしてきた現代の食農システムのあり方に再考を迫る意義を持つ。新自由主義的食農システムは経済的には効率的かもしれないが、環境収奪的であるのに対して、小農・家族農業は環境的にも社会的にも持続性が高いという視点の確認と強調である。このことは、2015年に国連総会で採択されたSDGsと通底する点である。実際、SDGsでも小農・家族農業の役割が焦点化されている。

　農民と作物の相互関係を忘れた遺伝資源利用のあり方の問題性を正面から認識し、農の営みの基盤としての人間と自然の相互関係に根差した地域農民の遺伝資源管理を実現できる組織・制度・知識の再評価を行うことが、農業および社会の持続性を担保する重要な前提となる。地域の環境とそれを利用・管理する人間との関係の回復は、人間と作物の多様性と持続性に重要であり、そのた

めにはローカルな遺伝資源の管理が優先事項とされる。

自分たちが作りたい野菜・食べたい作物・親しい人に食べさせたい野菜を自分の採った種子から栽培する。ただそれだけのことを自己決定できることに当たり前（ノーマル）の行為として誇りを持つ。日本の有機農業・自然農法実践者や農の営みの研究者が指摘してきたこのような考えを国際的な議論の中にどう位置づけていくかが、研究者に問いかけられている。

農薬を使わない、有機肥料のみを使用するというような有機農業の技術的側面だけではなく、人間も含めた地域生態系の中に遺伝資源を位置づけ、農家の主体性を確保できるシステムの構築に関わることが、有機農業研究から見た持続可能な種子システムの議論に期待される。

（注）本稿は、西川（2019）に発表済みの論考・図表を本書の目的に合わせて微修正を加えたものである。国際的な農業・農村開発における種子の議論に興味のある読者は、初出論文も併せて参照されたい。

＜引用・参考文献＞

Andersen, R.（2008）. The International Treaty on Plant Genetic Resources for Food and Agriculture with the International Undertaking on Plant Genetic Resources. In *Governing Agrobiodiversity*（pp. 87–115）. Ashgate.

ARCHE NOAH.（2018, January）. ARCHE NOAH Briefing Note: Seeds in the new EU Organic Regulation. Retrieved from https://www.arche-noah.at/files/briefing_seeds_in_new_the_eu_organic_regulation_january_2018.pdf

舩田クラーセンさやか（2019）「小農の権利に関する国連宣言」小規模・家族農業ネットワーク・ジャパン編『よくわかる国連「家族農業の10年」と「小農の権利宣言」』農山漁村文化協会。

古沢広祐（2015）「有機農業の新たな意義と課題——日本と世界の将来展望」『農村と都市を結ぶ』768号、18〜28ページ。

林重孝（2018）「在来品種・登録切れ品種の採種は自由だ」『現代農業』2018年6月号、324〜325ページ。

今泉晶（2016）『農業遺伝資源の管理体制——所有の正当化過程とシードシステム』昭和堂。

岩崎政利（2013）「種をあやし、種を採るなかで感じる小さな粒の神秘性、すばらしさ、大切さ」西川芳昭編『種から種へつなぐ』創森社。

河瀬眞琴（2011）「作物遺伝資源の収集・保存・活用」『ARDEC』44号。http://www.jiid.or.jp/ardec/ardec44/ard44_key_note2.html（2019年4月18日閲覧）

136 第5章 有機農業を支える持続可能な種子システムを考える

香坂玲・冨吉満之(2015)『伝統野菜の今──地域の取り組み、地理的表示の保護と遺伝資源』清水弘文堂書房。

栗山浩一(1998)『環境の価値と評価手法──CVM による経済評価』北海道大学出版会。

増田昭子(2013)『在来作物を受け継ぐ人々──種子(たね)は万人のもの』農山漁村文化協会。

Maxted, N., Ford-Lloyd, B. V. & Hawkes, J. G.（1997）. *Plant Genetic Conservation: The in situ approach*, Chapman & Hall.

三浦雅之・三浦陽子(2013)『家族野菜を未来につなぐ──レストラン「粟」がめざすもの』学芸出版社。

守田志郎(1978)『農業にとって進歩とは』農山漁村文化協会。

中川原敏雄(2010)「有機農業の育種論──作物の一生と向き合う」中島紀一・金子美登・西村和雄編著『有機農業の技術と考え方』コモンズ。

中島紀一(2015)「日本の有機農業──農と土の復権へ」中島紀一・大山利男・石井圭一・金氣興『有機農業がひらく可能性──アジア・アメリカ・ヨーロッパ』ミネルヴァ書房。

中尾佐助(1966)『栽培植物と農耕の起源』岩波書店。

西川芳昭(2004)『作物遺伝資源の農民参加型管理──経済開発から人間開発へ』農山漁村文化協会。

西川芳昭(2012)「食料農業植物遺伝資源国際条約「農民の権利」概念に基づく作物遺伝資源の持続的利用」『熱帯農業研究』5巻1号、48～51ページ。

西川芳昭(2017)『種子が消えればあなたも消える』コモンズ。

西川芳昭(2019)「持続可能な種子の管理を考える─権利概念に基づく国際的枠組みと農の営みに基づく実践を繋ぐ可能性─」『国際開発研究』28巻1号、53～69ページ。

西川芳昭・浜口真理子(2018)「種子をめぐる市民組織・農民組織の国際的状況に関する考察：食料及び農業のための植物遺伝資源に関する国際条約第7回締約国会議参加を通じて」『経済社会研究』58巻3-4号、33～57ページ。

佐藤洋一郎(2001)「イネの起源と系譜」山口裕文・島本義也編著『栽培植物の自然誌──野生植物と人類の共進化』北海道大学図書刊行会。

菅洋(1987)『育種の原点──バイテク時代に問う』農山漁村文化協会。

平智(2007)「地域の食文化と在来作物」山形在来作物研究会『どこかの畑の片すみで──在来作物はやまがたの文化財』山形大学出版会。

田中正武(1975)『栽培植物の起源』日本放送出版協会。

山口裕文(2016)「野生種と栽培種」江頭宏昌編『人間と作物──採集から栽培へ』ドメス出版。

第Ⅰ部　持続可能な農業としての有機農業　137

オーガニックファーマーズ朝市村から生まれる広がり　　COLUMN

　毎週土曜日の早朝、子どもボランティアが鳴らす鐘を合図に、オーガニックファーマーズ朝市村(以下、朝市村)が始まる。ブースの前に並んで農家と言葉を交わしつつ待ち構えていた来場者が、一斉に野菜に手を伸ばす。活気にあふれ、私を元気づけるひとときだ。

　出店者は非農家で育ち、企業などに就職後、東海地方で新規就農した有機農家たち。メンバーは60戸、1回あたりの参加者は20～35戸。若手が多く、70代の5人、80代の1人を加えても、平均年齢は約43歳だ。

　朝市村を始めたのは2004年。開催場所に屋根があるおかげで、雨や台風でも大雪が降っても、一度も休まずに続けられ、2019年10月に15周年を迎えた。

　私が日本有機農業学会の事務局を担っていたころ、「有機農業の新規就農者は販路がないために、やめていく例が多い」と何度も耳にし、「いつか販路をつくりたい」と思ったことが、朝市村を開くきっかけとなった。現在は名古屋市内3カ所で毎週開催し、飲食店関係者も多く訪れる。

　15年続けたことで、予期していなかったさまざまな成果が生まれた。「有機農業で新規就農した農家の販路開拓・マッチングの場づくり」「中山間地域で就農した有機農家と都市の消費者がつながり交流する場づくり」「消費者が農家で農業体験をする畑の入り口となる場づくり」という当初の目標はすぐに達成。

　また、朝市村の野菜だけで食卓を担うため、当初の月2回開催を毎週開催に増やしたことで、「オーガニックが日常」になった。新規就農者の生活安定のため、値下げ合戦は禁止。他の農家より安い価格をつけないよう取り決める。こうして「農家が納得いく価格で、情報をのせて販売できる場づくり」も実現した。

　さらに、有機農業での就農希望者の相談に乗り、研修受け入れから就農後のサポートに至る支援に取り組み、これまでに約40人が農家として巣立った。就農後も、出荷グループづくりや運営などのサポートをしている。

　一般に有機農家は点在しており、互いの野菜や技術を目にする機会は少ない。だが、出店時に他農家の野菜を目にして対話することで、切磋琢磨しながら技術の向上が図られた。

　今後楽しみなのは、白川町(岐阜県)のように、朝市村を通した就農者たちが地域の活力を生み出していくことだ。オーガニックの市はたくさんの可能性を秘めている。各地に広がり、地域づくりの担い手たちを生み出していってほしい。

〈吉野隆子〉

138 第6章 持続可能な農と食をつなぐ仕組み・流通

第6章
持続可能な農と食をつなぐ仕組み・流通

桝潟俊子・高橋巖・酒井徹

1 本章の課題

持続可能な本来の有機農業の現場(農のあり方)は、農と食をつなぐ関係性(仕組み)や、流通・消費のあり方と分かちがたく結びついており、それは表裏一体の関係にある。栽培・製造過程の情報について生産者と消費者との較差がなく、均等性・対称性が問われるので、生産者と消費者との関係性の豊かさ・質や農と食をつなぐ仕組み・流通のあり方が重要な意味を持つ。

日本では、特別栽培農産物や環境保全型農業で栽培された農産物も、健康や環境に配慮した「付加価値」農産物として、有機専門流通事業者(事業体)や自然食品店、生協、スーパーなどで取り扱われている。農林水産省の調査によると、有機農業で生産された農産物は、「消費者へ直接販売」(66.3%)が最も多く、次いで「農協・集出荷業者」(59.8%)や「道の駅等直売所」(35.9%)が続く(農林水産省 2019)。

最近では、大手のスーパー(イオングループや BIO-RAL(ビオラル)など)の取り扱いやインターネットを利用した直販の伸長が目立つ。他方、産消提携は停滞傾向にあるが、有機農産物に限定した直売市やファーマーズ・マーケット、日本版 CSA など、地域の生産者と消費者をつなぐさまざまな仕組みが工夫され、広がっている。

本章では、紙幅の制約上、有機農業運動初期における提携の展開や有機農産物流通の変遷の概要については割愛し、1980年代後半からグローバルなオーガニック市場の形成に至る約30年間の農と食をつなぐ仕組み・流通の動向を、本来の農業(有機農業)の推進や農の持続性との関わりに焦点を当ててみていく。それを通して、持続可能な農と食をつなぐ仕組み・流通のあり方を探っていきたい。そのために、多様化した農と食をつなぐ仕組み・流通チャネルを4つの視点から整理し、①〜④の類型(表Ⅰ-6-1)に即して、執筆分担して論述す

第Ⅰ部　持続可能な農業としての有機農業　139

表Ⅰ−6−1　有機農産物流通の類型と特徴

流通主体	流通する主な農産物	流通範囲	生産方法の保証（生消の関係性／有機 JAS 表示）
①産消提携等	有機農業による農産物	地域内流通＞全国流通	生消の関係性
②生協等	有機農業による農産物 有機 JAS 認証農産物	地域間流通＞全国流通	生消の関係性＞ 有機 JAS 表示
③専門流通 事業者	有機農業による農産物 有機 JAS 認証農産物	全国流通	生消の関係性もしくは有機 JAS 表示
④量販店等 一般流通	有機 JAS 認証農産物	全国流通	有機 JAS 表示

（注１）「有機農産物」は、「有機農業による農産物」と「有機 JAS 認証農産物」の両方を含む。
（注２）「有機農業による農産物」は、有機農業により生産され、有機 JAS 表示をしていないもの。
（注３）「有機 JAS 認証農産物」は、有機 JAS 認証・表示制度に基づく表示をしているもの。
（注４）生消＝生産者と消費者。
（出典）酒井徹作成。

る（①2・3節、②4節、③5節、④6節）。

2　一般流通の拡大と産消提携

有機 JAS 認証制度の導入と有機農業の「産業化」

　1980年代後半以降、有機農産物のニーズが増大する中で、有機農産物は「高付加価値商品」として市場に出回っていく。ところが、有機農業の定義が曖昧なまま「有機農産物」表示が氾濫して“まがいもの”が横行するなど、市場流通を含む有機農産物流通に混乱が生じ、社会問題になった。

　その後、19ページで述べたように2000年に有機 JAS 制度が導入され、2006年12月には有機農業推進法が制定される。こうして、国（農林水産省）レベルの政策・制度の整備が進んだ。有機 JAS 規格の制定と表示の際の認証義務化の実施により、有機農産物は特別な基準を満たした「高付加価値商品」として一般流通で取り扱われていく。

　一方で、その市場拡大とともに、提携のもとでの有機農産物流通とは異質の「単なる商品流通」的展開を招き、輸入有機農産物・食品も販売されるようになった。農薬や化学肥料をノン・ケミカルな有機資材に置き換えただけの「慣行化」「産業化」が、有機農業の生産現場の一部では進んでいると言われる[1]。

140 第6章 持続可能な農と食をつなぐ仕組み・流通

　近年では、後述するように専門流通・一般流通含めて有機農産物の取り扱い
が増え、多くの事業体(企業)が有機JAS認証(以下、有機JAS)をその取り扱い
基準としている。これに対して、消費者との提携を基礎にして地域の生態系・
循環に根差した有機農業を追求してきた生産者の多くは、有機JASを取得し
ていない。また、有機JAS制度には使用が許されている農薬等がある、「化学
合成物不使用」という表示基準にとどまっているなどの理由から、認証を取得
しない生産者も見られる。

　他方、「有機JAS表示＝オーガニック」という認識が消費者に浸透している
ためか、遠隔流通を前提とする果樹や地域特産物の産地や農家、あるいは大消
費地から離れた産地や農家などでは、「安心して食べてほしい」との思いから
有機JASを取得するケースもある。しかし、取得には栽培・出荷記録や資材
証明などの事務作業に加え、研修費、研修に必要な宿泊・交通費、申請料、現
地確認の実費とその手数料など、かなりの費用がかかる。それを販売価格に上
乗せする必要が出てくるうえ、シールの作成や管理、機械洗浄の徹底など、作
業量が膨大に増える。取引先の要請や販路確保の必要から取得しているケース
が多いようだ。

　こうした日本の状況は、米国の有機農業先進地であるカリフォルニアやオレ
ゴンなどで21世紀に入って農家の大規模化が著しく進む一方で、小規模有機農
場が認証から脱落(大山2003)していったことを思い起こさせられる。

　農林水産省は2010年時点で、有機JAS取得農家は約4000戸、有機JASを取
得せずに有機農業に取り組む農家は約8000戸と推定した。その後、有機JAS
取得農家数はやや減少傾向にあり、16年は3678戸だ(農林水産省2019)。有機JAS
離れが起きているようである。

提携の停滞と内包する問題

　有機農業を支援する提携運動は、1980年代後半から停滞傾向にある。たとえ
ば、有機農業が盛んな地域として知られる兵庫県の産消提携団体の参加者(消
費者)数を見ると、1974年に設立した団体が最盛期の1300人から2018年には215
人になったという。最盛期に300～500人規模の団体が解散したケースもある(波
夛野2019：250-251)。

　提携運動の主体が時代の変化に晒され、社会状況の変化にうまく対応しきれ

第Ⅰ部 持続可能な農業としての有機農業 141

なかったところに、停滞の原因があるようだ。1980年代後半から有機農産物が一般市場で流通し始め、提携が「安全な食べもの」を手に入れる唯一の手段ではなくなったことに加えて、就労構造の変化にともない専業主婦が減少し、その存在を前提にした活動が困難になったと言える。

　有機農業の実践経験を持ち、提携運動の研究を続けている波夛野は、「提携としてのやりとりにおいて、JAS基準に担保された完成品を求めるようになっては、もはや運動や提携ではありえない」と断言し、「生産者、消費者双方に30年間の実績を踏まえてなお、不満が蓄積したまま残っているように思えてならない」(波夛野 2019：254〜256)と述べている。

　そうしたなかにあって、1973年の設立以来、現在でも1300人規模(最盛期の会員数は1600人を超えていた)で、共同購入活動を継続している事例もある。山本(2018)は、京都の「使い捨て時代を考える会／安全農産供給センター」を事例に、「全量引き取り」に基づいた野菜セットという仕組みは、活動のなかに何層にも重なる実践を生み出し、それらが相互に補完し合うことによって成立していると分析する[2]。

　では、提携の原則(理想)と現実との乖離をいかに乗り越えていくか。提携運動に関わる生産者や消費者双方による自省的見直しが迫られる。

　提携が内包する問題(有機的関係性の再検討や価格決定と数量調整、提携団体の維持コスト・経営など)については、社会的状況の変化に対応し、これまでの蓄積・経験を踏まえて、相互の緊密な関係性(生命共同体的関係性)を保持・継続しつつ、多様な提携の形態・仕組みや活動のイノベーションの方向を探っていくことが求められる。他方、有機農業運動の「意図せざる結果」として生み出された提携という関係性やネットワークは、分断を深められている生産者(農民)と消費者が協同して、持続可能な本来の農へ回帰する新たな動きとなって広がっている。

3　生産者と消費者が地域でつながる

　1990年代以降、欧米でもTEIKEIやCSA(Community Supported Agriculture、地域が支える農業)が注目されている。地産地消、産直、直売、ファーマーズ・マーケット、スローフードなど、地域農業の再生や伝統的食文化の継承・発展

に向けた動きも活発だ。これらの動きに共通する特徴は、①分断された生産地（生産者）と消費地（消費者）との関係の修復・変革、②地域的近接性を重視したローカルなムーブメントの展開である。

地産地消と有機農業

地産地消は、食養の「身土不二」の考え方と相通じ、生産地（生産者）と消費地（消費者）が直結し、「その土地で採れたものをその土地で食べる」ことをいう。広義には都市部の消費者が農村部の直売所やレストランを訪れて農産物を購入・食する行為も含まれるが、「土から得たものを土に返す」という物質や資源の地域循環が重視される。

したがって地産地消は、地場農産物を加工・流通・販売する仕組み（システム）づくりにとどまらない。地域づくりや地域文化の継承・発展につながる取り組みである。旬と地元の味を深く味わい、個性豊かな地域社会を創造する。そのことが同時に地域の生業に息吹をもたらし、地域の人びとの生きる力の回復につながる（桝潟 2009）。

1990年代以降、各地で地産地消の取り組みが広がり、直売所は活況を呈している。だが、政府や農協の主産地形成計画に対応して専作的拡大を図ってきた産地では戸惑いもある。それは、地産地消において意味を持つ地域農業のあり方が明確になっていないからである。たしかに、生産者の顔が見えるという点で安心と新鮮さを求める消費者に受け入れられているが、安全や持続性には十分に対応できていない。

提携・CSA と地域農業

初期の有機農業運動では、「地域に根を張る有機農業」「小農複合自給」が理念（目標）として掲げられ、実践が積み重ねられた。たとえば、高畠町有機農業研究会（山形県）の運動は、発足時の自給運動を経て、地場生産・地場消費の実現に向けて「自給拡大・有機農業・提携」と「生活文化・地域文化の見直しと自立」を前面に押し出し、地域に根を下ろそうとした。

そこには「地域内循環（ストック）を活かす自立と互助の地域（ムラ）づくり」という視点が明確に織り込まれている。そして、地域の循環や大地との「品格ある関係」、地域や都市住民との関係性（つながり）の創出によって、自給から自立、さ

らに地域自治への広がりを見据えていた。自給や持続可能な地域農業は、土地や人の潜在力（ストック）によって支えられているのだから（桝潟 2017）。

　また、米国で生まれた CSA をはじめとする大半のローカル・フード・ムーブメントでは、大地に根差した本来の地域農業が追求され、有機農業もしくは持続性のあるエコロジカルな農法で農地管理を行っている。さらに言えば、それは地域の自然や環境保全に大いに貢献する取り組みである。しかし近年では、CSA の仕組みをビジネスモデルとした数千人規模の CSA も出現。アマゾンのようなグローバルネット通販企業はホールフーズの店舗脇で車から降りずに予約した有機農産物をピックアップできる便利なシステムを導入して、通販オーガニック市場の拡大を狙っている。

　日本では「米国版地産地消」として CSA が紹介されることが多い。北海道の「メノビレッジ長沼」（第4章参照）は1996年に CSA をスタートさせ、離れてしまった食卓と田畑のつながりを取り戻し、地域社会を変えようとしている。

　「CSA は、命の源である大地が生み出してくれる「食べ物」を介して、人々が出会い、つながり、思いやり支え合うことを学ぶための手段である」（レイモンドほか 2019：155〜156）

　前払い制とかローカル志向（近接性）といった面で違いがあっても、生産者と消費者をつなぐ CSA の本質はここにあるのではないか。提携（TEIKEI）やフランスの AMAP のポイントも、同様である。これに付け加えるならば、「農業に特有の栽培リスクを支える仕組み」（波夛野 2019：269）という点で、提携は CSA にきわめて近似している。

　また、埼玉県小川町では、環境と健康に配慮したリフォーム会社 OKUTA が、地域の有機農業リーダーである金子美登氏の集落の有機米を全量買い取り、社員に宅配する「こめまめプロジェクト」が2009年に誕生した。これは、企業の社員の食を近隣地域の農業が支えるという、いわば企業版 CSA である。

安心・安全から持続可能な地域社会の形成へ

　2011年の東日本大震災と福島原発事故以降、消費者の多くは放射線被曝を怖れ、提携する生産者が作った放射性物質が検出限界値以下の米や野菜であっても食べない・受け取らないという選択をした。たしかに、放射性物質の被曝に関するリスク判断は難しい。安全にこだわる消費者ほど被災地の農産物への不

144 第6章 持続可能な農と食をつなぐ仕組み・流通

安を強め、西日本産や輸入農産物を選んだ。こうして地産地消が失われ、有機農産物の学校給食への供給も閉ざされた。

そうしたなかで、福島県の山村・喜多方市山都の浅見彰宏氏(ひぐらし農園、308ページ参照)は、堰と里山を守りながらの営農と暮らしぶりを見にきてほしいと、2010年に始めた直売所の進化版「相川百姓市」を翌年の震災後にオープン。出店者を増やし、品ぞろえの充実を図り、生産者と交流できて地域の魅力を伝える場にした。思いのほか多くの人が立ち寄り、堰の保全活動を軸にした地域づくりとローカルな食べものの流れが交錯し始めたという(浅見2012)。

初期の日本の有機農業運動の主要な担い手は、農薬害や土の疲弊、家畜の異変に気づいた農民と、安全な食べものを求める都市の消費者(とくに子育て期の女性)であった。自らや家族の生命や生態系の危機に突き動かされた人びとである。運動の展開過程で、生活者として地域農業や環境、資源・エネルギー問題などに視野を広げたケースもあるが、多くの人びとは食べものの安全性や個人の「健康・安心」へしだいに偏重していく。その結果として、福島産農産物離れや風評被害を招いた。

とはいえ、地域社会に視座をすえ、地場生産・地場消費を基礎として地元の農林漁業や地場産業と連携し、関係の豊かさを求める実践も積み重ねられている(井口・桝潟編著2013)。そこでは、人間と人間、人間と環境とのつながりの回復が模索され、共同性の創造への指向がある。有機農業や地域自給の視野を持った「個」の生産や暮らしのなかに、身体を介した自然と他者との関係が紡ぎ出されているがゆえに、「個」の関与と責任を実感できる。「他者の生/生命への配慮や関心」でつながる「生命共同体的関係性」(桝潟2008)のもとで、家族や地域の暮らしを基盤に、暮らし方や生き方を見直すことで、共同性・公共性への回路を探り当てようとしているのである。

世界各地の地域(ローカル)に視座をすえた有機農業運動やローカル・フード・ムーブメントは、大地や環境、地域、そして他者とのつながりや仕組みの再構築に向けて動き出している(桝潟2014)。

4 協同組合産直と有機農業——生協を中心に

協同組合は、組合員の事業と生活を守る非営利協同組織である。そして、組

第Ⅰ部　持続可能な農業としての有機農業　145

合員と業種を異にする協同組合間による協同(連携)は、ICA(国際協同組合同盟)の「協同組合第6原則」でも謳われているとおり、日本でも長年にわたり強調され、各地の農協・生協間での協同組合産直が実を結ぶなどの成果を上げてきた。

　より安全に生産された農産物を有利販売したい農業者(農協)と、それを安定的に購入したい消費者(生協)の協同＝産直は、それが円滑に行われたとき、市場流通に馴染みにくい有機農産物でこそ効果を最大限に発揮し得るはずの取引形態である。もちろんそれは、単なる経済行為上の「取引」にとどまらない。生産が天候に左右され、生産物価格が市場で安定する保障のない小規模事業者である農業者と、大企業の利潤追求に翻弄され、安全な農産物・食品を得られにくい消費者とが、生命を維持するのに欠かせない食べものを通じ、市場を介した分断を乗り越え、さまざまな交流を得る機会ともなる。それはまさに、非営利協同＝相互扶助と位置づけられる。

　本節では、農協と生協、あるいは生協と生産者グループなど、いずれかの過程で協同組合が関与している産直を「協同組合産直」として、述べていく。

協同組合産直の概要

　日本の協同組合産直の嚆矢は、牛乳である。1950〜1960年代前半、生乳生産者(酪農家)は再生産を担保できない低い生産者乳価に苦しみ、一方消費者は加工乳などの独占的販売と価格操作で「本物の牛乳」を適正な価格で入手できないなど、いずれも乳業メーカーの対応に翻弄されていた。こうした状況のもとで1950年代後半〜1960年代初頭、農民運動を背景にした一部農協・農協系乳業者と、労働組合や消費者運動組織(主婦連など)の協同で始まったのが「10円牛乳」運動である。

　そこから、各地の職域生協・地域生協の発足と、牛乳以外の産直に広がる協同組合産直に発展する[3](山口 1990)。東都生協(前身の「天然牛乳を飲む会」が1965年設立、生協は1973年設立)や生活クラブ生協(1967年設立)は、この流れで発足した生協である。

　時代は高度経済成長下であり、全国各地で公害が多発し、食品添加物や農薬残留などが大きな問題となっていた。その中で、安全・安心な食べものを求める生協組合員と、そうした農産物生産を志す生産者の連携による協同組合産直

146　第6章　持続可能な農と食をつなぐ仕組み・流通

は、生協の班活動による共同購入を通して拡大の一途をたどる。これは、茨城県の旧玉川農協(現・新ひたちの農協、現・小美玉市)(後に八郷農協(現・石岡市)なども)と東都生協、大分県の下郷農協(現・中津市)と北九州市民生協との連携がよく知られている。その後、山形県の旧遊佐農協(現・庄内みどり農協、現・鶴岡市)と生活クラブ生協、新潟県の旧笹岡農協(現・ささかみ農協、現・阿賀野市)と首都圏コープ事業連合(現・パルシステム生協連合会)の産直などが事業拡大していく。

　1980年前後から各地の生協は産直基準を定め、現在は日本生活協同組合連合会(以下、日生協)によって、以下の原則と基準が示されている[4]。

---

　(1)産直3原則
　①生産地と生産者が明確であること、②栽培、肥育方法が明確であること、③組合員と生産者が交流できること。
　(2)生協産直基準(5基準)
　①組合員の要求・要望を基本に、多面的な組合員参加を推進する、②生産地、生産者、生産・流通方法を明確にする、③記録・点検・検査による検証システムを確立する、④生産者との自立・対等を基礎としたパートナーシップを確立する、⑤持続可能な生産と、環境に配慮した事業を推進する。

協同組合産直における有機農業の位置づけ

　しかし、こうした協同組合産直の事業拡大と有機農産物の伸びは、必ずしも一致しなかった。

　事業拡大と生協の大型合併による取引量の増大は、必然的に取扱ロットの拡大をも意味する。一方、本書ですでに述べられているように、1970〜1980年代の有機農業は小規模自給型複合経営が中心で、有機農家の多くは、消費者グループによる全量引き取りを前提にする提携によって経営が成立していた。すなわち、産直における取引量の拡大に柔軟に対応できる構造にはなかったのである。提携による有機農業を推進した一樂照雄が以下で述べているように、有機農業と産直は馴染まないという考えも強かった。

　「産直と提携……は本質的にちがう。産直……には、商品性の脱却、商品性の否定という言葉はない。提携は……よい品物がほしい、有害でないものをつ

くってほしいという人間的な理解と協力関係で結びついている」(一樂 2009)

　近年、有機農業者の新規参入が相次ぐ埼玉県小川町におけるヒアリングでも、約20年前に生協との取引を追求した生産者が、ロットの確保や欠品時の処理で条件が合わず、小規模民間事業者との取引に変更したことが確認されている。

　一方で生協は、取引量の拡大にともない「農薬への危機感を抱いていたとはいえ」有機農業を一挙に指向できない農業者を多くかかえざるをえず、「有機栽培の徹底に及ぶ(など)……生協側もラディカルな要求を成しうる状況にはなかった」。そのため、1983〜1991年にかけての変化をみると「(生協の)共同購入事業が急成長するなかで"安全の含意"が曖昧になって」、低農薬栽培や有機農産物などの扱いに「慎重になる」傾向にあった(日向 2017)。

　こうした中、有機JASが定着した2000年代以降は、大地を守る会、らでぃっしゅぼーや(ともに現・オイシックス・ラ・大地)など大規模個人宅配事業者が有機農産物により販路を拡大していく。全体的傾向として生協は、概ね1990年前後から減農薬農産物や特別栽培農産物にシフトし、有機農産物を十分訴求できない状況になっていったと言える。

協同組合産直における有機農産物などの取り扱いの現況

　しかし、近年の生協では、少子高齢化と家族世帯員の減少により班活動が大幅に縮小し、宅配流通のシェアが多くを占めるようになった。これにともない、さらに変化も表れている。市場関係者へのヒアリングによると[5]、生協は宅配のシェア拡大で有機指向を強めている宅配他社との市場競合関係が強まり、改めて有機農産物に取り組む必要に迫られてきたとされる。全体的な統計は存在しないので、ここでは代表的な2生協の事例を紹介する。

①パルシステム生協(連合会)

　首都圏の数生協が合同で設立した旧首都圏コープ事業連が改組した生協(連合会)で、当初から個人宅配事業を展開し、有機農産物産直にも積極的である。2018年現在、会員生協組合員数は約157.7万人、会員生協事業高約2149億円(連合会供給高約1569億円)。20年前から「農薬削減プログラム」を策定・訴求し、有機JASを取得した青果・米の産地は61、生産者は567人、認証取得面積は1808.8haで、全国の約17.4%に達するという。

148 第6章 持続可能な農と食をつなぐ仕組み・流通

「有機JAS認証を取得したかそれと同等」の農産物を「コア・フード」、「化学合成農薬、化学肥料を各都道府県で定めた慣行栽培基準の1/2以下に削減する」などした農産物を「エコ・チャレンジ」と独自に区分。前者が4.2%(1845トン)、後者が22.8%(1万10トン)と、農産物の約1/4をこの二つで占める。カタログ上でも「コア・フード」を明記した農産物・食品が増加している。また、有機農産物を安全志向として訴求しているが、国内農業や農業生産者との連携、国産・地域資源の循環を強く指向するため、「地球の裏側からの有機農産物輸入」は一部国際産直品に限定されている(6)。

②生活クラブ生協(連合会)

協同組合産直の草分けとなる生協である。農産物輸入や一部添加物使用に比較的寛容であった日生協の方針を批判し、調味料や加工食品なども独自の消費材(「商品」という用語を使用しない)を開発するほか、班活動を重視するなど、協同組合として原則的な事業方針を比較的長く堅持してきた。店舗については例外的に「デポー」として設置しているのみであったが、近年は個人宅配のウエイトが高まっている(生活クラブ事業連合生活協同組合連合会 2019)。

2018年度末の組合員数は39万8224人、会員単協の総供給高は904億1857万円で、その71.8%を会員の単協事業が占める。班活動のシェアは23.8%(個人宅配が76.2%)まで減少した。

産直の方針としては、従来から有機(JAS)農産物よりも、むしろ国内農産物と地域産地を守ることを中心にしてきた。しかし最近では、有機JASとの連動は明記していないものの、一部で変化が見られる。

2016年11月から、青果において次の3つの区分を設けた。

・栽培期間中、化学合成農薬と化学肥料を使用しない——「あっぱれ育ち」
・栽培期間中、化学合成農薬と化学肥料をできるだけ使わず育てた——「はればれ育ち」
・特徴のある品種や地域で昔から栽培している品種——「たぐいまれ」

2018年度の青果類の総供給高82億1568億円のうち、「あっぱれ」「はればれ」の総シェアは20.6%で、基準や条件は異なるものの、パルシステムのシェアである1/4に近い。

第Ⅰ部　持続可能な農業としての有機農業　149

　生活クラブ生協は、食の安全と国内農業を守る観点から国内農産物を取り扱うなど、農産物の輸入は原則的に認めない方針だが、畜産飼料の輸入が不可避な中で非遺伝子組み換え飼料の輸入に取り組む全農の事業、活動を支える方向性を明確にし、現在は多角的に提携を行っている。この点は、内部でも議論が分かれたというが[7]、協同組合産直の一類型として特筆されよう。

協同組合産直と有機農業──今後の展望

　協同組合は非営利事業体ではあるが、経済行為を展開する以上、少子高齢化・競合激化といった市場環境の変化のもとで、事業を持続させなければならない。上述の2生協はTPPに反対し、国内農業を守る立場を鮮明にするなど原則的な対応を行ってきたが、有機農業の立場からは課題も残っている。

　有機農業は、身土不二(地産地消)による資源や環境の保全と、産消提携による農・食の分業否定＝商品性脱却を重視してきた。広域化した市場経済において、競争構造に基づく経済行為を行わざるを得ない以上、その完全な実現を求めるのは困難である。とはいえ、利潤動機に基づく営利企業である同業他者との違いを鮮明にすることは、市場への対応としても今後重要になろう。

　たとえば、安全性や表示の問題を超えて、小規模な有機農業者や非有機JAS農家との取引を行い、国内農業の持続的再生産を図っていくことなどが大きな鍵となるのではないか。近年、生協の牛乳取引で「生産者に対する支援的側面が弱まっている」という指摘もあるなかで(松原2016)、協同組合(生協)と有機農業・国内農業生産との関係性をどう考えていくかが大きな課題と言える。

5　有機農産物専門流通の展開

　有機農産物(有機JAS表示していないものも含む)や無添加の調味料、漬け物、飲料、菓子など加工食品の流通は、1970年代後半から専門的に取り扱う流通事業者(以下、専門流通事業者)によって担われてきた。専門流通事業者は、①有機農業の運動的要素を持ちつつ有機農産物の流通を経済事業として展開してきた事業者(「専門流通事業体」とも呼ばれる)、②健康食品やマクロビオティック向けの食材を中心に取り扱ってきた自然食品店と卸売業者(問屋)、③有機農業を営む生産者組織を母体として販売事業を展開してきた事業者などに分けられ

150　第6章　持続可能な農と食をつなぐ仕組み・流通

る。本節では、それぞれについての展開動向を示し、どのような役割を果たしているかを考察する。

有機農業を推進してきた専門流通事業者

1975年に発足した大地を守る会は、1977年に流通部門として株式会社大地を設立した。1985年に宅配方式を導入し、1990年代後半から飲食店への卸売、2010年には弁当・惣菜の小売などに事業を多角化する。2013年にローソンと資本・業務提携関係を結び、2017年には2000年に設立されたEC（eコマース）食品宅配事業を手掛けるオイシックス株式会社と経営統合して、オイシックスドット大地株式会社となった。

らでぃっしゅぼーや株式会社は、日本リサイクル運動市民の会を母体として1988年に設立された環ネットワーク株式会社が設立した会員制宅配事業者である。同事業者は、宅配形式によるセット野菜の有機農産物供給をビジネスモデルとして確立させた。2000年に青汁で知られるキューサイの子会社に（2006年に独立）、2012年にNTTドコモの子会社になり、2018年にオイシックスドット大地と経営統合した。

こうして、大地を守る会とらでぃっしゅぼーやはオイシックス・ラ・大地株式会社となり、それぞれのブランドごとに有機農産物を提供している。

ビオ・マーケットは1983年に設立され、1984年から有機農産物小売業者の連合組織である「ポラン広場」の関西圏の共同仕入れセンターとして機能する。1989年から宅配による小売事業を導入、2004年からは直営店舗を開設し、中 食^{なかしょく}事業にも取り組んだ。宅配会員数は2000年から停滞するが、卸売は伸長し、2014年に京阪ホールディングスに合併・吸収された。合併後も売上高は伸び、取り扱う農産物のほとんどが有機JAS農産物である。販売高の5割強は卸売で、卸先は一般の量販店が最も多く、自然食品店や生協にも卸している。

このように、運動的な要素を持ちながら展開してきた専門流通事業者では、2000年前後に経営多角化の動きが見られるものの発展はせず、東日本大震災の影響を受けて2010年代後半に商業資本に吸収される形で再編された。事業は宅配による小売と一般流通業者への卸売に大別され、後者では有機JASへの積極的な対応が見られる。いずれも生産者との関係性は維持しており、生産者に近い立場の専門流通事業者として、有機農業の下支えと消費の開拓という役割

を果たしている。一方、消費者の関わりは、大地を守る会などで見られた主体的な性格から「有機農産物の利用者」へ変化していると言えよう。

自然食やマクロビオティックを土台とする専門流通事業者

自然食品店の多くは小規模の個人経営であるが、近年店舗数や経営規模を拡大している小売業者も見られる。関東圏で自然食品店を展開するこだわりやは、青果物を中心に飲食店への納入や百貨店での小売事業を営んできた池栄青果が、1987年に有機・減農薬農産物や無添加食品の販売部門を設立したことを端緒としている。その後、1999年に株式会社として独立し、2019年9月末現在の店舗数は45で、2018年度の販売高は2008年度の約1.4倍に増えた。有機JAS表示をしている食品の割合は1割強で、青果物の約9割は専門流通事業者から仕入れている。加工食品はメーカーからの直接仕入れが約3割、自然食品の卸売業者や専門流通事業者からの仕入れが約6割となっている。

ムソー株式会社は、「正しい食の普及」に必要な食材供給を目的として1969年に創業した。現在、こだわりやを含む自然食品店や、小売業、生協など全国2000以上の事業主に、無添加加工食品などの卸売を行っている。1990年ごろから有機食品の取り扱いを開始し、現在有機JAS表示をしている食品の割合は約2割だ。販売先は自然食品店が約4割、宅配などの専門流通事業者が約1割を占める。近年増えているのがネット通販業者と一般のスーパーで、これらを合わせた割合が15%である。グループ会社の(株)むそう商事では、調味料など伝統的な無添加加工食品の輸出や日本国内で生産が難しい有機食品・農産物の輸入を担っている。

創健社は1968年に健康・自然食品の普及を目的に設立され、卸売を中心に1990年代前半に販売高を大きく伸ばした。1990年代後半には直営店舗や加工会社の設立にも取り組んだが、現在は販売高のほとんどが卸売である。販売先は、卸売業者(問屋)が3割、小売店が3〜4割、生協が1割、宅配と通販で1割。有機JAS表示食品は全体の1割弱となっている。

オーサワジャパングループは1945年の創業以来、マクロビオティックの普及を進めてきた。1965年にはマクロビオティックの料理教室を開き、マクロビオティックの実践に必要な食材を全国に供給するため、1969年にオーサワジャパン株式会社を設立した。1998年から宅配事業を開始し、2010年代には2つめの

152　第6章　持続可能な農と食をつなぐ仕組み・流通

直営店舗のほか、カフェやレストランを開設した。販売高の9割が卸であり、3割程度が有機 JAS 表示食品である。

　自然食品店は、健康・自然食品やマクロビオティックの食材供給にとどまらず、より自然なあるいは持続的なライフスタイルを求める消費者への供給ルートとして展開してきた。自然食品の卸売業者は、自然食品店以外にもスーパー、生協、通販など販路が多様化しており、無添加加工食品の供給面で大きな役割を果たしている。有機 JAS 表示食品も増加傾向にある。

生産者を母体とする専門流通事業者

　株式会社マルタは、1975年に熊本県南西部の芦北町田浦で発足した柑橘類の生産組合を起源とする、生産者によるネットワーク組織である。東日本大震災後も売上高は伸びており、販売先の7割弱が量販店で、うち9割弱がイオングループに供給されている。また、1割強が生協となっている。なお、有機 JAS 農産物(以下、有機 JAS)の割合は1割弱となっている。

　自然農法販売協同機構は、MOA 自然農法などによって生産される農産物の販売会社として1991年に設立された。現在では自然農法以外の有機農産物も広く取り扱っており、そのほとんどが有機 JAS である。販売先の約9割が量販店であり、生協が1割弱となっている。

　北海道有機農協は2001年に設立され、2018年時点で正組合員は61名、准組合員は489名である。准組合員は、同農協を支援する消費者、流通業者、食品製造業者などで構成され、産消混合型協同組合としての性格を持つ。取り扱う農産物のほとんどが有機 JAS である。准組合員の消費者への小売が2割弱あるが、主な販売先は自然食品店などの小売店と生協がそれぞれ2割強、専門流通事業者と一般の卸売業者がそれぞれ15%前後となっている。

　生産者を母体とする専門流通事業者は、青果物を中心とする有機農産物を専門流通(小売)事業者、生協や一般の小売業者に供給するという点で、大きな役割を果たしている。

専門流通事業者の役割

　このように、専門流通事業者において事業の多角化の動きも一時的に見られた(酒井 2009)が、現在では卸売の伸長と一般流通への販路の拡大、有機 JAS

表示食品の広がりが見られる。これは、量販店をはじめとする一般流通における有機農産物の取り扱いと密接に関わっている。量販店は専門流通事業者を通じて有機農産物・食品を調達する。

専門流通事業者は共通して、生産者の立場に近く、生産者の販売条件を一定程度維持しており(酒井 2016)、欧米で問題となっている有機農業の「慣行化」[8]を抑制する役割を果たしていると考えられる。とはいえ、流通における消費者の関わりが弱まる中で、有機農業(有機農産物)を買い支える消費者を増やしていけるのかが課題となろう。

また、有機農産物流通の課題に、流通コストの高さがある。有機農産物の物流はロットが小さく、宅配業者の利用が多いため、慣行栽培農産物と比べて小売価格が高くなる一因となってきた。これに対して、2010年代後半の物流コストの上昇への対応を目的の一つとして、2019年6月に日本有機農産物協会が発足した。専門流通事業者や生協などが互いに協力して、有機農産物を消費者の手に届きやすくすると同時に、有機農業を支援する消費者を増やすという課題にも取り組み、持続可能な農と食をつなぐ役割を担うことが期待される。

6 量販店などにおける有機農産物・食品の流通

日本では、ヨーロッパで一般的であるような、多くの量販店に有機農産物・無添加加工食品(以下、有機農産物・食品)が並ぶ状況ではない。しかし、一部の大規模量販店では1990年代から、「差別化戦略」として減農薬・特別栽培を含む有機的農産物の販売コーナーを設置する事例が各地で見られた。2003年時点で、マルエツのほか、以下で述べるイオングループで積極的な取り扱いが報告されている(矢崎 2003)。

近年では、日本有機農業研究会の調査(2012年)によれば、回答のうち73.3%のスーパーで「有機農産物の取扱がある」という(日本有機農業研究会 2012)。有機農産物に前向きなイオングループ、ライフコーポレーション、コープネット事業連合(店舗型生協)を対象にしたグリーンピース・ジャパンの調査(2017年)では、調査60店舗中8割の48店舗で「オーガニックコーナー」が設置されていた(グリーンピース・ジャパン 2017)。

最近の量販店の状況を見ると、有機農産物を差別化商品として扱うのではな

く、専門的に扱う店舗や、生協や提携消費者グループが行っていた消費者と産地の交流会に取り組む事例も確認でき、大きな変化が起きている。本節では、有機農産物取り扱いの増加が目立つ事例から特徴的な3つを紹介し[9]、あわせて問題点と展望を考察する。

全国最大級のナチュラル・フードストア旬 楽膳(名古屋市ほか)

旬楽膳は、名古屋市に本社のある明治期創業の老舗・(株)カネスエ商事(スーパーを経営)の旬楽膳事業部が愛知県で運営するオーガニック・スーパーである。2003年に一宮・八幡店(一宮市)が開設され、現在は名古屋市と一宮市に4店舗を展開し、「全国最大級のナチュラル・フードストア」と謳っている。実際、地アミ店(名古屋市名東区)の店舗面積は約130坪で、全国的に見ても、これだけの規模の有機農産物などの専門店を4店舗展開している事例はない。

当初は、品ぞろえの多さを確保するとともに顧客に対する分かりやすさ確保のため、有機JAS専門店を指向していた。しかし、担当者が有機産地との取引と交流を深めるにつれ、有機JAS以外の農産物・食品も積極的に扱うように方針を変更した。現在、青果ベースで、有機JAS、非認証有機農産物、減農薬農産物がそれぞれ約30%、ポストハーベスト・フリーの輸入柑橘類などが約10%となっている。

売り場では流通ルート、生産者名や栽培方法のほか、「有機JAS」「栽培期間中農薬・化学肥料不使用」などの違いについて明示するとともに、「有機転換期間中」など、生産方法を詳細に記載した区分表示を行っていた。商品の半分程度は直接仕入れで、範囲は近隣地域を基本とし、愛知・三重・岐阜の3県で6～7割を占める。

また、店舗のファン層による消費者の会員組織を設立し、生産者との援農・交流も実施。旬楽膳との取引や消費者との交流を機に、有機生産者グループが活性化したケースもある。さらに、併設のレストランでは地産地消をモットーにしたメニューが並ぶなど、いわば生協的な活動を重視している。近年は、高齢・高所得層だけでなく、子育て世代の利用も増えているという。

有機JAS農産物・食品を販売するBIO-RAL(大阪市)

BIO-RALは首都圏・近畿圏を中心に展開する量販店・ライフコーポレーシ

ョンが運営する大規模ナチュラルスーパーで、大阪市西区に BIO-RAL(ビオラル)靭店がある(店舗は１店のみ)。同店は2016年にライフの既存店を改装してオープンした。健康志向であった担当者が有機農産物の市場可能性を上層部に強く訴えて、出店が実現したという。その背景には、近隣地域にライフ店舗が多くあり、顧客層の棲み分けが必要なこともあった。

　靭店は、「自然を感じるくらし＋もっと身近に」をミッションとして、コンセプトの「オーガニック」「ローカル」「ヘルシー」「サスティナビリティ」を前面に押し出し、他社スーパーの店舗や他のライフ店舗と徹底した差別化を図っている。オーガニック食品をその場で食べられるイートインコーナーも併設し、オーガニックコスメなども取り扱う。

　商品コンセプトのポイントは「安心」「トレンド」「高品質」。オーガニック指向を基本にするが、慣行栽培の野菜や通常のスーパーにある加工品や雑貨も一部扱っている。野菜では、2017年は20％弱、2018年は20〜30％が有機JASである。名称に「有機」や「オーガニック」が付く商品の割合は、加工品12.5％、日配品５％、菓子類17.8％。一部の惣菜商品の原料も有機JASを利用する。

　仕入れのメインは有機専門卸売業者で、農産物はビオ・マーケット、加工食品はムソーやオーサワジャパンのほか、伊藤忠食品や三菱食品など一般の卸売業者とも取引している。農産物の仕入れは、北海道や九州の大産地を中心に全国流通が前提である。ただし、有機＝地産地消の理念は理解しているとし、今後は近畿地方の有機マーケットを育成する観点から、大阪府近郊や兵庫県の有機農業者との取引を拡大する意向があるとしている。

有機JAS農産物の販売５％を目指すイオングループ(東京都など)

　現在、全国展開する量販店で有機農産物・食品の販売に最も意欲的なのは、イオンやマックスバリュなどを展開するイオングループ(以下、イオン)である。イオンは、「農産物等に係る青果物等特別表示ガイドライン」(1992年)に準拠した「グリーンアイ」ブランドとして1993年に自主基準を定めて以来、長年にわたり有機的農産物を積極的に取り扱ってきた。近年は上層部の指示のもと、有機農産物流通に長年関与してきた関係者をスタッフとして迎え入れ、多角化した販売戦略を展開している。

　2018年のイオン店舗における青果物の売り上げのうち、有機農産物の割合は

約１％だが、「2020年までに、取扱全農産物の５％をオーガニックにする」と宣言。特別栽培農産物を含んだ「グリーンアイ」ブランドを2016年以降は有機JAS専用ブランドに転換した。現在、オーガニックコーナーを各店舗で展開するほか、高所得層の多い地区を中心にオーガニック重点店舗を数店舗選定し、一部ではすでに有機JASの扱いが１割に迫る勢いとされる。

さらに、2016年にフランスでオーガニック専門店を100店舗以上展開するビオ・セボン社と資本提携し、ビオ・セボンジャパンを設立。店舗面積は大きくないが、東京都内を中心にすでに14店舗を展開し、拡大傾向にある。売上高に占める割合は惣菜が高い。その素材として有機農産物を供給するのは、グループ会社のイオンアグリ創造である。

有機農産物市場関係者へのヒアリングによれば、イオンの事業エリアを中心とする有機JAS農産物・食品の市場規模は100〜150億円程度という見方もある。イオンはこのうち相当規模を担う決意であると考えられる。また、イオンアグリ創造は、21の直営農場のうち埼玉県日高市など２カ所で有機農産物を生産している。

こうした販売規模・形態になると、従来の小規模な有機農産物流通とはまったく異なる対応が必要となる。

まず、有機JAS以外の農産物・食品の取り扱いが困難になる。これは、イオンの販売戦略上の側面もあるが、内部コンプライアンスと大規模販売のもとでのリスク管理から、「第三者のお墨付き」がないものは取り扱えないからである。

次に、全国レベルの集荷卸売業者との連携と、イオンの全国流通システムで管理するための仕入れと商品管理の大規模化・標準化が求められる。そこで、５節で述べた専門流通事業者との連携も強化しているほか、他社や農協・生協と協力した共同配送などの対応を検討している。

イオングループを支える専門流通事業者——温 市を事例に

イオンの大規模な有機農産物・食品の販売は、152ページで述べられているマルタのように、多くの関係企業との連携に支えられている。ここでは、（株）温市を取り上げよう。

温市は、東京都日野市に本社を有する農産物集荷・卸売事業者である。2002

第Ⅰ部　持続可能な農業としての有機農業　157

年4月に設立した。代表は1980年代から有機農産物バイヤーを経験し、独立後
順調に経営を伸ばしたが、2011年の原発事故による放射能汚染で東日本産の有
機農産物が壊滅的な打撃を受け、経営を縮小せざるを得なかった。その後、イ
オンとの提携で事業は復調し、有機農産物や特別栽培農産物を集荷し、販売店
に卸す卸売事業を展開している。

　現在、取扱商品の約80%が有機JASで、非有機JASと特別栽培農産物が約
10%ずつである。販売ルートはイオンの業務委託が中心のため、必然的に主力
は有機JASとなる。そして、イオンの全国流通に載せるためのコンピュータ
流通管理に対応して、集荷・仕分け作業を受託している。大規模量販店との取
引は、一定規模のロットと欠品を出さないような安定供給が求められる。温市
は、従来から築いた集荷ネットワークを駆使した幅広い対応によってニーズに
応え、東日本における「有機農産物の危機」を乗り切ってきたという。

　代表によれば、現在の有機農産物流通は2010年ごろまでと大きく変わった。
たとえば「泥付き野菜のほうが新鮮」といった過去のイメージはなく、また「大
規模産地の有利性が以前よりも大幅に拡大している」としている。これは、イ
オン各店舗やビオ・セボンの動向などが背景にあると考えられる。一方で温市
には、若年層の新規参入者が目立つ中山間地域の小規模有機農家を支援する意
識もあるが、その際も有機JAS認証は必須＝最低限のライセンスであり、少
量多品種ではなく「販売できるものを単品か少品種で作り、売る」ことを優先
していた。「本来の有機農業」との関係で、議論が必要なポイントであろう。

今後の検討課題

　イオンが東京を中心とする大都市圏で広域的かつ大規模な販売戦略を鮮明に
する一方、旬楽膳は大規模量販店でありながら消費者と生産者との交流会や援
農を組織するなど、従来の有機農産物専門流通事業者に近い性格を持つ。BIO
-RALはその中間的な位置づけとなろう。こうした方向性・地域性の差異を確
認しつつ、大規模量販店での有機農産物販売がどのように展開されていくかの
推移に注目し、分析する必要があろう。いずれにせよ、これまでの有機農産物
市場・流通とは、規模も構造・性格も大きく異にするのは間違いない。

　もとより、大規模量販店が有機農産物市場に参入し、販売が拡大して、消費
者が有機農産物・食品を購入できる機会が増えること自体は、歓迎すべきであ

158 第6章 持続可能な農と食をつなぐ仕組み・流通

る。それにより、有機農業の新規参入者の販路も充実・拡大し、有機農業シェアの拡大にもつながる。だが、その一方でいくつかの懸念が残る。

　大規模量販店や流通事業者のバイイング・パワーの増大が、相対的に不安定な立場にある農業者に対して何をもたらしてきたかについては、過去の農林水産物市場取引の実態を示すまでもなかろう。有機農産物市場において、現段階では部分的に成立しているとされる "WIN-WIN" の関係が、果たしていつまで、どこまで続くのか。

　生産技術の標準化が相対的に困難な有機農産物の取引は、販売する量販店にとっても不安定な要素があり、慣行農産物と比較して不利となるケースも想定される。こうした中で、大規模量販店が安定的に利潤を得ようとすれば、イオンのように全国流通・標準化を徹底し、都市部・高所得層の多い地域への集中立地による販売展開を図るか、旬楽膳やBIO-RALのようにディスカウントの本業で売り上げを確保したうえで、差別化的に取り組むかの、いずれかになると考えられる。

　こうしたビジネスモデルに対し、本来の有機農業との関係についてどう考えるか、考察を深める必要がある。この点は、4節で述べたように、産消提携の地平には及ばないとはいえ、非営利の生協が最低限維持してきたような産地との信頼関係が、利潤極大化を求める営利大企業を担い手とする市場原理の中でどこまで担保できるのか、という点をあわせた検討が求められよう。

　有機農産物市場がさらに拡大していくことを前提にした場合、農産物市場論の教科書的に言えば、立場が不利になる有機農産物生産者側に求められるのは、協同組合など生産者組織による有利な取引条件の確立と言える。この点については、既存の系統農協組織(全国・都道府県連合会を含む)の支援などを含めた検討が必要となろう。とくに現在では、中央卸売市場などで明示される市価が、有機農産物の相対取引においても標準的な価格(相場)として取引基準に反映している実態があるが、「規制緩和」による市場機能の弱体化によってそれが不明確となり、農産物価格形成が不安定化・流動化することが懸念されている。有機農業の普及推進と地域への波及を図るためには、新しい市場動向について、より詳細な実態の把握と分析が欠かせない。

7　農と食をつなぐ仕組み・流通の構築に向けて

「野菜セット」を食べるという実践の意義

　1980年代前半、有機農業運動は提携を軸に拡大・高揚期を迎えた。提携における「全量引き取り」という原則(理念)を具現化し、生産者を支援する実践の一つとして、有機圃場で栽培した旬の野菜をセットで食べることやライフスタイルの見直しを伴う仕組みが多くの提携運動で導入された。

　自給する農家の食卓の延長上に消費者の食卓を置くという考え方に従い、野菜セットを定期的に食べることによって、少量多品目有機栽培の圃場に食卓を合わせられるからだ。ただし、当時の提携は必ずしも近くの生産者と結び付いていたわけではない。地消地消という要件を満たさなかった場合もある。

　1980年代後半になると、宅配形式によるセット野菜の供給をビジネスモデルとして事業化して会員拡大に結び付けた、専門流通事業者が生まれた。宅配セット野菜という仕組みは、特別栽培農産物や環境保全型農業で栽培された農産物も含む消費の拡大と有機農業の推進につながった。

　この仕組みは、大規模な有機農場(ビッグ・オーガニック)の出現など、有機農業の産業化が進む中で、英国の土壌協会による「ボックス・スキーム」の提起にも影響したと見られる。また、1990年代から21世紀にかけて北米や英国に広がった CSA やフランスの AMAP の多くは、グローバル化に抗して地域の生産者とつながり、ボックスやパニエ(かご)を単位とする野菜セットを食べる仕組みを主体とする。

　こうした世界各地のローカルな実践は、提携の影響を受けて、「小規模、地産地消(近接性)、無農薬で持続可能な農業を消費者とともに目指す」ことを掲げ、グローバル化に対抗する仕組みとして広がっている。一方、現在の生協産直や通販・インターネット販売でも、野菜セットという販売形態が採用されているが、生産者や圃場との関係性は生協産直の一部を除いてほとんど意識されていないように見受けられる。

圃場に食卓を合わせる

　単作化した大規模農場で特定の作物を連作することによって産地形成を図り、規格化された農産物を一般流通にのせ、遠隔地・大都市圏に輸送して大量

の需要・ニーズに応じる。これが、「消費者のニーズにより即したフードシステムの実現」につながると思われてきた。

　だが、農地法学者の楜澤能生は、農林水産省の「食と農の再生プラン」(2002年4月)における「構造改革の加速化」は、「消費者—生産者—自然の切れた関係の構造化を加速する」と看破し、こう提言する。

　「消費のあり方、食文化が、自然と切れた関係を形成するか、あるいは自然との繋がりを維持するか、それによって流通システムのあり方も変わってこよう。……(企業の:筆者注)経営戦略を通じて、圃場を消費者の胃袋にあわせるのではなく、圃場に食卓をあわせる消費行動を、〈農作業従事+経営+農地所有権・賃借権〉の三位一体としての農業生産(=生業)との交流の中で形成していく必要があるのではないか。……これは生産と消費を自然循環プロセスへ適合させることにほかならず、それにより食の安全を確保し、食文化を取り戻して、人びとの消費・生活スタイルの上での充足感を達成することにつながると考える」(楜澤 2016：92〜93)。

　農地制度に精通した泰斗である楜澤の長年の研究に裏打ちされた卓見である。

地域で持続可能な農と食をどうつなぐか

　最近、オーガニック市場の拡大にともない、一般流通、なかでも専門流通事業者や大手量販店の有機農産物取り扱いが伸長している。とくに量販店では、有機JASが必須=最低限のライセンスであり、少量多品目ではなく、「販売できるものを単品か少品目で作り、売ること」が重要とされていた(6節参照)。とはいえ、有機農産物専門流通における小売りや卸売りの増大は、消費地から遠い生産物の販売や、食の外部化が進む中での有機農業の下支え、消費の裾野の広がりなどに貢献し得る。なかでも卸売りは、有機農産物・食品の取り扱いや、生協や量販店、自然食品店などの品ぞろえの充実につながっている。生産者に近い流通事業者として、有機農業を広げる機能を果たし得るし、果たしてもらう必要があるように思う。

　また、日本有機農産物協会は、有機農産物を消費者の手に届きやすくしようと活動を始めたところである。もちろん、物流の効率化や品質・鮮度・経済性の向上は重要な課題である。

第Ⅰ部　持続可能な農業としての有機農業　161

とはいえ、たとえば、企業の経営戦略として流通システムのあり方を変えることによる「切れた消費—生産—自然のつながりの修復・回復」も、持続可能な農と食の形成に向けた流通の重要な役割ではないだろうか。そして、非営利の生協が最低限維持してきたような産地との信頼関係が、利潤極大化の市場原理の中でどこまで担保できるのか。

グローバルな経済・政治システムに組み込まれたフードシステムの変革に向け、市場経済に依存した社会から脱却し、オルタナティブな持続可能な農と食をつなぐ仕組み・ネットワークづくりに重きを置く必要があるように思う。そうした仕組みは、生産者と消費者の距離が近く、食べものは安全で、誰でもアクセス可能であり、富や仕事が創出され、地域内で循環する。そこには、小規模農家と消費者を結ぶバイパスとなる自律性・公共性のある領域、地域の市場<ruby>場<rt>ば</rt></ruby>・マーケットが形成される。

生産者と消費者との連携(cooperation)は、量販店(スーパー)やコンビニエンスストアといった小売りチャネルと比べると、一般的には取るに足らないかもしれない。しかし、次のような方向が示唆されている。

「食品の分配の問題も含めて、現状の形態を克服し、食品生産システムを根本的に見直し、持続可能なものにする必要がある。そのためには地域分散型の小規模生産・流通システムを構築することが絶対に不可欠だ」(アルヴァイ 2014：152)

（1）米国カリフォルニアのオーガニック農場についての研究では、オーガニック農場の「慣<ruby>行化<rt>コンベンショナル</rt></ruby>」「産業化」の傾向が指摘されている(Guthman 2004)。有機農業の中には、有機質肥料や有機資材を大量に農地に入れて農地の生産性を高め、収量を上げるという考え方に従った量販タイプの経営指向が見られるようになった。

（2）山本(2018)によれば、「提携というスキームの中で繰り返される消費の慣用行動は、不自由という名の安定という消費行為であり、「想像力を伴った関係性」がつなぐコミュニティと食行動への再埋め込みのプロセスであった」。そうであれば、筆者のように有機農業生産者と個人的に提携して宅配のセット野菜を長期にわたって消費している場合も、「想像力を伴った関係性」の中で肯定的な感情と人のつながりが生み出されており、「提携における食の実践の再生産の原動力」となっていることに気づいた。野菜セットの中味を選択する自由はないが、買い物の手間や時間が省ける。旬の野菜を中心にした献立は健康に良いし、新鮮な有機農産物は手抜き料理でも美味しい。加工・貯蔵の工夫も楽しい。そうした食の実践がいつのまに

か「慣用行動」になっている。

（3）日本乳業協会HP　https://www.nyukyou.jp/council/20190116_4.html（2019年9月8日閲覧確認）。

（4）日生協HP　https://jccu.coop/activity/sanchoku/introduce.html（2019年9月8日閲覧確認）。

（5）2019年3月における複数の有機農業市場関係者へのヒアリングによる。

（6）パルシステム生活協同組合連合会HP　https://www.pal.or.jp/?via=j-footer（2019年9月8日閲覧確認）。

（7）関係者へのヒアリングによる。

（8）無農薬・無化学肥料生産ではあっても、経済効率性を追求し、大規模化、単作化、外部資材への依存、有機畜産における例外的措置などにより、生産の持続性や家畜福祉の面では後退し、慣行栽培・畜産に近づいていくこと。

（9）2019年2〜3月におけるヒアリング調査による。

＜引用文献＞

アルヴァイ, C. G.（長谷川圭訳 2014）『オーガニックラベルの裏側——21世紀食品産業の真実』春秋社。

浅見彰宏（2012）『ぼくが百姓になった理由——山村でめざす自給知足』コモンズ。

グリーンピース・ジャパン（2017）『消費者参加型「国産有機農産物の販売状況調査」——消費者は普段のスーパーマーケットでどれだけオーガニックの野菜やお米が買える？』。

Guthman, J.（2004）*Agrarian Dream: The Paradox of Organic Farming in California*, University of California Press.

波夛野豪（2019）「有機農業・産消提携の動向とCSAの可能性」波夛野豪・唐崎卓也編著『分かち合う農業CSA——日欧米の取り組みから』創森社、248〜270ページ。

日向祥子（2017）「1980年代の「生協産直」―誰が何を求めていたか―」『静岡大学経済研究』21巻4号、39〜61ページ。

一樂照雄（2009）『暗夜に種を播く如く———一樂照雄—協同組合・有機農業運動の思想と実践』農山漁村文化協会、76〜77ページ。

井口隆史・桝潟俊子編著（2013）『地域自給のネットワーク』コモンズ。

国民生活センター編、桝潟俊子・久保田裕子著（1992）『多様化する有機農産物の流通——生産者と消費者を結ぶシステムの変革を求めて』学陽書房。

楜澤能生（2016）『農地を守るとはどういうことか——家族農業と農地制度　その過去・現在・未来』農山漁村文化協会。

桝潟俊子（2008）『有機農業運動と〈提携〉のネットワーク』新曜社。

桝潟俊子（2009）「地産地消の展開と有機農業」『農業と経済』2009年4月臨時増

第Ⅰ部　持続可能な農業としての有機農業　163

刊号、151～159ページ。

桝潟俊子(2014)「ローカルな食と農」桝潟俊子・谷口吉光・立川雅司編著『食と農の社会学——生命と地域の視点から』ミネルヴァ書房、169～188ページ。

桝潟俊子(2017)「有機農業運動の展開にみる〈持続可能な本来農業〉の探究」『環境社会学研究』第22号、5～24ページ。

松原拓也(2016)「生協産直における価格形成方法の実態—京都生協と生活クラブの産直牛乳取引を事例に—」『農業経営研究』54巻3号、61～66ページ。

日本有機農業研究会(2012)『有機農産物の流通拡大のための実態調査報告—スーパーマーケット、自然食品店・道の駅を中心に—』6～15ページ。

農林水産省生産局農業環境対策課(2019)「有機農業をめぐる事情」。

大山利男(2003)『有機食品システムの国際的検証——食の信頼構築の可能性を探る』日本経済評論社。

レイモンド，エップ・荒谷明子(2019)「日本初のCSAとしてのメノビレッジ長沼」前掲『分かち合う農業CSA』146～158ページ。

酒井徹(2009)「専門流通業者の展開動向と役割」『農業と経済』4月臨時増刊号、160～168ページ。

酒井徹(2016)「日本における有機農産物市場の変遷と消費者の位置付け」『有機農業研究』8巻1号、26～35ページ。

生活クラブ事業連合生活協同組合連合会(2019)『2019年度第30回通常総会議案書』。

山口巖(1990)『緑の旗の下に——百姓をいじめると国は滅びる‼』協同組合通信社、80～100ページ。

山本奈美(2018)「野菜セットというオルタナティブな食の実践」(2018年12月9日、第19回日本有機農業学会大会個別報告発表用資料)。

矢崎栄司(2003)『有機農業と食ビジネス——危機かチャンスか』ほんの木、104～107ページ。

＊本章は、1～3、7節を桝潟、4節を高橋、5節を酒井、6節を高橋・酒井が執筆した。なお、6節は両名らのヒアリング調査に基づいており、その結果を踏まえて「今後の検討課題」は高橋が執筆している。

164　第7章　多様な農の担い手

第7章
多様な農の担い手

小口広太・靏理恵子

▌1　有機農業の担い手の広がり

　有機農業への参入パターンは大きく3つに分かれる。①慣行農業からの転換参入者、②農外からの新規参入者、③それらの後継者である。

　当初は農業の近代化を根底的に批判した生産者が取り組み、1990年代前半になると、輸入農産物の増加に伴う安全性への不安、農業経営の維持と地域農業の振興という背景から、集団で有機農業を目指す地域も見られるようになった。また、慣行栽培農業者の55％は、有機栽培や特別栽培等へ「取り組みたい」「どちらかといえば取り組みたい」という意向を持っている[1]。

　新規参入者[2]の出現は1970年代以降である。大学闘争に参加した若者たちが自らの生き方と社会のあり方を問い直し、たまごの会の消費者自給農場（茨城県八郷町）、耕人舎（和歌山県那智勝浦町色川）、興農塾（後の興農ファーム、北海道中標津町）などを設立した。80年代後半以降は、環境問題などを背景に有機農業を志向する新規参入者が増えていく。現在もこの傾向は変わらない。2000年代以降は有機農業や有機（オーガニック）農産物はより身近な存在となり、若い世代にとっては特別なものではなくなった。

　実際、新規参入者の約4分の1が有機農業に取り組んでいる（表Ⅰ−7−1）。

表Ⅰ−7−1　新規参入者による有機農業への取り組み状況（単位：％）

	2006年	2010年	2013年	2016年
全作物で有機農業を実施	23.9	20.7	23.2	20.8
一部作物で有機農業を実施	7.3	5.9	5.7	5.9
計	31.2	26.6	28.9	26.7

（注）調査対象者は就農してからおおむね10年以内の新規参入者。
（出典）全国農業会議所（2017）をもとに筆者作成。

また、新規就農希望者について見ると、「有機農業をやりたい」が27.6%、「有機農業に興味がある」を含めると92.7%を占めており(3)、有機農業との親和性の高さが新規参入者を特徴付ける。いまや、新規参入者を受け入れる(受け入れたい)地域にとって有機農業は無視できない存在である。

ところが、1990年代以降、研修の受け入れ先や情報へのアクセスが充実し、新規参入ルートも多様化しているにもかかわらず、一部地域を除いて有機農業による新規参入に対して消極的だ。技術の習得、販売先の確保、仲間づくりなど一般的な新規参入と比べて障壁が多く、かつ高いからであろう。

有機農業による新規参入は、ベテラン有機農家のもとで1～2年の研修を行い、その献身的サポートを受けて就農するパターンが現在も大半を占めている。それでも、NPO法人や農業法人、農協(JA)などが窓口となり、有機農家との連携を通じて組織的に就農から定着までサポートするケースも見られるようになった。たとえば、NPO法人ゆうきの里東和ふるさとづくり協議会(福島県二本松市東和地区)、NPO法人ゆうきハートネット(岐阜県白川町)、農事組合法人さんぶ野菜ネットワーク(千葉県山武市)などである。

有機農業を体系的に学べる教育機関も注目される。島根県立農林大学校や埼玉県農業大学校では、有機農業の専門コースが設置された。民間では、マイファームが運営する社会人向け農業スクール・アグリイノベーション大学校などが挙げられる。

本章では、タイプの異なる2つの事例を取り上げ、有機農業の担い手の多様な姿を描きたい。ひとつは茨城県石岡市八郷地区(旧八郷町。以下、八郷地区)のJAやさと有機栽培部会による「ゆめファーム」新規参入研修制度(以下、ゆめファーム)、もうひとつは鹿児島市で有機農業を営む橋口農園である。

2 JAが育てる若い新規参入者(4)

東都生協との産直の始まりとJAやさと有機栽培部会の設置

茨城県石岡市は、2005年10月に旧石岡市と旧八郷町が合併して誕生した。八郷地区は茨城県の南部に位置し、山々に囲まれた地域である。

八郷地区における有機農業の起点は、前述のたまごの会の消費者自給農場である。それは暮らしの実験室やさと農場へ引き継がれ、有機農業の実践ととも

に、研修生の受け入れや都市住民を対象にした農業体験の場を提供している。

　また、たまごの会の農場スタッフであった魚住道郎氏が1980年に独立(魚住農園)。水田、畑作、平飼い養鶏を組み合わせた有畜複合経営を実践している。魚住氏は日本有機農業研究会理事長として、有機農業の普及にも積極的である。さらに、83年に新規参入した筧次郎氏(鹿苑農場)は2002年に、農のある暮らしを通じて自給と自立を目指すスワラジ学園を開校した(現在は閉校)。八郷には、筧氏の思想と実践に共感する新規参入者も少なくない。

　このように、八郷地区では多様な背景から有機農業の取り組みが始まり、個性ある実践が根付いている。現在、60〜70組の有機農業者がいるという。その広がりの重要な一翼を担うのが本章で対象とするJAやさと有機栽培部会だ。

　JAやさと⑸は、1976年に東都生活協同組合(以下、東都生協)との卵の取り引きをきっかけに産直事業を開始した。88年からは「地域総合産直」を提唱し、農産物の供給だけではなく、産直による地域農業の発展を支えている。取引品目は野菜や果物、米、鶏肉、豚肉、納豆などに広がり、組合員同士の交流や田畑で農業体験を行うなど関係性を深化させていった。

　野菜の産直が始まったのは1986年である。そのころ東都生協は急速に組織が拡大し、新たな野菜産地を探していた。一方、八郷地区では基幹作物であった葉たばこと養蚕が衰退。代わる作目として野菜への転換を進めることにし、87年には野菜果物産直協議会を組織し、生産を増やしていく。95年からは、東都生協の個別定期宅配「東都グリーンボックス」に出荷した。ところが、希望しない野菜も入っている、食べきれないうちに次回が届くなどを理由に、組合員からの注文が減少していく。

　産直事業を担当していた柴山は、大切な販路であるグリーンボックスの減少に「危機意識を持っていた」という。一方で産直事業を通して有機農産物への需要を感じ取っていたので、グリーンボックスへの有機農産物の供給による生産体制の再構築を目指した。こうして、1997年11月に野菜果物産直協議会に有機栽培部会を設置。手上げ方式で参加を募り、12名でスタートした。

若い有機農業者を育てる研修制度
　有機栽培部会を設置したもうひとつの目的は、新規参入者の受け皿づくりである。東都生協の職員が就農を希望していたこともあり、1999年にゆめファー

ムを立ち上げた。ゆめファームは有機栽培部会が運営する、有機農業に限定した研修制度である。毎年１家族ずつ、50歳未満の非農家出身者を中心とした新規参入希望者を受け入れている[6]。研修期間は２年間だ。

　JAやさとが有機JAS認証を受けた研修農場90a[7]とトラクターなど農機具、調整・出荷作業を行う施設を無料で貸与する。なお、軽トラックは研修後も使用するため自ら用意する。研修農場に、常駐の指導者はいない。週１回ペースで有機栽培部会が割り当てた指導担当生産者[8]の圃場に出向いて指導を受けながら、生産する作物や面積の計画を立て、部会の一員として出荷する。

　１年目は有機農業の技術を学ぶ。研修生の多くが農業未経験のため、「まず農業を経験してみる」という段階である。２年目はその復習で、独立就農に向けて準備を進める。１年目の学びから作物を選択し、栽培技術の向上も図る。同時に、独立に向けて農地を借り、堆肥を投入して土づくりを行う。独立後は有機JAS認証を取得する。取得費用はJAやさとが負担している。

　2017年４月には、石岡市が研修農場として朝日里山ファーム（以下、里山ファーム）を開設した。経済部長（当時）がゆめファームの実績を見て、開設を決めたという。石岡市は16年９月から遊休農地の開墾を進め、1.8haの研修農場を整備した。管理運営はNPO法人アグリやさとが受託し、研修生の支援や農場の保全管理を行う。その他の仕組みは、ゆめファームと変わらない。

　図Ⅱ－７－１に示したとおり、有機栽培部会の取り組みは20年を経て、行政、

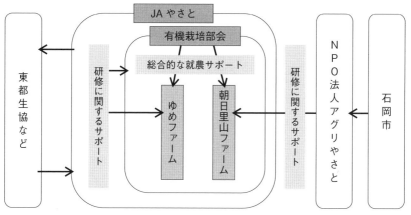

図Ⅱ－７－１　新規就農をサポートする体制
（出典）聞き取りおよび柴山氏からの提供資料より筆者作成。

NPO、JA、生産者との連携・協働によって地域ぐるみで新規就農をサポートする新たなステージへと展開している。

新規参入者の実践──黒澤晋一・つやこ夫妻[9]

黒澤夫妻はゆめファームの15期生として、2013年4月に東京都練馬区から移住した。晋一は宮城県仙台市出身で、大学卒業後海運会社に勤務。つやこは茨城県つくば市出身で、大学留学を機に渡米し、帰国後は国際交流団体に勤務していた。

農業を志すきっかけは、2011年3月11日に起きた東日本大震災である。翌年から区民農園を借りて耕すようになり、同時に練馬区の援農ボランティア制度にも登録し、研修を受けて農作業を手伝った。小さな農を実践する中で、晋一は「野菜を育てることは楽しい。仕事にしてもいいのかな」と考えるようになったが、「未経験で農業が本当にできるのか」疑問を持ったという。

つやこは、NPO法人アジア太平洋資料センターが開校するPARC自由学校で食と農に関するテーマの講座を受講。その一環で、八郷地区で市民が共同耕作する水田の稲刈りに2人で参加した。山々に囲まれた八郷の景色と豊かな自然に惚れ、偶然帰りに立ち寄った農家からゆめファームについて聞かされたという。翌日すぐに電話し、翌週にはゆめファームの研修農場を見学。有機農業であり、主体的に農業を実践できることが、就農を決めた理由である。

研修2年目に農地を借り、2015年4月に独立就農するときは1.5ha、現在は2haに広がった。主な出荷品目は、小松菜、玉レタス、タマネギ、キュウリ、ズッキーニ、ナス、トマト、オクラ、小カブ、大根、人参、ネギ、サツマイモなど。出荷先のメインはJAやさとを通じた東都生協で、東京都杉並区にあるスーパーの産直コーナーにも並ぶ。現在では指導担当生産者になり、研修生の良き理解者として後進の指導に当たっている。

新規参入者が「定着」できる仕組みづくり

ゆめファームと里山ファームで、今後は毎年2組ずつ有機栽培部会の会員が増えていく。注目したいのは、家庭の事情でやむを得ず離農しなければならなかった1組を除いて離脱者がいないことだ[10]。新規参入者は確実に定着している。その要因については次の2点が挙げられる。

まず、実践的な研修制度である。ゆめファームも里山ファームも、研修生を有機栽培部会の一員、一生産者として受け入れている。だから研修中に、自ら学ぶ能動的な姿勢と経営感覚を身に付けられる。それが、独立後に仕事としての有機農業の確立につながる。晋一は研修を振り返り、こう述べた。

「嫌々作ったり、作らされているのではない。自分で主体的に作りたいものを作り、量も決められます。研修時代に作っているものといま作っているものは、基本的に変わっていません」

研修中は試行錯誤の連続だが、そのプロセスで経営の考え方や独立に向けた土台をつくり、研修から就農が一体的な関係性にあることが理解できる。

次に、「伴走者」としての有機栽培部会の役割である。一般的に、新規就農のプロセスは「研修→就農」「就農→定着」に分かれる。有機栽培部会は二つのステージに応じて営農、販売、暮らしに至るまで、組織力を活かした総合的なサポートを展開している。

就農にあたって、農地や住宅は研修生が自ら探さなければならない。だが、農地は研修中に交流を深めた有機栽培部会の生産者を通して紹介を受けられるため、研修終了前に確保できるという。住宅については、一戸建てを借りる、新築するなどさまざまだが、基本的には自分で探す。なお、里山ファームが始まってからは、アグリやさとが石岡市から空き家調査を受託している。ただし、希望する住宅の確保については今後の課題である。

就農後は有機栽培部会の販路を共有できるから、一般的に課題となる販路の確保には苦労しない。「販売先がある」ことが、新規参入者がこの研修制度を選択する最大の理由になっている。そして、部会の存在が新規参入者にとって安心感の醸成につながる。黒澤夫妻は失敗続きだった研修中、指導担当生産者はもちろん、部会の先輩に「いつでも聞くことができる環境が良かった。部会の全員に聞きに行った」と言う。

つやこが「周囲が知らない人ばかりでは不安になる」と述べるとおり、新規参入者は、農村での暮らしや子育てなども含めて多くの不安をかかえながら移住する。有機栽培部会はそうした不安を解消する役割を担っている。この点については、部会の他の新規参入者も口をそろえて指摘する。具体的には、①有機農業を実践している、②非農家出身で研修制度を利用して新規参入するという同質的な経験をしている、③同年代のつながりができる、などである。

170 第7章 多様な農の担い手

有機栽培部会の中核を担う新規参入者

2019年時点で有機栽培部会の会員は28組だ。このうち、地元出身者は7組、ゆめファームと里山ファーム出身者が15組、現在の研修生が4組。残り2組は、部会以外の研修を経て新規参入した。4分3を新規参入者が占めていることになる。研修生の大半は20代後半から30代で、部会の平均年齢は約47歳と若い。経験を積んだ新規参入者は晋一のように指導担当生産者になり、栽培技術の指導に当たる。

独立就農時の平均耕作面積は80a～1haで、数年経つと1.5～2haに広がっている。ほとんどが専業かつ家族経営で、有機JAS認証を取得する関係もあり、年間10品目程度の中量中品目栽培である。有機栽培部会では、東都生協に加えて、他の生協、地元スーパーやイオンなどのほか、商談会に出店して売り込むなど販売先を増やしてきた。

JAの販売事業における野菜部門を見ると、約5億6852万円のうち有機栽培部会を通しての取扱高が約1億5336万円と、27％を占める[11]。部会担当の職員は、「農協としての生き残りを考えると、有機農業が果たす役割はとても大きい」と述べている。新規参入者は、JAやさと全体でも、産地を支える重要な存在になりつつある。

3　個人から広がる有機農業と農的暮らし

本節では鹿児島市川上町（市街化調整区域、JR鹿児島中央駅から車で約30分）の橋口農園の事例を通して、個人から広がる小農、有機農業、農的暮らしの現状と、有機農業をめぐる多様な担い手の姿を捉える[12]。

仲間と共に歩んだ40年

橋口孝久さんは1951年、鹿児島県出水市の専業農家に生まれ、68年に叔母の家の養子となった。養父は農業改良普及員（現在の農業指導員）である。大学で教師を目指して勉学に励むなか、水俣病などの公害問題、農薬や化学肥料多投の近代農業への疑問、有機農業との出会いを経験する。

大学卒業後は念願の教師を経て会社員となるが、1978年に鹿児島県有機農業研究会の設立に参画し、80年に有機農業で就農。水田15a、畑10a、平飼い養鶏

100羽からのスタートだった。俊子さんと結婚し、子育ての日々を送るなかで、経営が安定したのは、地域で仲間や理解者が生まれた88年ごろだ。耕作面積は水田120a(無農薬30a、減農薬90a)、畑80a に広がっていた。なお、「仲間」は、橋口さんが一緒にやっている人たちを指してよく使う言葉である。

　1990年ごろに合鴨農法と出会い、より安定して無農薬で米が作れるようになった。そして、畑を体験したいという人たちの「先生」として、有機農業や野菜作りの楽しさを教え始める。以後、自家の農業経営に加え、地域の有機農業のリーダー役を担うとともに、食育活動も行ってきた。

　現在の経営は、米＋野菜＋受託＋加工である。農外収入として、俊子さんの児童クラブ(学童保育)指導員の給与と、橋口さんの保育園理事収入が加わる。経営規模は、水田450a(うるち米380a、赤米・黒米・緑米70a、麦)、畑120a(露地野菜約30品目、麦40a、雑穀 5 a)、合鴨(生、燻製)約300羽である。

　橋口さんは、米も野菜も作ったものがすべて売れる。それがやりがいを引き出すと言う。スーパーや生協とはグループをつくって直取引しているため、値段は年間を通してほぼ一定である。市場価格が暴落したら少し下げ、市場価格が高値になったら少しだけ上げる。個人ではなかなか販売できない人も、グループの一員だ。

　野菜は「かごしま無農薬野菜の会」(川上町内 6 戸、町外12戸、計18戸)として地元スーパーと取引するほか、「かごしま食の学校」(約200軒)に1982年からセット野菜を届けている。米は「かごしま合鴨米生産クラブ」(14戸)で、グリーンコープかごしま生協、グリーンコープ連合、お菓子屋、大阪の米屋や小規模生協などに販売する。

　労働力は専従の橋口さんのほか、俊子さんとアルバイト 1 人(週 4 日)。田植えや育苗期の 5 ・ 6 月は随時に 2 ～ 3 人、11～ 2 月は食肉処理に 2 ～ 3 人(週 1 ～ 2 日)が加わる。すべて川上町在住者で、地域の仲間である。橋口さんと俊子さんは互いに尊敬し合う対等な関係であることが、ふだんのやりとりの随所にうかがえる。その関係性を土台に、農園と暮らしが成り立っている。

社会活動から生まれる販売ルート
橋口さんは、これまでを振り返って次のように言う。

　「経営を成り立たせようと就農以来、頑張ってきた。長男が保育園に入ると、

保育園とのつながりがスタート。小学校に上がると、児童クラブの設立を働きかけ、妻が指導員として勤務することで収入が安定した。また、市内の消費者グループとの付き合いがモノの流通につながっていく。保育園や小学校、市民対象の農業体験もモノの流通につながり、生産と消費がうまくまわるようになった。その後、加工も始める。こうした流れは、意識的ではなく、その時その時にやりたいと思ったことやできることの積み重ねだった。夢というより、あれもやりたい、これもやりたいと、手を出していった感じ」

　橋口さんは、自家の経営に直接関わりがなさそうに見えることも含めて、多様な活動を行い、さまざまな社会的役割をこなしている。所属する社会集団には、３つの水利組合(会員、会計などの役割を交代で担う)、町内会(約30戸)、全国合鴨水稲会(会員、鹿児島県選出の世話人、元代表世話人)、かごしま合鴨米生産クラブ(代表)、かごしま無農薬野菜の会(代表)、小農学会(会員、キーパーソン)、鹿児島伝統野菜保存研究会(副代表)がある。

　さらに、橋口農園で設立した合鴨肉の処理・加工場(経営者・責任者)、農業体験の先生(保育園、幼稚園、小学校、市の講座、生協などの団体からの依頼、年間50日程度)、「畑の寺子屋」(農業体験農園の運営、数年前から長男が引き継ぐ)、民具の収集展示(自宅の倉庫を利用)なども行っている。

　米や野菜の取引相手とは「人間関係でつながっていると思う」と話す。

　「相手を尊重し、礼儀を踏まえて付き合うことが、長続きにつながっているのではないか。たとえば、長く野菜の取引をしてきている地元スーパーを買い物で利用するようにしている。それが礼儀だと思うから。そうした原則を大切にしている。人間同士、商売の損得だけの関係ではダメではないか」

　グリーンコープかごしま生協とは、取引を始める時点で、「僕らもグリーンコープの組合員になります」と言って、生産者全員が組合員になった。

　「その結果、単に生産者と生協という関係ではなく、一緒に良いものを作り、消費者に届けて食べていただくことを仕事としている仲間意識が生まれる」

　個人の取り組みから始まった橋口農園の経営や活動は、周囲にゆっくりとではあるが着実に影響を与えている。橋口さんは、①新規就農者の育成、②小農の育成[13]、③加工品の受託加工所(製粉所)の設立、④精米機の確保の４点を課題および抱負として認識している。ここでは①と②について述べる。

新規就農者と小農の育成

若手と定年帰農の双方を視野に入れ、新規の有機農業者を育てたいという。

若手については、有機農業仲間の甥(41歳)が新規就農を目指して動き出している。橋口さんは彼(とその家族)の思いを大事にしながら、近い将来、農作業の受託作業や稲の苗作りを任せるつもりだ。農業次世代人材投資資金の経営開始型(年間150万円、5年間支給)申請の相談にも乗っている。育苗期間は2カ月だが、約120万円の売り上げになる(経費は6〜7割)。彼は2〜3年かけて徐々に農の道に入りたい意向なので、気長に待ちたいという。18aの田んぼを橋口さんの紹介で2019年から借りて、無農薬で米作りを始めた。現在の川上町の有機農家(新規・転換)の農地のほとんども、橋口さんの紹介だ。

彼の妻は管理栄養士の資格を持ち、いずれはカフェを開きたいという。夫婦で農業・農外含めて複数の仕事を組み合わせれば、規模拡大せずに小農的な生き方が無理なくできると、橋口さんは考えている。

定年帰農については、定年までは農外就労で生計を立ててきた川上町在住の兼業農家が定年後、農業への比重を高めるケースが多い。彼らにさまざまな機会を捉えて、野菜を育てる楽しさや喜びと大変さを伝えてきた。

小農の育成は大きく3つに分かれる。

まず、畑の寺子屋は、小さな畑のある暮らしという提案の具体化である。野菜作り初心者に、家庭菜園、プランター、体験農園、自然農講座など暮らしのスタイルに合わせた農薬を使わない野菜作りをサポートしている。その基本は自然農、パーマカルチャーの考え方だ。生徒たちは、橋口農園の畑(1区画15㎡)で月1〜2回の講習を通して、野菜作りを学ぶ。

次に、橋口さんが担当する鹿児島市立環境未来館での講座。家庭でもできる無農薬の野菜作りで、十数年続いている。「農薬を使わずに作れるなら作りたい、と思う人が多いのだろう」と橋口さんは言う。

そして、2016年から始めた南日本放送の福利厚生事業の一環としての畑づくり。錦江湾や桜島を望む見晴らしの良い高台の土地を畑にして、社員や社員の家族がソバとサツマイモを育てる。ソバは業者に依頼して、年末の社員の年越しそば用に配る。サツマイモは醸造所で社員限定の焼酎を造る。「ふるさとたっぷり」という名前で、南日本放送のキャッチフレーズでもある。

新たな「継承」「継業」のあり方

　長男の創也さんは1985年生まれで、妻と子ども３人の５人家族である。妻は子育て中心だ。すぐ近くに住んでいるけれど、同居ではない。「そのほうがお互いにいいと思うから」(橋口さん)。経営も橋口農園とは別である。

　創也さんは大学院修了後、福岡で自然農法を学んだ。大学時代はアメリカンフットボールの選手だったが、腰を痛めた関係で継続した農作業には向かない。そこで、仕事の仕方を工夫し、農業体験農園の指導、執筆、病院の屋上緑化、ホテルの庭や保育園の畑のプランニングを行う。橋口農園の食肉処理場も手伝っている。

　創也さんは親の姿を見て農業だけはしたくないと思う一方で、自然と関わって生きたいという希望を持っていた。大学院時代のドイツ留学を経て、両親のやってきたことや自分の生活環境、ムラや地域への見方が大きく変わったという。汗と土にまみれて忙しい両親や農業を否定的にしか見ていなかった視野の狭さを感じ、価値観を共有するパートナーとの結婚を機にUターン。親とは違うスタイルの農業を彼女と始めた。フェイスブックでは、おおむね以下のように記している。

　「農家にはなりたくないが、自然の中での農的暮らしが好き。もっと人と自然が寄り添う社会の環境と仕組みを実現したいと思い、一般の方に対して、プランターや家庭菜園、体験農園などを通した畑のあるライフスタイルの提案を仕事にしてきた。最近はお洒落で気軽に楽しめる小さいプランター、街中での畑づくり(店舗の前にディスプレイとして生きたエディブルガーデンを設置するなど)、オンラインでの自然農講座などに力を入れている」

　一方で、橋口さんが認識する課題と抱負は、自家の経営や暮らしにとどまらない。

　「(息子は)ここに住んで生活を成り立たせていくには、ただ仕事をしていればいいというわけではないことが分かってきたと思う。人間関係、土地、お金などを整えながらやっていくことが必要で、それには時間がかかる。創也は体の関係もあって、地域で一緒にやれるメンバーを探している。そのために話し合っていきたい。地域の中で関係性をもっとつくっていければいいと思う。農家は一戸だけではやれない。野菜もお米も含めて、受託も含めて、どう続けていくか、つないでいくか、これからの課題だ」

第Ⅰ部　持続可能な農業としての有機農業　175

　少数の経営体が生き残るだけでは、地域は持続できない。橋口さんは、地域で専業農家、兼業農家、農的暮らし、半農半Ｘといった多様な主体が生活し、それぞれの暮らしが成り立つことが重要であると言う。そして、個人や家族の暮らしが成り立つことと地域が存続することはトレードオフの関係ではなく、セットであると考えているようだ。

　橋口さんと創也さんは互いの距離を上手に取りつつ、尊重し合う。跡を継ぐ・継がせる、といった既存の形をズラしつつ、地域農業や地域社会の維持・継続を考えようとしている。

　橋口さんは有機農業者としてかかえてきた思いや問題を自己の中で完結することなく、他者との出会いを通して考え、実践してきた。それは開かれた認識と行為の循環である。それが個人を変え、地域を変えていく。

　無農薬で米や野菜を作り、生活していくという決意で教師を辞め、有機農家になった。農業で生活できない理由は市場出荷の不安定性だから、消費者と直接つながり、生協や地元スーパーとの直接契約によって価格の安定と再生産の見通しを立てていく。畑の寺子屋を通して市民皆農に近づく。創也さんが畑の寺子屋を引き継いでから、「小さな畑のある暮らし」というコンセプトで、各人のライフスタイルや価値観に合わせて自由に畑づくりを楽しむための基礎知識や技術を伝える場として、若い世代にいっそう認知されているようだ。

　創也さんも含めて、専業農家、兼業農家、小農、畑のあるライフスタイルなど、農を通した多様な価値観と生き方の実践が、都市近郊で広がりつつある。かごしま合鴨米生産クラブのメンバーも、かごしま無農薬野菜の会のメンバーも、子どもが跡を継いでいるケースが多い。

　「親の若いころの姿を知っているから、子どもたちは刺激や影響を間違いなく受けているだろう。少しずつ、若い人たちなりのやり方でやっていけばいい。親と同じようにやらないといけないわけではないから」(橋口さん)

4　多様な農の担い手を育てる

　以上、有機農業の担い手の広がりについて２つの事例を見てきた。ＪＡやさとは実践的な研修制度を整え、生産から販売に至るまで組織的・総合的にサポートするシステムを構築している。有機栽培部会の新規参入者は専業志向で、

「仕事」をベースにした農業の担い手が地域に定着した。一方、橋口農園では個人による有機農業の実践と社会的な活動が家族や地域に新たな農の担い手を生み出し、「暮らし」をベースに農に関わりを持つ人たちが集まっている。

このように有機農業の現場では、専業農家から兼業農家や小農に至るまで担い手は多様である。有機農業がさまざまな志向を持つ人びとによって担われ、支えられていることが理解できるだろう。

ところが、この現実と国が育成しようとしている担い手の捉え方には、大きなズレがある。国の政策では、規模の拡大や効率性を基準に、大規模で企業的な経営の育成を掲げている。日本の国土は中山間地域から都市的地域まで自然条件も社会的条件も大きく異なるにもかかわらず、である。担い手を選別するこうしたやり方では、本章で見てきたような広範な人びとから向けられる農への多様なまなざしを受けとめることができない。

農家の後継者不足を背景にした農業労働力の補完や農地の集積にとどまらず、暮らしと環境を守る農に共感する人びとの志向を理解し、地域農業と地域社会を支える多様な農の形態とその担い手の育成が必要ではないだろうか。

2つの事例は、JAによる組織的な育成と個人からの広がりという点で、まったくタイプが異なるが、さまざまな農の担い手を育成する「仕組み」づくりという点で共通する。受け入れ側には、多様な農へのまなざしを受けとめる姿勢と、きめ細やかかつ柔軟なサポートのあり方が求められている。

（1）平成27年度農林水産情報交流ネットワーク事業全国調査「有機農業を含む環境に配慮した農産物に関する意識・意向調査」（2016年2月）。

（2）土地や資金を独自に調達し、新たに農業の経営を開始した者をいう。

（3）全国農業会議所「2010年度新・農業人フェアにおけるアンケート結果」。

（4）本節の内容は、筆者が2019年7月2日に実施した柴山進氏へのインタビューとフィールドワークに基づいている。柴山氏はJAやさとで産直を進め、有機栽培部会や研修制度をつくったキーパーソンである。現在は、NPO法人アグリやさとの理事長として新規参入者のサポートを行うとともに、廃校を活用した朝日里山学校を拠点に都市農村交流に取り組んでいる。

（5）自治体は石岡市に合併したが、JAは合併していない。

（6）農業次世代人材投資資金(旧青年就農給付金)準備型(年間150万円)を受給でき、生活費が保障される。開始当初は受け入れ年齢を39歳以下としていたが、農業次世代人材投資資金の支援対象に合わせて、2019年度からは50歳未満とした。

（7）1年で2家族が研修するため、合計180aの研修農場を提供している。

（8）指導担当生産者には、JAやさとから年間10万円が支給される。

（9）筆者が2019年7月2日に実施した黒澤夫妻へのインタビューに基づく。加えて、石岡市農力アップ推進会議発行、JAやさと編集協力『夢をこえて【新規参入者体験談のつづり】』2016年3月、6～7ページ、参照。

（10）独自のやり方で有機農業経営を成り立たせる新規参入者も現れ、2組は有機栽培部会を休部した。10期生以降は、有機栽培部会を通した出荷をメインとする新規参入者に限定して受け入れている。

（11）JAやさと「2018年（第53期）通常総代会資料」55ページ。

（12）本節の内容は、筆者が1998年以降続けている全国合鴨水稲会の参与観察と2019年7月の橋口さんへのインタビューに基づく。筆者は98年より全国合鴨水稲会の会員であり、05年ごろから全国世話人のひとりとして運営会議に参加している。

（13）橋口さんは、小農を経営規模ではなく経営目的によって考えている。小農の目的は、儲けることを第一義とせず、自分ないし家族の暮らしを成立させ、継続していくことだ。これは、2015年11月に設立された小農学会でのおおよその合意でもある。

＜参考文献＞

秋津元輝（2009）「農への多様化する参入パターンと支援」『農業と経済』10月号、5～14ページ。

小口広太（2018）「現場からの農村学教室101 若者から支持される有機農業」『日本農業新聞』7月15日。

大江正章（2009）「新農民を育てる」『月刊自治研』10月号、44～54ページ。

柴山進（2017）「毎年1家族を受け入れて18年――JA有機栽培部会の3分の2は移住者に」『季刊地域』編集部編『新規参入・就林への道：担い手が育つノウハウと支援』農山漁村文化協会、135～144ページ。

高橋巌（2014）「農の担い手――その多様なあり方」桝潟俊子・谷口吉光・立川雅司編著『食と農の社会学――生命と地域の視点から』ミネルヴァ書房。

全国農業会議所（2017）「新規就農者の就農実態に関する調査結果」。

＊本章は、1・2・4節を小口が、3節を齋が執筆した。

第8章
有機農業と地域づくり

谷口吉光・尾島一史・大江正章・相川陽一

1 有機農業の「社会化」と「産業化」

「産業化」ではなく「社会化」を目指す潮流

この章では有機農業がどうしたら地域に、そして社会に広がっていくのかを考える。「有機農業が広がる」と言われて最初に思いつくのは、有機農業の栽培面積や有機農家の数が増えるということだろう。この視点から見ると、残念ながら日本の有機農業は広がっていないと言わざるを得ない。

たとえば先進各国では有機農業の栽培面積は拡大し、イタリアでは15.4%に達しているのに、日本ではわずか0.5%にすぎないし、有機JAS認証を取得した農家数は約4000戸で頭打ちになっている（農林水産省 2019）。こうした議論は主に「農業生産の量的拡大」、言い換えると「産業化」の視点から有機農業を見ている。その視点から見れば、日本の有機農業は停滞しているという結論になる。

しかし、視点を変えると、まったく違う景色が見える。2000年代後半以降、全国各地で有機農業が多様な姿で広がっているのだ。たとえば、次節以降で紹介されているように、いすみ市（千葉県）や島根県では有機農業を地域の存続や地域活性化に結びつけることに成功している。身近なところでも、有機農業の多様な広がりを示す例は多い。たとえば、都会から農山漁村に移住する若者の多くが有機農業に関心があるとか、有機農業の水田で生きもの観察をやると子どももおとなも生きものに触れて感激するとか、農業の経験のない若い起業家たちが「オーガニック」を旗印に事業を始めようとするなどである。

こうした例には共通して次のような特徴が見られる。まず、有機農家の営農や経営の形は幅が広い。本格的な専業農家もいれば、「半農半X」と呼ばれるライフスタイル型農家もいれば、自分の食べるものを栽培する自給農家もいる。栽培面積の広さ、栽培や経営の上手下手は、とりあえず関係ない。

第Ⅰ部　持続可能な農業としての有機農業　179

　ひとりの移住有機農家が地域を大きく変える活動をしている場合もある。た
とえば、喜多方市山都地区(福島県)に移住した浅見彰宏さん。彼は、山間地集
落と農地の維持のためには「少数の大規模専業農家よりも多数の自給的・小規
模兼業農家の集合体が必要。それは有機・自給的農業のスタイルに合う」とい
う考えのもと、仲間たちと地区の活性化に取り組んでいる(谷口、2012)。

　そうした取り組みは、明らかに有機農業の「産業化」とは違う方向だ。彼ら
の最大の目的は、生産や面積の拡大ではない。目指しているのは、移住者を増
やして農山村の存続を支えるとか、都市住民を含む多彩な人びととのつながり
を取り戻すというような、一言で言えば「社会的な問題の解決」である。

　そこで、有機農業の多様な広がりのなかで「産業化」とは違う方向を目指す
動きを、有機農業の「社会化」と呼ぶことにしたい。「社会化」はとても幅広
い現象を含むので正確な定義は難しいが、おおざっぱに「有機農業が社会的な
問題の解決に貢献することを通じて地域に、社会に広がっていく動き」と定義
する。この定義では、人びとの直接的な関係を通じて広がる範囲を「地域」と
し、それを超える範囲を「社会」として区別した。そのほうが有機農業の広が
りをよりていねいに説明できると思うからだ。

有機農業の「社会化」はなぜ進んだのか

　このように現状を整理すると、次の疑問が湧くだろう。それは、「有機農業
の「産業化」は停滞しているのに、どうして「社会化」は進んだのか」である。

　これまで有機農業の広がりを説明する理論としては、「生産者と消費者の相
互交流と理解に基づいて有機農産物の流通が広がる」という産消提携や産直の
理論があった。あるいは、有機農産物には安全性などの高い付加価値があるの
で、消費者がその価値を認めて購入するという「付加価値論」もあった。

　しかし、有機農業の「社会化」はこうした理論では説明できない。生産者と
消費者の人間的関係や農産物の経済的価値とは別に、有機農業の持つ「意味」
が人から人に伝わる何らかの「経路(ルート)」があると考えるべきだろう。こ
れについては、私自身が「地域に広がる有機農業の展開論理」として研究を進
めている。まだ十分に実証された議論はできないが、以下の仮説を考えている。

　第一の仮説は、「有機農業はさまざまな社会的な問題の解決に独自の仕方で
貢献し得る」。言い換えると、有機農業はさまざまな社会的問題の解決に「役

180　第8章　有機農業と地域づくり

に立つ」から広がるという仮説である。

　たとえば、田んぼの生きもの観察をしようとすれば、農薬を使っている水田より有機水田のほうが生きものが多いから適している。説明をする有機農家も自分が主体的に行う有機栽培の結果として生きものが多いことを知っているから、自信と喜びを持って生きもの観察を受け入れるだろう(実際、自発的に生きものを勉強している有機農家は多い)。この二重の意味で、有機水田は慣行水田より生きもの観察により役に立つ。別の言い方をすると、田んぼの生きもの観察は有機農業と親和性が高い。

　このように、社会が求める問題解決が有機農業の持つ要素と親和性が高い場合、有機農業が選ばれるというメカニズムがあり、この経路を通じて有機農業の社会化が進むのではないかと考えられる。この経路を有機農業の「社会化」が進む「機能の系」と呼ぶことにする。

　有機農業の「社会化」が進むと、それまで有機農業を知らなかった人びとが有機農業と出会う機会が増える。たとえば、生きもの観察でたくさんの生きものを目にして感激した人は、「生きものが多い水田」→「農薬を使わない農業」→「有機農業」→「それを実践する有機農家」→「有機農家の考え方」という経路で有機農業に出会う。この出会いを通して、多くの発見と驚きが生まれるだろう。

　この発見と驚きには、「知らないことが分かって面白かった」という比較的単純なレベルから、「世界観や人生観が変わってしまった」という深いレベルまで、複数の層がある。どの層であれ、有機農業との出会いは人間の価値観を変える可能性がある。ここから第二の仮説を導き出せる。

　「有機農業の「社会化」が進むと、多くの人びとが有機農業と多様な形で出会うようになり、それが人間と自然の関係に関する価値観の転換を促す。その結果、人びとの価値観の転換が進む」

　この経路を「価値転換の系」と呼ぶことにしよう。

　この2つの仮説をまとめて表現すると、「有機農業の「社会化」は「機能の系」と「価値転換の系」を通じて進む」と言える。ここでは田んぼの生きもの観察を例に説明したが、実際には有機農業に関するあらゆるケースで、「機能の系」と「価値転換の系」を観察できる。2つの系が現実に現れる姿は、有機農業が多様な形で広がっているのに対応して、実に多様で多彩である。

第Ⅰ部　持続可能な農業としての有機農業　181

2　全国有数の有機農業の村●柿木村

自給をベースにした有機農業の歩み

周知のとおり、多くの生産者が有機農業に取り組む地域は少ない。また、地方自治体や農協が中心になって有機農業を広げた場合、これらの組織の広域合併を契機に広がりが停滞した地域が少なくない。ここでは、有機農業が広く普及・定着している旧・柿木村（島根県吉賀町。以下、柿木村）において、有機農業がどのように広がり、地域の活性化にどんな効果を及ぼしたのか見てみたい。

2000年農業センサスでは全農家を対象に環境保全型農業への取り組み状況を調査しており、市区町村別の無農薬農家率、無化学肥料農家率を算出できる（藤栄 2003、尾島ほか 2004）。柿木村の無農薬農家率・無化学肥料農家率はそれぞれ15.0％と18.5％で、全国11位と5位である。全国平均は1.15％と1.37％だから、全国の市町村の中で際だって高い比率と言える。2000年以降も、町村合併や農協の広域合併を乗り越えて、力強く有機農業が取り組まれている。

柿木村は島根県の西南端部の山間地域にある。たびたび水質日本一に認定された清流・高津川の源流域に位置している。瀬戸内沿岸の広島市や廿日市市（広島県）、岩国市（山口県）まで、自動車で1時間半～2時間程度かかる。2005年に隣町の六日市町と合併して、吉賀町が誕生した。柿木村の人口は1439人（2015年国勢調査）、総農家数は216戸、販売農家数は137戸、農業就業人口は166人である（2015年農業センサス）。

柿木村では、「有機農業による自給を優先した食べものづくりこそ山村の豊かさである」と提案した農林家の後継者たちと、それに共感した農協婦人部のメンバーによって、1981年に柿木村有機農業研究会が設立され、消費者グループとの提携が始まった。82年には学校給食への農産物供給が開始され、89年には現在の柿木村有機野菜組合が生協との産直を開始した（第1期）。

こうした生産者の活動を受けて、行政をはじめとした農業関係機関が有機農業の支援を行っていく。1991年には「健康と有機農業の里づくり」を基本方針とした柿木村総合振興計画が策定され、93年には行政が主導して「健康と有機農業の里づくり」を実現するために第三セクター㈱エポックかきのきむらを設立し、97年には道の駅が開設された。農協も支援を充実させ、95年からは柿木村有機農業研究会、柿木村有機野菜組合の事務局を担い、2000年には有機農

産物流通センターを建設した。03年には柿木村独自の農産物認証制度の制定や柿木村産直協議会を設立し、廿日市市に第三セクターが運営するアンテナショップをオープンした。

そして、このアンテナショップを拠点に、量販店、自然食品店、レストランなどにも有機農業によって生産された農産物や農産加工品の販売を始めた。産直協議会の会員は、認証された農産物などをこれらのところに販売できる（第2期）。

2005年の町村合併後は、柿木村から吉賀町全体に有機農業の普及を図っている。08年には吉賀町有機農業推進計画を策定するとともに、吉賀町有機農業推進協議会を設立し、07〜08年度は島根県の中山間地域リーディング事業、08〜09年度は国の有機農業モデルタウン事業に取り組んだ（第3期）。

2014年には、柿木村有機農業研究会などの有機農業関係の生産者組織が協力して、有機農業によって生産された農産物や農産加工品の取り扱いを自ら行う団体として、「食と農・かきのきむら企業組合」（以下、企業組合）を設立した。この企業組合には六日市町の生産者組織も参加している。企業組合を設立して自立的な活動を強めたのは、柿木村をエリアとする西いわみ農協が15年に島根県の他の農協と合併して島根県農業協同組合となることで、地域に密着した営農や流通の支援が継続できるか懸念されたからである（第4期）。

2019年3月末には、アンテナショップを運営する第三セクターの経営難により、アンテナショップの営業が休止された。しかし、生産者や買い物客からの店舗継続を求める強い声に応えるために、企業組合が体制を整えたうえで運営することになった。吉賀町から助成を受け、4月に第三セクターが店舗営業を再開し、9月に企業組合が店舗運営を引き継いだ。営業再開には、店の常連客が中心になって行った署名活動も大きな力になった。

有機農業の４つの特徴

柿木村の有機農業の歩みを簡単に振り返ったが、地域への普及につながった有機農業の特徴として、以下の4点が挙げられる。

第一に、生産者が消費者との直接的な関係の形成と交流を大切にしながら、自立的に有機農業に取り組んできたことである。柿木村では、産消提携を始めた生産者の活動が基盤となり、それを行政や農協が支援して、有機農業が普及・

定着した。そして生産者は、行政や農協からの支援が得られるようになって以降も全面的には頼らず、20％を基本とする販売手数料で運送費などの諸経費をまかない、先進地研修、消費者との交流会といった活動を自前で実施してきた。そうした取り組みが、2014年の企業組合の設立や、アンテナショップの運営を企業組合で引き受けることにつながっている。

　第二に、行政が有機農業を村の総合振興政策の中心に位置づけて推進したことである。1991年の総合振興計画の基本方針とされた「健康と有機農業の里づくり」は、2001年に改訂された総合振興計画に受け継がれ、合併後の吉賀町の町づくり計画にも継承された。これにより、生産、販売に関わるさまざまな有機農業への支援が継続して実施されている。第三セクターや農協による販売面での支援も、有機農業の普及・定着に大きな役割を果たした。

　第三に、山村という地域条件を踏まえて、自給をベースにした有機農業を推進していることである（福原 2015）。それゆえ、高齢者をはじめ多くの生産者が有機農業に取り組むことができている。柿木村では、販売農家の大部分が産直協議会の会員である。また、自給を核にして、その延長線上に多品目の野菜などを栽培しているため、消費者との産消提携や生協の宅配ボックス、学校給食、道の駅、アンテナショップなどへの供給を継続できている。小学校・中学校各1校の約130名分の給食は吉賀町学校給食柿木共同調理場で調理され、食材における村内有機農産物比率は、米は全量、野菜は約6割である。なお、吉賀町では2015年から学校給食は無償化されている。

　第四に、社会経済環境の変化に対応して、有機農業によって生産された農産物や農産加工品を多様な流通チャネルを形成して販売し、生産者の所得確保につなげていることである（尾島ほか 2013）。有機農業の普及・定着を図る過程で、流通チャネルは生協、直売所、量販店などに多様化していった。自身の経営条件に合う出荷先を選択できるので、多様な生産者が有機農業に取り組みやすい。また、作物の出来不出来による出荷量の過不足や出荷先の需要量の変化にも対応しやすくなり、販売収入の安定化に役立ってきた。

　直売所や量販店などでは、柿木村独自の農産物認証制度で認証された農産物や農産加工品が販売されている。国の有機JAS認証と同様の圃場認証である。播種または定植前2年以上の期間、化学合成農薬および化学合成肥料が使用されていない圃場で生産された野菜をV1、米をR1と表示して販売している。

減農薬の基準もあるが、野菜については生産者の大部分がV1で出荷しており、出荷先を変更しても混乱が生じにくい。なお、有機JAS認証を取得している生産者は4戸である。

有機農業の成果と今後の課題

　有機農業が地域の活性化に及ぼした効果は、生産者の所得確保だけではなく、農産物や農産加工品の流通・販売関連の雇用創出、環境保全、観光・交流促進と多岐にわたる。ここでは、中山間地域において深刻な問題となっている少子高齢化に伴う人口減少に歯止めをかける効果について見てみよう。

　柿木村では2007〜19年9月に、Iターン34世帯57名が移住し、定着している。このうち有機農業に取り組むのは9世帯16名である。同期間に、Uターン8世帯14名が移住し、定着した。このうち有機農業に取り組むのは3世帯3名である。定住人口の維持に有機農業は大きな役割を果たしてきた。

　島根県では、農業を営みながら他の仕事にも携わり、双方で生活に必要な所得を確保する仕組みとして「半農半X」を推進している。Iターンで有機農業を行う9世帯のうち6世帯は、県の「半農半X支援事業」(定住定着助成、1ヵ月12万円、1年以内)を活用した。(公財)ふるさと島根定住財団のUIターンしまね産業体験事業(1ヵ月12万円、3ヵ月以上1年以内)は、9世帯すべてが活用した。これらの事業は、有機農業での新規就農に役立っている。

　また、柿木村有機農業研究会が設立される前年の1980年と2015年で、農家数(総農家)、農業就業人口(80年総農家、15年販売農家)、経営耕地面積(総農家)の変化を見てみよう(農業センサス)。それぞれの減少率は、島根県が55％、75％、54％であるのに対して、柿木村は47％、66％、44％と、10ポイント程度低い。詳細な検討は今後の課題であるが、有機農業が農業振興に果たした役割についても注目される。

　最後に、今後の課題について述べる。柿木村の有機農業は生産者主導で始まり、農業関係機関の支援を得て、村を挙げての取り組みになった。最近では、農業関係機関の合併を契機に、再び生産者が自立的な活動を強めている。そうした中で大きな課題は、有機農業を次世代に引き継ぐことだ。牽引してきた世代の経験を次世代が学び、U・Iターン者の活力も活かし、自立的な活動に伴う困難を乗り越えて、有機農業の取り組みの着実な持続を期待したい。

3 全量地元産有機米の学校給食と有機農業●いすみ市[1]

ゼロから広げた有機稲作

いすみ市(千葉県、人口約３万8000人)はいま、全国の有機農業関係者や学校給食関係者、さらに農林水産省環境農業対策課からも大きな注目を集めている。取材や視察者も多く、2018年は18件、19年(10月まで)は25件だ。問い合わせは毎日のようにあるという。理由は、人口2000人以上の自治体では全国で初めて17年秋から学校給食用のお米をすべて地元産有機米(コシヒカリ)に切り替えたからである。

千葉県の東南部(外房)に位置するいすみ市は、なだらかな丘陵地と起伏に富んだ海岸線を持つ。市役所に近い大原駅まで、東京駅から特急で約70分だ。産業の中心は農業と漁業であるが、前節の旧柿木村と違って有機農業が盛んだったわけではない。2000年農業センサスにおける無農薬農家率(2005年の合併前の夷隅町・大原町・岬町の合計)は0.52％で、全国平均の半分以下。有機米を生産する販売農家は、2012年時点で１戸もない。

いすみ市の農業の基幹作物は米である。だが、米価の下落が進み、65歳以上の農家の割合が全国平均を10ポイント程度上回っていた。農家の生産意欲は減退し、離農者が増え、耕作放棄地が増加し、里山は荒廃する。３町合併を機に市長に就任した太田洋の危機感は強かった。

そのころ、千葉県(堂本暁子知事)が生物多様性に関する日本初の地域戦略を策定したのを受けて、いすみ市は2008年に「夷隅川流域生物多様性保全協議会」を設立。10年には「コウノトリ・トキの舞う関東自治体フォーラム」に役員自治体として参加する。この時点で、太田市長(以下、太田)に生物多様性という言葉がインプットされ、コウノトリがシンボルのまちづくり目指していく(黎明期)。そのためには、農薬散布を中止しなければならない。

2012年に「自然と共生する里づくり連絡協議会」(以下、協議会)が設立される(事務局は地域産業戦略室)。その農業部会メンバーだった矢澤喜久雄が手を挙げて、翌年から無農薬栽培に取り組み始める。矢澤は高校教員を退職後、地元の営農組合「みねやの里」(集落の全農家22戸が参加、役員は全員60代以上)の組合長に就任し、なるべく農薬を使わずに栽培していた。もっとも、有機農業に精通していたわけではない。大失敗した。草に負けたのだ。

186　第8章　有機農業と地域づくり

　「雑草の問題を何とかしなければ広がらないと思いました。反面、カメムシを含めて害虫の被害はなく、カエルがすごく多かったですね」（矢澤）

　2013年度の栽培面積は22a、収穫量は240kg。反収1.8俵である。立ち上げ期は悲惨な結果に終わった。ただし、この年から担当者が鮫田晋（13年度事業の主導は彼の上司）に代わる。その結果として事態が動くのだが、それは後述し、ここでは事実にしぼって述べる。

　太田はいったん諦めかけるが、コウノトリへの強い思い入れから鮫田を豊岡市（兵庫県）に研修に出した。彼が無農薬稲作の除草技術に優れた民間稲作研究所（稲葉光國理事長）の存在を知り、太田に紹介。2014年度に委託契約を結び、有機稲作モデル事業を開始した（始動期）。委託契約期間は3年間で、年間委託料は小規模自治体として適正な額と言える。稲葉が年間5回ポイント研修に訪れるほか、実証圃の運営・評価に関わる指導・助言などを行う。それに先立ち14年1月に稲葉の講演会を開いたが、その印象について鮫田と矢澤が同じ趣旨を話した。

　「技術の話だけではないのがよかった。食料主権、豊岡市の取り組み、ネオニコチノイドの問題……。大きなビジョンを語られ、価値観を変える内容だった。それらを通して農薬の危険性や無農薬の意義の認識が深まった」

　2014年度の栽培面積は5倍の1.1haに増えた。4月にはコウノトリが飛来し、太田も地元も沸き立つ。みねやの里では稲葉の指導を忠実に実践し、イネの成長を妨げる草はほとんど発生しなかった。役員たちは「これならやれる」と思ったと言う。モデル事業に参加する農家には、減収補填の意味で10a当たり4万円を委託料として支払った。

表Ⅰ－8－1　有機稲作の広がり（2013～19年度）

年度	取組面積	農家戸数	農家経営体数	生産量
2013	22a	3	1	0.24t
2014	110a	5	3	4t
2015	450a	15	8	16t
2016	870a	15	8	28t
2017	1,400a	23	12	50t
2018	1,700a	23	12	60t
2019	2,300a	25	13	70t

（注1）営農組合など共同出荷・共同会計は1経営体としてカウントしている。
（注2）みねやの里は、有機米の生産に実際に関わるメンバーのみを農家戸数としてカウントしている。
（注3）2017年度ごろから、JA出荷だけでなく自主販売する農家が増えている。したがって、17年度以降の生産量は表の数字よりも多いと想定される。
（出典）いすみ市農林課作成。

以後の広がりは、表Ⅰ-8-1に示したとおりである。モデル事業終了後の2017年度は14ha、19年度は23haである。農家戸数は25戸に、経営体数は13に増えた。19年度の生産量は70トン。4年前の17.5倍である（開花期）。

一連の事業を推進するための予算（協議会関連）は、2013・14年度が千葉県環境財団の環境再生基金（全額）、15・16年度は内閣府の地方創生先行型交付金（全額、1200万〜13000万円程度）で、いすみ市の支出はない。2017年度以降はいすみ市の一般財源が、17年度は約550万円、18年度は約790万円、19年度は約1290万円、投入されている。金額に比しての成果は高いと評価できる。

さらに2017年に、落ち葉・孟宗竹・米ぬか・海藻を材料とした土着菌完熟堆肥を製造する、いすみ市土着菌完熟堆肥センターを設立。地域の未利用資源を活用して、小規模多品目の有機野菜栽培にも取り組んでいく。こうして、「有機の里づくり」に向かって着実に歩んでいる。

学校給食への導入

環境と経済の両立を目指したこの有機稲作モデル事業では、有機米の農家手取り価格を60kg2万円に設定した。慣行米の約1.5倍で、農家が再生産可能な価格である。希望小売価格は5kg3500円（1kg700円）だ。太田は当初、この金額では売るのが難しいと思ったという。

2014年の協議会が行った勉強会で、ある市民が「有機米を子どもに食べさせたい」と提案する。矢澤も同様の想いがあったと筆者に語った。太田は「学校給食に使うのであれば、税金を投入しながら農家を育成できる」と考え、その場で同意。学校給食を担当する教育委員会も農政部門も寝耳に水だったが、これで有機米の学校給食への導入が決まる。地元産有機米を提供すること自体には、どこでも誰も反対しない。問題は生産と導入の仕組みづくりである。

2015年度に初めて4トンの有機米が学校給食に使われ、3年後の18年には全量が有機米となった（表Ⅰ-8-2）。10小学校と3中学校の約2500人分（教員を含む）42トンを供給したのである。農林水産課（当時）の鮫田がその事業をもっぱら担い、

表Ⅰ-8-2　学校給食における有機米の使用状況

年度	有機米導入量	割合
2015	4 t	11%
2016	16 t	40%
2017	28 t	70%
2018	42 t	100%
2019	42 t	100%

（出典）いすみ市農林課作成。

188　第8章　有機農業と地域づくり

先進自治体である今治市(愛媛県)に学びながら、教育委員会と協力して推進していった。子どもたちの評価も高く、祖父母が農業をしている子どもは、こう声を弾ませていたという。

「毎日の給食が楽しみ。農家を継いで、おいしい米をみんなに食べてもらいたい」(千葉日報 2017)

有機米はJAいすみから、いすみ市学校給食センターに納品される。直近3年間の慣行米との差額は1kg当たり130〜151円で、全量有機米になった2018・19年度は約500万円が一般財源から支出されている。給食費の値上げは行っていない。JA出荷時の農家の手取り価格は60kg当たり2万円だ(有機JAS認証取得米は2万3000円で集荷し、外部に販売している)。

「日本の農業の原点に立って、安全な食料を供給できる地域のモデルを創りたい。そして、次代の子どもたちが健康に生きられる社会にしたい」(太田)

いすみ市の学校給食はセンター方式で、民間委託である。一般的には地場産農産物、まして有機農産物は導入しにくい。それでも、市長の強い姿勢、それを支える職員、農業者との協働が相まって、画期的成果が達成された。ただし、残食率は思ったほど減っていない。慣行米を食べた月も有機米を食べた月もある2016年度と17年度で比較すると、16年度の残食率は慣行米が21.2%、有機米が15.5%、17年度の残食率は慣行米が19.4%、有機米が17.8%である。とくに17年度は1.6ポイントしか減っていない。これは、自校式で炊き立てのご飯が食べられているわけではないことを反映しているだろう。

さらに、2018年冬からは移住者を中心とした小規模農業者の協力を得て、小松菜や人参などの有機野菜の提供が始まった。JAや直売所を含めた有機野菜連絡部会も誕生。19年度は、ジャガイモ、玉ネギ、ネギ、ニラ、大根が加わった。

市立幼稚園・保育園への有機米導入については、福祉課と農林課で検討を進めている。使用する有機米は10t程度なので対応可能だが、各保育所の食材購入先が異なっているし、地元商業の保護も必要なので、調整が求められる。

なお、2018年以降、学校給食用42トン以外の有機米は、いすみ市内の農協直売所(1kg700円)、千葉県内の大手スーパーなどで販売されている。ブランド名は「いすみっこ」。まず、地元の子ども、次に市民、そして市外へという流れは、本来のあり方である。今後は有機米を評価する生協との取引を広げてい

く方針である。実現すれば、いすみ市の有機農業は大きく伸びていくにちがいない。それは、シビックプライド（住民の誇り）の形成につながる。

なぜうまくいったのか──公と民の連携

いすみ市の成功については太田のリーダーシップが高く評価されている。それは間違いないが、他にも重要な点がある。

第一の要因は、太田に地域の農業を何とかしたいという気持ちが強くあると同時に、農業の素人だったことである。彼は非農家出身で、両親は公務員と教員だ。以前は千葉県職員だったが、そこでも農政には関わっていない。だから、「有機農業は難しい。無農薬米なんて、できっこない」という誤った思い込みがない。それは、こんな発言からも裏付けられる。

「鮫田君は、農家出身じゃないからよい。先入感がなく、既成概念にとらわれていない。農家出身だったら、（無農薬稲作に対して）親から『このバカ』と言われますよ」

第二のきわめて大きな要因は、人と、人を活かす体制である。2013年度から担当になった鮫田は、趣味のサーフィンをやりたいがために、東京の民間企業から転職して、05年に旧岬町役場に入庁した。もともと、いすみ市とは縁もゆかりもない。教育委員会に配属されて、子どもの体力向上事業で成果を挙げたが、農業については素人である。ただし「オーガニックへの憧れみたいなことはあり、自炊のときは玄米を食べたり、（市内にあるマクロビオティック料理の）ブラウンズフィールドへ食べに行ったりしていた」と語る。つまり、有機農業へすんなり入ることができる価値観と感性があり、かつ仕事ができた。

実は黎明期以来、企画政策課や商工観光課などに置かれた地域産業戦略室（当初はまちづくり戦略室）の担当者は2012年度まで毎年、異動している。おそらく、太田の方針についていけず、戸惑うばかりだったのであろう。13年度に鮫田が担当になり、翌年、仕事をすべて持って農林水産課（現在は農林課）に異動した。仕事が人についていき、縦割組織を超えるという異例の人事であり、太田の慧眼と言える。一般に有機農業が盛んではない自治体の場合、立ち上げ期は地域づくり（地域振興）の観点から企画政策やまちづくり部門が担い、本格的に事業が動き出す時期に農業部門に移る形がうまくいきやすいだろう。その際も慣行農業の「常識」とは異なる発想が必要である。

190　第8章　有機農業と地域づくり

　鮫田は太田から「豊岡のようになりたいから何とかしてくれ」と言われ、毎日遅くまで残って、インターネットで検索し、研究論文やレポートを読みあさり、稲葉と宇根豊に行きつく。そして、除草に悩む農業者たちを見て、稲葉へ指導を仰いだのだ。

　「無農薬にしか魅力を感じなかったし、減農薬やっても世の中が変わるとは思わなかった。農薬の成分を減らして、いくらか価格が上がっても、地域の閉塞感を打破するムーブメントにはなりません」

　鮫田は実証圃場の設計を担当し、頻繁に現場に出かけ、水管理のアドバイスもする。有機米の全生産者をつぶさに知り、彼らから信頼されている。全員が常にうまくいっているわけではないものの、市民に有機米給食が浸透するなかで農業者は成功体験を積み重ねている。市役所内でも徐々に認知されてきた。

　また、いすみ市は2018年7月に、第5回生物の多様性を育む農業国際会議を開いた。それまでの開催地のような行政の長い蓄積がないなかでの太田の蛮勇というしかないが、それを中心的に担った職員はわずか二人。鮫田に加えて、任期付職員の手塚幸夫である。

　いすみ市出身の手塚は学生時代からカウンターカルチャーと反戦・反原発運動に熱意を傾けてきた。高校教員になって以降は自然保護活動に力を入れ、40歳で地元に戻ると農業・漁業と自然との関係に注目し、堂本知事のもとで「生物多様性ちば県戦略」に深く関わる。2015年に策定した「いすみ生物多様性戦略」では策定副委員長を務め、「生物多様性を活かした産業創造」を提起した。地元農業者やブラウンズフィールド、最近増えている移住者との付き合いも深い。鮫田が働きかけて2年間の職員採用が認められ、会議は成功する。いすみ市にとって、有機米学校給食をアピールする大きな出来事であった。

　鮫田という「民」(市民)の感覚を持った「公」と、「民」(市民活動)の立場から「公」とも連携できる手塚。二人の存在なくして、いすみ市の成功はあり得ない。そこでは、「公」と「民」が相互乗り入れして、共に有機農業推進という政策課題を担っていく。いわば、「公」が「共(コモンズ)」に(2)、制度が運動に、開かれていく過程と言えるだろう。

　なお、農林課と他の組織(教育委員会や移住・創業支援室)との連携は今後の課題である。現在、充実した食農教育「田んぼと里山と生物多様性」(年間30時間)は夷隅小学校でしか行われていない。その担当者は鮫田と手塚である。こ

こでも、公と民が連携している。彼らの授業を受けた5年生の給食の食べ残しは、群を抜いて少ないという。だが、二人ではとても他の小学校までは手が回らない。たとえば地域おこし協力隊が、イベント対応ではなく、食農教育を担ってもよいはずだ。その分野にしぼった採用も考えられる。

有機稲作がどこまで広がるか

太田は、いすみ市の有機米作付面積200ha を目指している。稲作の作付面積は1728ha（2015年農業センサス）だから、その約12％という実に意欲的な数字である。2019年度は23ha なので、その8.7倍に当たる。常識的に考えれば難しいだろう。どうやって広げていくのか。

有機稲作生産者の拡大を行うのは、鮫田をはじめ農林課だけではない。手塚も積極的である。もちろん、それは行政に頼まれたからではなく、有機農業を広げたい、地域を元気にしたいという自らの想いによる。

たとえば2019年には、手塚が誘って水田16ha の大規模農家（1980年生まれ）が加わった。本人曰く「東京でいろいろ遊んだが、ずっと暮らしたくはない」から、26歳で戻って農家を継いだ。話を聞いていると、有機農業にこだわりがありそうには見えない。だが、手塚は彼が50a を無農薬で栽培していたことがあるのを知っていたし、「趣味がフリージャズで、感覚的にいけそうだ（有機農業をやりそうだ）と思った」と語る。このあたりが自然観察だけでなく、人間観察にも優れる手塚たるゆえんだ。

彼は1.5ha を有機に転換し、収量は9俵半と慣行を上回った。「肥しを相当入れているから、経費はかかっている」と話しつつ、2020年は3ha に増やすと言う。こうした地域農業の有力な担い手が有機稲作に加わる意義は大きい。

有機農業の新規参入者は野菜が中心で、稲作は少ない。半農半Xの場合は、稲作を行うとしてもほぼ自給用である。手塚が「基本的に地元の専業農家に声をかけている」のは正解だ。これまで慣行稲作から有機稲作への転換の働きかけは、付加価値を付けて高く売るという経営的側面（1節の谷口の言葉を借りれば「産業化」）が多かった。一方、有機稲作の拡大が農業の衰退を押しとどめ、地域づくりにつながるという側面に着目すれば、それは「社会的な問題の解決」「有機農業の社会化」（179ページ）にほかならない。

いすみ市で稲作をメインとする専業農家は170戸程度で、その平均耕作面積

はおよそ8ha。彼らがその2～3割を有機農業に転換していかなければ、達成できない。それに、定年退職者を中心とする兼業農家や、そのグループが加わる。両者が車の両輪とならなければならない。そのエンジンは、利益や個人的信念ではなく、活気ある地域を創りたいという気持ちである。さらに、その補助輪として移住者による自給稲作を位置づけていくべきだろう。

手塚は「若手専業農家(30代～50代)の4人にひとりが有機に変われば、いすみの有機農業は完成だ」と語る。ここでいう「有機に変われば」は、全面転換ではなく部分転換であり、先行者の成果が上がっていけば非現実的な目標ではないと言ってよいのではないか。

首長がリーダーシップをとり、支える職員らによって組織・指導体制が形成でき、技術が定着すれば、それまで有機農業が盛んでなかった地域にも広がるだろう。むしろ、技術や生き方にこだわるタイプの有機農業者(それが悪いわけではない)が少なく(おらず)、農業者間の対立が少ない分だけ、広がりやすいかもしれない。

地元産有機米給食が地域の持続的発展にどう寄与するか

いすみ市の2014～18年度の移住者数の推移を表Ⅰ－8－3に示した。5年間の合計は276人で、2018年度末の人口3万8062人の0.7%である。人口規模から言えば高いし、増加傾向にある。単身者が多いことも読みとれる。実際、若い世代に人気がある著名な社会活動家を含めて、元気な移住者が多い。週末には市内各所でマルシェや市（いち）が行われ、賑わっている。とはいえ、2013年度以降、社会増にはなっていない(18年は−27人)。

また、現時点では人口減少に歯止めがかかってはいない。増減率(対前年比)を見ると、2010年は−0.74%、14年は−1.09%、18年は−1.33%である。だが、今治市で地産地消の学校給食を推進してきた職員によれば、有機農産物を使った給食や食事を出す保育園や産婦人科病院は、入園者や入院者が増えたという。今後、子育て世代の移住が増える可能性

表Ⅰ－8－3　いすみ市への移住者数の推移(2014～18年度)

年度	世帯	人数
2014	19	28
2015	24	52
2016	31	57
2017	33	71
2018	46	68
合計	153	276

(出典) いすみ市水産商工課移住・創業支援室提供の資料に基づき筆者作成。

第Ⅰ部　持続可能な農業としての有機農業　193

は少なからずあるだろう。

　ただし、人口増だけを地域活性化の指標とする考え方自体が間違っている。いま注目すべきは「にぎやかな過疎」である（小田切 2019）。自然減が著しいために人口減少自体は加速しているが、地域内では新たな動きが起こり、「なにかガヤガヤしている雰囲気が伝わってくる」現象だ。言い換えれば、地域に活気がある。

　小田切はその代表格として徳島県美波町（みなみ）を挙げている。筆者もこうした農山村をいくつか見てきた。ほぼ例外なくカフェや農家レストランが誕生し、IT系やデザイン系を中心とするサテライトオフィスが生まれている。大半の移住者たちは食べものの部分的自給に関心があり、実践する。こうした田園回帰の流れと有機農業や有機農産物を使った学校給食は、きわめて親和性が高い。

　にぎやかな過疎、すなわち地域の持続的発展が実現するためには、地域づくりの中心となる地元住民が移住者に対して壁をつくらないことが肝心である。ところが、移住者たちが行うイベントや催しへの参加に最も消極的なのが地元の専業農家（とくに大規模専業農家）である。これは年代と地域を問わない。忙しいこともあるが、「文化が違う」という声をよく聞く。その結果、移住者は移住者同士のコミュニティをつくってしまう。

　手塚や鮫田は、地元の土着文化と移住者や農山村に関心を持つ「関係人口」も含めた外来文化の双方が分かる貴重な存在である。彼らが架け橋となって、両者がつながるとき、いすみ市の有機農業は次の段階を迎えるであろう。

4　県が行う有機農業推進政策

県土の特性を活かす

　この節では、都道府県レベルでの有機農業を地域に広げる取り組みに着目して、広域自治体が有機農業を支援する意義と可能性について述べる。

　有機農業推進法に基づいて行政機関による有機農業への支援が公式に開始され、2019年現在すべての都道府県で有機農業推進計画が策定されている。市町村での有機農業推進計画策定の動きも見られる。ただし、行政機関による支援は、法律の制定によって一律に始まったわけではない。中山間地域を中心に、圃場に近接するさまざまな資源を活用して自然循環機能を増進する持続可能な

農業としての有機農業を推進してきた地域がある。そうした取り組みに共感を抱き、国に先んじて有機農業的施策を進めてきた行政職員も存在する。その代表例として、島根県を取り上げる。

島根県は東西約180kmに及び、高速道路を使用しても東西両端間の移動には約3時間を要する。人口は約69万人で、鳥取県に次いで少なく、高齢化率は約29％と全国で2番目に高い（2019年）。

県土の大部分は、標高1000m未満の低山が連なる中国山地である。明治期以前は山中でのたたら製鉄が盛んで、近現代には大都市圏の燃料需要に対応した薪炭生産が産業の柱となり、水稲、畑作、畜産、養蚕、林業などを組み合わせた多職兼業による生業構造を有していた（永田 1988）。だが、1950年代の石油への燃料転換にともない木炭生産量が激減し、63（昭和38）年の「三八豪雪」もきっかけとなって、挙家離村を伴う大規模な人口流出が生じる。こうした歴史的条件ゆえに、県政の最重要課題に定住人口の維持が掲げられ、有機農業支援やＵ・Ｉターン促進において独自の政策が実施されている（相川 2017ほか）。

島根県有機農業推進計画の特徴

「島根県有機農業推進計画」（2013年5月改訂版。以下、とくに注記のない場合は改定版を指す）は、有機農業に関わる農家、消費者、生協関係者や公募委員など計10名によって構成される環境農業推進委員会での討議と県民の意見聴取を経て策定された（農林水産部農産園芸課有機農業グループ資料による）。なお「環境農業」は島根県の造語であり、「人と環境にやさしい農業の展開を経済活動と両立させながら県民全体で取り組む循環型農業をいう」（塩冶 2013：177）。島根県有機農業推進計画は、多様な有機農業が県内で展開されてきた経緯を、県土の大部分を中山間地域が占める地域特性への認識とともに、次のように規定している。

「本県における有機農業は、古くから地域の自給を核としながら消費者への直接販売を進めてきた地域や、新たな担い手等による有機 JAS 農産物の産地形成と販売拡大が図られている事例など、全国的にも注目される取組みが展開されている」

この現状把握に基づき、有機農業への公的支援のあり方を方向づけている。

「本県の有機農業には、地域自給を基本とした取組と経済活動として展開さ

れている取組がある。……今後の有機農業の推進については、これら二つの取組を「豊かな自然環境や地域農業を次世代に引き継ぐ取組」と「経済活動として展開され、面的拡大が図られる取組」という視点でとらえ、車の両輪として、各地域の自然あるいは社会的条件に合わせ、かつ、互いに補完し合いながら発展する形で進める。同時に「UIターンの受入れを始め、担い手の育成による島根農業の活性化と定住に寄与する取組」を県民と一体となって推進する」

　ここでいう担い手は、国の農政の概念とは意味づけが大きく異なることに留意する必要がある。国の担い手とは、年間の農業所得目標額がおおむね400万円以上で、国からの直接的な支援を受けられる経営階層に属する農業経営体を指す。しかし、島根県有機農業推進計画では、中山間地域の維持発展のための総合政策の一翼を占める地域づくり政策の主体として捉えている。

　自給をベースにした在来農法としての「ふだんぎの有機農業」(相川 2013)を営む人びとが暮らしている事実に立脚するとともに、旧・木次町(現・雲南市)、旧・弥栄村(現・浜田市)、旧・柿木村といった町村部で1960年代から80年代にかけて有機農業運動が展開されてきた歴史を踏まえて(桝潟 2008；相川2015)いるのである。それゆえ、経営規模の指標によって支援対象を選別しない。

　この有機農業推進計画が対象とする農業は、日常的実践としての「ふだんぎの有機農業」(相川 2013)が根底にある。それは、桝潟がP. B. トンプソンを参照しつつ、日本の有機農業運動の規定に位置づけた「持続可能な本来農業」とみるべきであろう(桝潟 2017)。

　「車の両輪」の発想は、食料・農業・農村基本法の基本理念や条項と親和性を持つとも言える。むしろ、狭義の産業政策に偏重した現行農政(官邸農政)が同法の理念との間に乖離を生ぜしめているのではないかとの疑問も抱かざるを得ない。同法は圃場の自然循環機能の維持促進や農業の多面的機能を重視し、産業政策としての農業のみならず、農村社会の維持存続の重要性と意義を明記しているからである。

　島根県有機農業推進計画の改定時に環境農業推進協議会の座長を務めていた山岸主門氏(元・島根大学准教授)によれば、「地域自給を基本とした取組と経済活動として展開されている取組」の両者を公的支援対象としていく計画を策定するにあたって、双方の立場の委員が互いを尊敬する姿勢で議論が進んだとい

196　第8章　有機農業と地域づくり

う。そして、「島根らしさ」とは何かを考えるなかで、産業振興のみならず、自給部分も重視して有機農業を推進していく方向で合意をみたという（2017年5月29日、山岸氏への筆者聞き取り）。この推進計画は、県境を超えて有機農産物を広域に供給し、都市部からの所得移転を図る有機農業と、自給をベースにした有機農業の実践者間の連携の産物と言ってもよい。

多様な有機農業の推進施策を支える変革主体としての行政職員

　島根県の有機農業推進政策については県（元）職員による報告が複数あり、地域特性に向き合った有機農業振興のあり方が学術報告や論文としても蓄積されてきた（栗原ほか 2011；塩冶 2013；松本 2015；浜崎 2015）。そこでは、1992年から国で推進されてきた環境保全型農業（減化学肥料、減農薬農業）とは一線を画した政策として推進していく独自の姿勢も示されている。

　2005年に農業振興関連課に有機農業グループが設置され（栗原ほか 2011：61）、県としての有機農業への支援が本格開始された。07年から、除草剤を使わない米作りの技術開発が県農業技術センターで開始され、12年には有機農業支援施策が複数打ち出される。公設の農業（林）大学校としては全国最初の有機農業コースの開設、前述の島根県有機農業推進計画の策定、認定農業者に限らず申請可能な有機農業推進へのソフト・ハード事業（みんなでつくる有機の郷事業、みんなでひろげる有機の郷事業）などである。

　こうした施策や制度が形成された背景には、有機農業への公的支援を地道に目指してきた行政機関内の変革主体の存在が垣間見える。1970年代や80年代から有機農業に取り組んできた先駆的な農家や自治体関係者との交流を介して、有機農業への支援を構想し、粘り強く施策形成を試みた行政機関（とりわけ農業改良普及員経験者）がいた。島根県（元）職員による『有機農業研究』への寄稿論文から、その主体形成と施策形成の一端を概観しておきたい。たとえば、有機農業支援施策立案の先駆者のひとりである松本公一氏（現・しまね有機農業協会理事）は、農業改良普及員時代を振り返って述べている。

　「日々の普及活動等を通じて、県内外で接触する有機農業実践者やその現場から、考え方・生き方（一種の哲学）や農業生産活動の在り方等について多くのことを経験させていただき、そのことによって有機農業への関心が徐々に増幅されていったような気がする。／また、今思い起こしてみると、有機農業（者）

と触れ合った後には、表現は難しいが「何となく心地よさ」が残ることが多かったような気がする」（松本 2015：8）。

　松本氏は県組織内で時間をかけて仲間づくりと施策づくりに取り組み、長い雌伏の時期を経て、前記の諸施策に尽力してきた。

　また、農業経営課や農林大学校で有機農業推進に携わってきた栗原一郎氏（元・農業経営課長、現・農林水産部技監）らは、有機農業推進が固有の政策領域であることを問題提起した。

　「重要な点は、環境保全型農業推進の延長上に有機農業があるのではなく、有機農業を始めから志向し、その課題や解決手法を検討し、施策を打ち出していく必要があるということが理解されつつあることである。化学肥料や農薬の削減手法を突き詰めていっても有機農業にはたどり着かない。始めから化学的な資材に頼らないという意識が行政側にもなければ有機農業の振興にはつながらないと考えている」（栗原ほか 2011：62）。

　環境保全型農業の延長上に有機農業があるのではないという発想は、前述の旧・柿木村元・企画課長の福原圧史氏（現・しまね有機農業協会理事）の発想とも重なる（福原ほか 2013；福原 2015）。

　除草剤を使わない米づくりの技術開発や農林大学校での有機農業教育に携わった浜崎修司氏は、「県機関であるがゆえに、考え方や進め方は「中立的」でなければならない。偏った農業観や環境破壊的な資材投入型農業をすすめることは県民に理解されない」と指摘したうえで、有機農業を県政として進めていく根本的な目的について、以下のように記す。

　「公務員の使命として地域振興の視点をあげておきたい。過疎化がすすむ本県にあって、人を呼び込み、産業を育て、地域を活性化させなければならない。また、安全な農産物生産を背景とした食育教育も併せて健やかな子供たちが育つ環境と大地を守らなければならない」（浜崎 2015：17）。

　いずれの引用も、有機農業を地域に広げようと努力してきた民間の取り組みに敬意を払い、彼らに呼応する姿勢が明確に示されている。島根県の有機農業運動は、中山間地域で主体的に生きていく根拠を見出そうとした自給運動や産消提携運動として、また過疎が進行する地域での産業創出の取り組みとして、さらに近年は若者定住を目的として行われてきた。農業者や町村が先行して進めてきた有機農業の多様な取り組みに呼応した県の行政職員たちも、その一翼

を担っている。変革志向を持った行政職員は、有機農業の制度化のアクターのみならず、地域特性を踏まえて有機農業推進法を活かしていく「制度の運動化」（200ページ）のアクターとしても位置づけられるだろう。

市町村や小さな地域を支援する県の施策

農林水産部の有機農業グループでは、前述の「みんなでつくる有機の郷事業」「みんなでひろげる有機の郷事業」の後継事業として、2017年度より「みんなでつなげる有機の郷事業」を引き続き県単独事業として展開している。

この事業は、①生産者支援事業、②流通・販売者支援事業、③組織化支援事業、④有機水稲産地化モデル事業、⑤地域活動支援事業に分かれる。なかでも⑤は、市町村やより小さな地域を単位として有機農業を進める人びとを増やしていく目的を持つ。有機農業を地域に広げようとする農業者や自治体職員から歓迎されながらも、いわゆる「事業仕分け」によって廃止された国の有機農業モデルタウン事業の役割を代替的に担うとともに、同事業よりも、いっそうきめ細かな地域支援を可能にし得る事業である。

この地域活動支援事業では、「有機農業推進計画を策定した（または策定予定の）市町村において、推進地域を設定し、有機農業を推進するための検討、調査、体制整備等に係る経費を、推進母体（地域協議会）に対し助成」する。地域協議会は、「市町村、有機農業者（団体）及び関係機関等（農業協同組合、流通業者、販売業者、食品加工業者、消費者・消費者団体、学識経験者、県機関等）により構成」される。構成員は幅広く設定されており、市町村（行政機関）および有機農業者（団体）は必須の参加主体と規定されている。

支援内容は、推進母体の新規設立支援と機能強化に大別される。事業活用が可能な期間は、新規設立支援が2カ年、機能強化が1カ年、補助額はいずれも年100万円（上限）である。地域で学習活動や普及活動などを行い、住民と行政が連携するきっかけをつくるソフト支援策としては、適切な予算規模と言える（農産園芸課有機農業グループのウェブサイト参照。URL：https://www.pref. shimane.lg.jp/industry/norin/seisan/kankyo_suishin/yuki_nougyo/minna_yuuki_no _sato.html、2019年10月2日最終閲覧）。

第Ⅰ部　持続可能な農業としての有機農業　199

小地域自治を尊重した有機農業推進政策

　この事業の特筆すべき点は、有機農業推進地域協議会の構成要件の規定の柔軟さである。たとえば「平成の大合併」以前の旧町村域でも立ち上げられ、有機農業推進計画などを策定できる。制度を活用する側に、創意工夫を凝らして自己決定できる領域が大きい。上意下達ではなく、ボトムアップ式に、地域特性を踏まえて有機農業を普及する主体形成を創出できる。

　周知のように、2000年代初期から進行した「平成の大合併」によって、とくに西日本で市町村域の広域化が進んだ。都市的地域と中山間地域の双方を含む市町村も少なくなく、自治体全域での合意形成が難しい問題が増えている。そのため、合併前の地域単位で独自の活動を行った場合、自治体から「なぜ、その地域だけ特別に扱うのか」という指摘を受け、小地域レベルの住民活動や住民自治を尊重した行政活動が阻害されるおそれがある。こうした状況を考えると、自然地理的区分や歴史的な経緯を重視した小規模単位での有機農業推進の取り組みを尊重する有機農業支援策は、きわめて有意義である。

　有機農業モデルタウン事業よりも一件当たりの予算規模は小さいが、その役割を県単独事業として継承すると同時に、小地域単位で主体形成を促す行政事業とも位置づけられる。2019年時点で、美郷町(13年)、江津市(15年)、安来市(16年)、浜田市弥栄自治区(16年)で有機農業推進計画や推進方針が策定され、あるいは推進協議会が発足している。さらに、江津市では19年度から、有機農業での就農希望者を専門に受け入れる就農支援制度が開始されている(19年9月3日、江津市農林水産課農業振興係への筆者聞き取り)。

　小地域の自律性を尊重する有機農業の支援制度を活用して、より多くの地域で有機農業を広げる活動が取り組まれていくことに期待したい。それは「ふだんぎの有機農業」(相川 2013)の営みの評価と継承という意義も持つだろう。

有機農業を地域に広げる営みの持続──運動の制度化と制度の運動化

　かつて市民派政治学者の篠原一は、高度経済成長期の都市政策を論じるなかで、次のように問題提起した。

　「市民参加は、それが効率的であるためには何らかの制度化がされなければならないが、市民参加は制度化されると同時にダイナミズムを失い、それがもつ意味を半減してしまうという宿命をおっている。従って市民参加が長い生命

をもつためには、制度化ののちに再び運動化の過程がはじまらざるをえない。つまり、運動の制度化と制度の運動化という二つのプロセスがつねに循環しなければならないのである。そのため、ただ制度的なチャネルをつくれば円滑に解決するというように、スマートな形ではものが運ばないのである」(篠原1973：26-27；篠原1977：119)。

　1970年代は、都市政策の意思決定過程への市民参加が政治学や行政学の分野で研究・実践された。住宅や教育施設の不足、発生源対策が不十分なまま放置され深刻化した公害問題などをめぐって、それらの対策を専門機関に丸投げするのではなく、市民が意思決定過程に参画していくことが重視されたのである。同時に、市民の政治的意思決定への参加にともなって、市民が既存の政治行政制度の外側から直接的に異議申し立てする機会やインパクトのある問題提起が減衰し、市民運動が翼賛化する懸念も示された。篠原はこれを「行政的包絡」と呼んだ(篠原1973；篠原1977)。

　現代では、パートナーシップや協働という用語が多用されている。しかし、1970年代に市民と研究者が生み出してきた社会運動と行政機関との関係のあり方を自己点検する実践と研究の遺産は、社会科学の立場から有機農業を研究する際に、いまもその意義を失っていない。「運動の制度化」と「制度の運動化」の循環運動を構築するという課題は、有機農業の地域への普及にあたっても重要であり、今後の有機農業政策と有機農業運動における最大の課題と言っても過言ではない。

　「運動の制度化」と「制度の運動化」の観点からみて、地方自治体による有機農業への公的支援を実現するために重要なのは、計画や制度の形成が有機農業への公的支援を即時的かつ自動的に促すわけではないということだ。必要なのは、計画や制度を活用した民間主体と行政主体による自発的かつ創造的な取り組みである。「運動の制度化」(ここでは計画や制度の制定を指す)が制度の形骸化や形だけの参加に陥らないためには、計画を練り、実行し、制度を運用し、利用する諸主体が「運動に回帰する姿勢をつねにもちつづけること」が必要である(篠原1973：27；篠原1977：119)。

　「制度の運動化」の主体は、第一義的には、農業者をはじめとした民間の人びとである。加えて、従来の有機農業研究では看過される傾向にあった主体として、彼らと連携しながら、地域ごとに個性ある有機農業支援制度を創設し、

運営する地方自治体の職員を位置づけることも重要だ。

島根県では、県の有機農業推進計画や市町村での先行的取り組みを進めてきた諸主体の動きから、「運動の制度化」が制度の空洞化に陥らないために必要な「制度の運動化」に向けた動きの萌芽を見出せる。こうした動きが他の都道府県にも波及していくためには、何が必要なのか。これは、社会科学者として有機農業を研究する者に課せられた大きな課題である。

5 有機農業が地域活性化に寄与する

以上、有機農業と地域づくりの関係について、理論的な枠組みを示した後で、市町村の2事例、都道府県の1事例を紹介した。4つの節は別々の著者によって書かれており、視点を統一してはいない。したがって、完全に整合性のあるまとめを書くことはできないが、おおむね次のことは言えるだろう。

第一に、3事例は有機農業の「社会化」の特徴をよく表している。いずれも、有機農業が地域存続や活性化のために多面的な機能を果たしているからである。「有機農業が地域の活性化に及ぼした効果は、生産者の所得確保だけではなく、農産物や農産加工品の流通・販売関連の雇用創出、環境保全、観光・交流促進と多岐にわたる」(184ページ)という指摘は、有機農業が具体的にどんな機能を果たしているかを端的に示している。もちろん、いずれの事例も有機農業の「産業化」の側面は見られる。だが、「社会化」の側面がはるかに強い。

第二に、興味深いことに、島根県が有機農業を政策に取り入れたとき、この2つの側面を明示的に区別したことである。「社会化」の側面は「豊かな自然環境や地域農業を次世代に引き継ぐ取組」、「産業化」の側面は「経済活動として展開され、面的拡大が図られる取組」として並置され、両者が「車の両輪」として位置づけられた。島根県の対応は、今後の有機農業推進政策を考えるうえで重要な指針になるだろう。

第三に、有機農業が地域に広がる方向には「下から」(ボトムアップ)と「上から」(トップダウン)の2つの方向がある。過去には「下から」の展開が多かったが、2010年代からはいすみ市のように自治体の首長が主導して有機農業を広めるという事例が見られるようになってきた。その背景には、有機農業が地域活性化に果たす多面的機能が広く認識されるようになったことがあるだろ

202　第8章　有機農業と地域づくり

う。そうだとすれば、有機農業は今後ますます評価され、広まっていくことが
期待される。

（1）本節の内容は2018年2月1日、11月15〜16日、19年9月11〜12日に関係者
に行ったインタビューや各種資料などに基づいている。なお、敬称は省略した。
（2）近代化とは、私的所有や私的管理に分割されず、国や都道府県といった広
域行政の公的管理にも包括されない、地域住民の「共」的管理（自治）の領域を狭め、
公（国家・政府）と私（市場）に引き裂く過程であった（多辺田1990）。だが、いまや政
府の失敗も市場の失敗も明らかとなっている。情報や知識の共有化（コモンズ化）も
含めて、私的占有や公的管理から共的領域を取り戻すことが喫緊の課題である。

＜引用・参考文献＞

相川陽一（2013）「地域資源を活かした山村農業」井口隆史・桝潟俊子編著『地域
　　自給のネットワーク』コモンズ。

相川陽一（2015）「弥栄之郷共同体／やさか共同農場の軌跡——山間地における起
　　業・就農支援・地域づくりの可能性」『社会運動』416号。

相川陽一（2017）「新規就農者は農業だけの担い手ではない：「多様な担い手」育
　　成に向けた地域の取り組み」『季刊地域』編集部編『新規就農・就林への道——
　　担い手が育つノウハウと支援』農山漁村文化協会。

千葉日報オンライン（2017）「給食、全て有機米に　全国初、いすみ市が実現」

塩冶隆彦（2013）「島根県の有機農業推進施策」前掲『地域自給のネットワーク』
　　コモンズ。

藤栄剛（2003）「環境保全型農業の展開と実践農家の特徴」橋詰登・千葉修編著『日
　　本農業の構造変化と展開方向』——2000年センサスによる農業・農村構造の分
　　析』農林水産政策研究所。

福原圧史（2015）「自給をベースにした柿木村の有機農業」『有機農業研究』7巻
　　2号。

福原圧史・井上憲一（2013）「自給をベースとした有機農業——島根県吉賀町」前
　　掲『地域自給のネットワーク』。

浜崎修司（2015）「島根県立農林大学校有機農業専攻の内容と意義」『有機農業研
　　究』7巻2号。

国民生活センター編（1981）『日本の有機農業運動』日本経済評論社。

栗原一郎・安達康弘ほか（2011）「島根県における有機農業推進施策の状況と有機
　　農業技術開発」『有機農業研究』3巻1号。

桝潟俊子（2008）『有機農業運動と〈提携〉のネットワーク』新曜社。

桝潟俊子（2016）「有機・自然農法の思想と実践」江頭宏昌編『人間と作物——採

集から栽培へ』ドメス出版。

桝潟俊子(2017)「有機農業運動の展開にみる〈持続可能な本来農業〉の探究」『環境社会学研究』22号。

松本公一「なぜ，島根県で有機農業施策を推進してこられたのか」『有機農業研究』7巻2号。

永田恵十郎(1988)『地域資源の国民的利用——新しい視座を定めるために』農山漁村文化協会。

日本有機農業学会・有機農業政策研究小委員会(2005)「有機農業推進法試案について(解説)」日本有機農業学会編『有機農業研究年報 Vol.5 有機農業法のビジョンと可能性』コモンズ。

農林水産省(2019)「有機農業をめぐる事情」。

小田切徳美(2019)「「にぎやかな過疎」をつくる—農山漁村の地方創生—」『町村週報』3065号。

大江正章(2015)「中山間地域こそ有機農業：島根県を事例に」『有機農業研究』7巻2号。

尾島一史・田中和夫ほか(2004)「中山間地域における減・無農薬野菜生産の現状と課題」『近畿中国四国農業研究』4号。

尾島一史・佐藤豊信・駄田井久(2013)「多様な流通チャネルを活用した有機農産物等の販売実態と課題」『農林業問題研究』49巻2号。

島根県農林水産部(2008)『新たな農林水産業・農山漁村活性化計画［基本計画編］』島根県。

篠原一(1973)「市民参加の制度と運動」『岩波講座 現代都市政策Ⅱ市民参加』岩波書店。

篠原一(1977)『市民参加』岩波書店。

多辺田政弘(1990)『コモンズの経済学』学陽書房。

谷口吉光(2012)「地域に広がる有機農業の多様な姿——その意義と可能性」中島紀一編著『自然共生型農業への転換・移行に関する研究 報告書』。

保田茂(1986)『日本の有機農業運動——運動の展開と経済的考察』ダイヤモンド社。

＊本章は、1・5節を谷口、2節を尾島、3節を大江、4節を相川が執筆した。

COLUMN　　時代と風土が生み出した「コウノトリ育む農法」

　有機農業という言葉が誕生した1971年に、奇しくも日本の野生のコウノトリは絶滅した。絶滅原因の一つに、農薬による体内汚染が指摘されている。だが、当時は兵庫県知事が回顧録で述べているように、「農薬がコウノトリの絶滅原因であると認知していたがコウノトリのために農薬使用を制限するという選択肢はなかった」。

　その後、1985年にソ連（現ロシア）から幼鳥を譲り受け、89年にヒナが誕生して飼育下繁殖が軌道に乗り、野生復帰事業に着手する。2003年には県や市町、関係団体、地域住民組織からなる「コウノトリ野生復帰推進連絡協議会」（会長：保田茂神戸大学教授）を組織し、野生復帰推進計画を策定。05年に放鳥を決定し、餌場の確保が緊急課題となった。

　兵庫県では2002年からコウノトリと共生する農業技術の確立に着手し、05年に定義と栽培要件（**表1**）を定めて、コウノトリ育む農法（以下、育む農法）を確立した。この間、地域の風土や歴史に学び、生態学を農業に適用する試みや、人間と自然が共存できる農業のあり方の模索など、従来の技術確立とは異なる試行錯誤が続く。

　育む農法は兵庫県北部全域に拡大。2019年には600ha（うち230haは有機農業）となり、180羽以上のコウノトリが自然界で生息している。育む農法の普及にともない、農業者の意識も変容し、生物多様性の重要性と有機農業の可能性を体感するようになった。時代と風土が育む農法を生み出し、環境と経済の融合が具現化したと考える。

〈西村いつき〉

表1　コウノトリ育む農法の必須事項（2005年作成、14年・16年改正）

環境配慮	1　生き物の確認・中干し前にカエルの変態確認 2　化学農薬の削減 （1）農薬を使用しないタイプ──栽培期間中不使用 （2）農薬使用を減らすタイプ──特別栽培農産物表示ガイドラインに基づく兵庫県地域慣行レベルの8.5割以上低減。農薬を使用する場合は普通物。但し、ネオニコチノイド系薬剤は使用しない （3）農薬削減技術導入→温湯や食酢による種子消毒、畦草管理 3　化学肥料の削減 栽培期間中不使用
水管理	冬期湛水、早期湛水、深水管理、中干し延期 冬期湛水及び早期湛水（但し、冬期湛水が実施困難な場合は早期湛水のみでも可）
資源循環	牛糞堆肥・鶏糞堆肥等有機質資材を施用する場合は地元産とし、土壌の状態により施用量を加減
その他	ブランドの取得（有機JAS、ひょうご安心ブランド、コウノトリの舞、コウノトリの贈り物）

第Ⅱ部

代替型有機農業から
自然共生型農業へ

第1章

有機農業と環境保全

小松﨑将一・金子信博

1 近代農業がもたらす環境への影響と有機農業

　20世紀後半の世界的な人口増大に伴う食料需要に対して、多くの地域で集約的な農業生産が実行され、その需要を満たすことに成功した。それらの地域では、機械化、化学化、施設化、さらには大規模化された農業生産体系が導入されていく。だが、これらの体系は自然の生態系と大きくかけ離れ、環境に対する農業由来の負荷が大きくクローズアップされるようになってきた。

　現在、近代的な農業生産体系をめぐっては、生産性と収益性の拡大という2つの目標の最大化を追求するため、肥料、農薬、改良品種、農業資材の利用が著しく進行した反面、生態的な永続性という視点が欠落している。たとえば、ミレニアム生態系評価[1]では、農業生産に利用された窒素やリンなどの栄養塩類および殺虫剤成分などが土壌や水系へ過剰に集積し、陸域や海洋の深刻な汚染をもたらしていることが指摘されている(Hassan et al. 2005)。

　こうした近代農業がもたらす負の側面への警鐘から、有機農業が始まった。本来、農業生産は、土壌や水などの地域資源に直接働きかけを行うものであり、有機農業の原点は自然の持つ生産力をベースにしている。有機農業の歴史をみると、英国のアルバート・ハワードが1940年に出版した『農業聖典』で「持続的農業を築くための原理・理論」を提起し、有機物の土壌還元の重要性を主張したことに始まった。ここでは、産業革命以降、欧米農業が地力減退などバランスを失う中で、アジアの伝統農法に学び、有機物を土に返す堆肥づくりの重要性を指摘している。

　その後、化学合成農薬のもたらす生態系破壊の認識が広がる中で、有機農業はCSA(Community Supported Agriculture)や提携(TEIKEI)など消費者と結びついた活動の世界的な広がりとともに発展していく。1980年代以降、有機農業の第三者認証が始まるとともに市場流通の道が広がった。

近年の世界の有機農業の実施面積をみると、2000年の1500万 ha から15年の5090万 ha へと、15年間で3.4倍に拡大している(Willer & Lernoud 2017)。有機農業は一部の"特別な栽培法"から、農業市場において一定の地位を築きつつあるまでに発展したと言える。

こうした広がりとともに、有機農業は果たして次世代を担う農業システムなのかどうか?という議論が高まりを見せている。IFOAM(国際有機農業運動連盟)は、これらの今後の有機農業の方向性を展望すべく「オーガニック3.0」として整理し、議論を広げると同時に、TIPI(国際有機農業運動連盟技術革新プラットフォーム；the Technology Innovation Platform of IFOAM – Organics International)など有機農業研究者間での国際的な研究連携を立ち上げ、有機農業研究は新しい局面を見せつつある(Niggli et al. 2017)。

2 オーガニック3.0の戦略

19世紀の終わりから20世紀の初めにかけて、農業のいわゆる化学化の方向性への疑問から生まれた有機農業は、工業的な農業システムではなく、「永続性(permanence)」を基本概念としていた(桝潟 2017)。

IFOAM では、有機農業の先駆的な取り組みにより社会的に有機農業が定義された段階をオーガニック1.0(1905〜70年代)、有機農業の社会的認知度の広がりとともに有機農業の国際的な標準化や法制度化が行われた段階をオーガニック2.0(1980年代〜現在)としている。さらに、オーガニック3.0では、有機農業を特殊栽培としての市場から次世代の主流となる農業生産システムとして発展させ、農業が直面するさまざまな問題(気候変動、持続可能な開発など)の解決策として位置づけられるような有機農業の刷新(Regenerative Organic Agriculture)を提起している(IFOAM 2016)。

いま、改めて持続性の高い農業システムとして、有機農業は有意性を持つのかという疑問が残る(たとえばバーツラフ 2003)。持続可能な農業について多くの議論があるが[2]、ここでは「天然資源の損失や破壊を食い止め、生態系を健全に維持しつつ農業の生産性上昇を推進すること」(FAO)を最大公約数的に考えてみたい。

この場合、科学者の認識として持続可能な農業=有機農業ではない。たとえ

208　第1章　有機農業と環境保全

ば、東京オリンピック・パラリンピックの農産物の調達コードとして持続可能性への配慮が重視され、①食材の安全の確保、②周辺環境や生態系と調和のとれた農業生産活動、③作業者の労働安全の確保が挙げられている（公益財団法人 東京オリンピック・パラリンピック競技大会組織委員会 2017）。これらの調達コードに関して、有機農業は①と②については明確化しているが、③については必ずしも明確化されてない。

　そのため、有機農業の持つ課題を解決し、有機農業が次世代の主流農業モデルとなるような変革を可能とする技術開発が必要である。この変革を有機農業の刷新（Regenerative Organic Agriculture）とするための議論がオーガニック3.0と言えよう。そこでは、世界が直面する環境や生物多様性などの課題を解決する手法として有機農業を位置づけ、さらなる展開を目指す戦略として、以下の提案を行っている。

　①農家が有機農業に取り組むにあたって、魅力的でかつ収穫量の向上が見込まれる技術革新。②地域資源の活用や伝統の継承の観点においても最善な管理となる有機農業への改良。③有機認証ばかりでなく、有機農業の持つ社会的公正さがはっきりと見えるような取り組みの多様化。④真に持続可能な食と農に関する多くの運動体や組織体と連携し、より広範囲な持続性を包括する。⑤フードチェーンを通じて圃場から食卓まで生産者と消費者とのより良いパートナーシップを持つ関係の構築。⑥有機農業の持つ潜在的な価値を消費者や政策決定者にはっきり示し、その価値の認識と適正な価格の形成を図る（Arbenz et al. 2016）。

▋ 3　農業の永続性への課題

　世界の食料生産は2005～07年の平均水準に比べ、人口の増加に応じて2030年には40％以上、50年には70％増加させる必要がある（FAO 2012）。しかし、農耕地面積はこれまで50年間に10％増加したにすぎない。しかも、残された土地は生産力が低く、開発・維持には膨大な投資が必要なうえ、土壌改善や基盤整備など関連する社会・環境コストもかかり、農地面積の増加は容易ではない（FAO 2012）。一方、農地の現状をみるとモノカルチャー栽培が占有し、世界的な土壌劣化の危機に晒されている（Clay 2013）。

第Ⅱ部　代替型有機農業から自然共生型農業へ　209

　一方、国連気候変動に関する政府間パネル（Intergovernmental Panel on Climate Change）によると、気候変動の要因である温室効果ガスのうち、23％が農業から排出されている（IPCC 2014）。また、FAOの推定では、農林水産業からの排出量が過去50年間でほぼ２倍となり、いっそうの削減策を講じなければ2050年までにさらに30％上昇するという。これらの温室効果ガスの排出は、「農業生産（畜産を含む）を行うための開発」と「農業そのものの活動」の２つに分けられる。

　人口圧が増えれば、生産量を増やす必要に迫られ、過剰な土地開発が推し進められる。また、農業生産活動そのものからも温室効果ガスが発生している。たとえば、機械化された農業では、耕耘から作物の収穫に至るまで、農業機械を動かすための化石燃料が消費される。ビニールハウスを用いた促成栽培・抑制栽培では、昼夜を問わず冷暖房が必要な場合があり、エネルギーが消費される。このような化石燃料消費により、温室効果ガスを放出しながら、農業生産が行われている現実がある。

　さらに、農業生産にとって必須の窒素化学肥料が地球環境の大きな脅威となっている。2010年の窒素化学肥料の消費量は約110Tg N（テラグラム窒素、１テラグラムは10億 kg）であり、世界人口の約半数が窒素化学肥料の恩恵を享受する（Heffer 2013）。しかし、農耕地に施用された窒素化学肥料の利用効率は世界平均で約25％程度にとどまり、残りは反応性窒素[3]として、大気、土壌、および水系を介して環境への大きな負荷となっている。これらの負荷は、地下水や湖沼への硝酸態窒素汚染のような局所的な問題もあれば、一酸化二窒素（N_2O）などの温室効果ガスの排出という全体的な問題もある。

　永続性のある農業生産に向けて、生産の基盤である土壌の劣化を防止し、温室効果ガスの排出の削減と化学肥料への依存から脱却した新しい農業生産体系が求められることは言を待たない。

　Tollefson は、1965〜2005年の食料生産において、実際の農業システムが排出した温室効果ガス（土壌および肥料由来、農地転換、稲作）についてモデルを作成し、検討している。そこでは、その間の作物収量を一定（近代的農業技術の導入を行わない場合）として生活レベルが時代とともに向上した場合と、作物収量と生活レベルを一定とした場合（人口圧のみ勘案）とで比較した（Tollefson 2014）。

210　第1章　有機農業と環境保全

　その結果、農業が近代的な農業生産手法を導入せずに推移した場合、食料需要をまかなうために農地拡大が行われ、結果として自然環境が破壊されることを指摘している。一方、化学化および工業化された実際の農業システムは、収量の向上により少ない面積で食料需要をまかなうことができ、自然環境を保全するという。ここでは、①化学化・工業化された慣行農業技術における作物収量の増大が森林その他の自然を保全すること、②農業の集約化が炭素排出量を抑制し、農業の化学化・工業化が地球温暖化対策において重要な役割を果たすことが、示唆されている。

　一方で、化学化・工業化された農業生産システムは生産性と収益性の増大という2つの目標の最大化を追求するため、肥料、農薬、品種改良、農業資材の利用が著しく進行し、長期的な生産性の持続という視点が欠落している点については多くの指摘がある。

　いずれにせよ、環境保全型農業の生産性に関する議論は重要である。たとえばPittelkowらは、裸地化せずに圃場表面を作物残渣で被覆する保全型耕耘（No-till）と慣行栽培に関する世界中の610の研究事例を分析した。その結果、全般的にみると保全型耕耘は収量が低下するという。有機物残渣の管理と輪作の適正化で収量減少は最小化するものの、保全型耕耘による食料生産の持続性向上には限界があると指摘している（Pittelkow et al. 2015）。

　一方、土壌管理法によっては、より省資源型の農業システムが実現できる可能性も示唆されている。Chenらは、中国において慣行農業と環境保全型農業に関する153の研究事例を分析した。その結果、圃場に投入する窒素肥料を増加させずに、作物の生理生態に応じた施肥管理により、1 ha当たり、稲作で7.2トンから8.5トンまで、小麦で7.2トンから8.9トンまで、トウモロコシで10.5トンから14.2トンまで増収可能であると報告している（Chen et al. 2014）。このような総合的な土壌管理手法を適用すれば、2030年まで農地を拡大せずに、中国の食料をまかなうことが可能であるという。

　また、最善管理方法（Best　Practice）を導入すれば、有機農業が次代の農業システムの主流になれるという議論もある（足立 2009）。Badgleyらは世界中の有機農業と慣行農業に関する収量比較実験の293事例を分析して、地域別に有機農業をモデル化した。そして、世界の農業生産を有機農業に転換しても十分な食料を供給できることを示している。そこでは、マメ科植物との輪作、カバー

クロップ利用、アグロフォレストリー、有機肥料、有効な水管理手法など有機農業の技術革新が非常に重要なカギとなる(Badgley & Perfecto 2007)。

一方、慣行栽培技術に用いられる農業資材を有機質資材に置き換えた有機農業では、環境負荷のリスクもある。Kirchmannらは、有機農業圃場と慣行圃場での土壌窒素の溶脱量を比較した結果、両者に差異はなく、どちらの体系からも窒素溶脱が認められると指摘している(Kirchmann & Bergström 2001)。したがって、有機農業であるから環境保全型であるというステレオタイプのアプローチではなく、有機農業における最善管理方法へのアプローチ転換の必要性が増大しているものと考える。

さらに、有機農業に用いられる有機資材の多くが慣行栽培由来の有機資源に依存している実態もある。たとえばNowakらは、フランスの有機農場での使用資材の由来について調査した結果、慣行栽培由来の養分が窒素で23％、リン酸で73％、カリ成分で53％を占めることを指摘した(Nowak et al. 2013)。このため、有機農業は化学肥料生産の上に成り立っているのではないかとの疑問が広がっている。この点で、有機農業の自立性という課題も提起されよう。

4 慣行栽培と有機栽培の食品比較

特定の食品が健康に与える影響については、多くの人が強い関心を持っており、健康に良いという理由で有機食品を選択する消費者も多い。しかし、食品に含まれる成分は多様であり、他の食品との食べ合わせや生活習慣、生活環境の影響などを併せて考えると、食と健康の関係は単純には評価できない(Forman et al. 2012)。

栽培方法、すなわち農法の違いが食品としての農産物の品質にどのような違いをもたらすかについては、多くの研究が行われ、それらの成果を多数集めて統計解析をしたメタ解析に基づく総説がいくつか発表されている。それらの結論は大きく2つに分けられる。

ひとつは、慣行栽培と有機栽培で生産された食品の品質に大きな違いはないというもの(Dangour et al. 2009；Smith–Spangler et al. 2012)である。もうひとつは、有機栽培のほうが健康に良い成分を含む例が多いというものである(Baránski et al. 2014)。

212　第1章　有機農業と環境保全

　共通して得られた結果を挙げると、食品のタンパク質含有率は慣行栽培のほうが高く、リン含有率は逆に有機栽培のほうが高い。最新の総説では、タンパク質や硝酸塩、そしてカドミウムの濃度が慣行栽培で有意に高く、抗酸化物質は有機栽培が有意に高かった(Barański et al. 2014)。

　化学肥料や堆肥を土壌に施用すると、植物体内の硝酸態窒素が増加する。食品中の硝酸塩が多いと人の体内で亜硝酸態窒素になり、乳児ではメトヘモグロビン血症[4]を引き起こしたり、一般に発がん性物質の生成につながったりすると考えられている。

　抗酸化物質は、ビタミンCやフェノールなどを含み、適量の摂取が健康に良いとされる。有機栽培で農薬を使わないと、病害虫の攻撃に晒されるため、植物が自らの防御のために抗酸化物質をより多く生成する。一方、土壌からの硝酸態窒素の取り込みが多いと、ビタミンCの生成が抑制される。

　また、乳製品や食肉に含まれるオメガ3脂肪[5]は有機畜産のほうが多い。濃厚飼料よりもオメガ3脂肪をより多く含む牧草を食べさせることの多い有機畜産で、餌を通して乳製品や食肉のオメガ3脂肪が増えた可能性がある(Mie et al. 2017)。

　さらに、慣行栽培・有機栽培にかかわらず、堆肥の積極的な利用が農地で食品伝染性病原菌を増やし、そこで栽培された材料を用いた食品を汚染しているとの指摘がある(Smith-Spangler et al. 2012)。抗生物質耐性病原菌は病院内だけでなく環境中でも報告されるようになってきており、鶏肉や豚肉から多耐性菌が検出されるリスクは有機栽培より慣行栽培で高かった(Smith-Spangler et al. 2012)。堆肥の多用は作物の硝酸態窒素濃度の上昇にもつながる。

　作成方法に問題がある堆肥を用いると、病原菌汚染が生じる。すなわち、高温好気発酵が十分であれば病原菌を死滅させられるが、発酵過程で温度が十分に上がらない堆肥を用いると病原菌が生存する可能性が高い。さらに、動物の飼育に使われる薬剤が糞尿堆肥を汚染する可能がある。したがって、堆肥の起源や作成方法、そして品質は、栽培される農作物の品質にとってきわめて大きな意味を持つ。

　消費者が有機食品を積極的に選択する理由として、残留農薬への懸念がある。これまでに出されたメタ解析ではいずれも、有機栽培のほうが慣行栽培よりも残留農薬の濃度や検出頻度が低いことが明らかにされた(Forman et al. 2012；

Smith-Spangler et al. 2012 ; Mie et al. 2017)。栽培農家や流通業者、そして食品を通しての暴露を考えると、農薬を使用しない有機栽培が人びとへの農薬暴露を大幅に減らしている。

5 保全しながら生産する新たな有機農業へ

環境保全型農業が示す生産資材の削減の方向性や、化学資材を有機質に置き換えただけの有機農業の限界が見えてきた。ここで特筆すべき議論は、有機農業の技術革新についてである。すなわち、農地の持つ生態系機能を向上させる(Agroecological intensification)ことで、収穫量の向上と同時に農業システムが自然生態系と調和して環境改善につながる取り組みを重視しようという指摘である(Tittonell 2014)。

図Ⅱ-1-1に、生態的永続性のある農業技術と化学化・工業化を基本とする農業生産システムの対比を示した。ここでは、「農業由来の環境負荷を軽減する」という従来の減農薬・減化学肥料などの省資源管理の視点だけでなく、

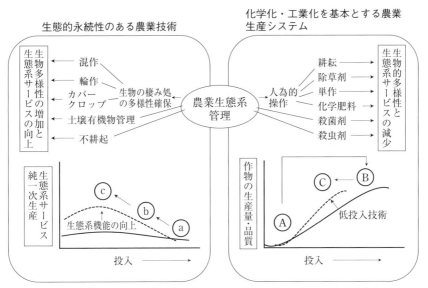

図Ⅱ-1-1　生態的永続性のある農業技術と化学化・工業化を基本とする農業生産システム
(出典) Komatsuzaki & Ohta(2010)から改編。

214 第1章 有機農業と環境保全

「農業そのものが自然の回復・浄化に積極的に貢献する」という新たな視点を
持っている(図の左)。Gliessman は、生態的永続性のある農業体系として、自
然の持つ生産力をベースにしながら、人間が積極的に生態系に関与することで
投入を極力抑え、農業生産力を最大限に発揮する技術(生態系管理)の必要性を
強調している(Gliessman 2006)。

ここで示した生態的永続性のある農業技術は、気候変動の緩和と適応をする
農業システムの確立への貢献も期待される。たとえば、マメ科や多年性作物と
の輪作、耕耘の休止(不耕起栽培を含む)、施肥管理法の改善、カバークロップ
の導入、作物残渣マルチの利用、コンポストやバイオ炭の利用促進により、農
耕地土壌が温室効果ガスの吸収源機能を最大限に発揮することを期待している
(Paustian et al. 2016)。

2015年のパリ協定(第21回気候変動枠組条約締約国会議：COP21)以降、今後の
農耕地管理においては食料安全保障の側面ばかりでなく、気候変動緩和と適応
の視点が必要であるとの認識が急激に深まった。こうした背景から、オーガニ
ック3.0の議論においても、気候変動の緩和と適応は次代を担う農業システム
の具備すべき特徴としてきわめて重要である。

有機農業は、気候変動の緩和と適応をする農業システム(Climate Smart Agri-
culture)として位置づけられる可能性がある。すなわち有機農業では、カバー
クロップ(あるいは緑肥)を含む輪作や、作物残渣、堆肥や家畜糞尿の鋤き込み
などを行うので、慣行農業に比べて、土壌に蓄積される有機態炭素量が顕著に
増加する。これによって、化石燃料から工業などによって人為的に放出された
二酸化炭素を難分解性の土壌有機物として長期に貯蔵できるので、地球温暖化
の緩和に貢献できる。

Foereid らは、Century Model(物質生産、土壌有機物分解やそれらに伴う土壌
中の炭素、窒素、リンなどの元素の動態のモデル化)を用いて、有機農業と慣行
圃場での土壌炭素量の長期予測を行った。その結果、慣行農業では土壌炭素が
長期にわたって漸減するのに対し、有機農業では土壌炭素が最初の50年間は比
較的急速に増加し、100年後には長期実験での経験と合致してほぼ定常状態に
達するとしている(Foereid & Høgh-Jensen 2004)。農耕地の炭素貯留能力は有
限であるが、これから有機農業など適切な農業管理によって今後100年間にわ
たり増加する可能性を持っていることが強調されているのである。

第Ⅱ部　代替型有機農業から自然共生型農業へ　215

　農業の化学化へのアンチテーゼから始まった有機農業運動は、その価値が広く認識されるようになり、市場において一定のマーケットを占める位置にまで発展してきた。オーガニック3.0の議論は、有機農業がメインストリームの農業となるべき新たな技術開発および流通革命の模索である。全地球的な環境劣化と生物多様性の減少の中で、環境を保全し、人間の健康に寄与しながら生産を行う農業システムの実現は、人類的課題である。

　（1）ミレニアム生態系評価（Millennium Ecosystem Assessment；MA）は、生態系に関する大規模な総合的評価を行った世界で初めての取り組みである。国連の呼びかけにより、95カ国から1360人の専門家が参加し、2001〜05年に実施。生態系の変化が人間の生活の豊かさ（human well-being）にどのような影響を及ぼすのかを示し、政策・意志決定に役立つ総合的な情報を提供するとともに、生態系サービスの価値の考慮、保護区設定の強化、横断的取り組みや普及広報の充実、損なわれた生態系の回復などを提言した。

　（2）「農業そのものに持続性があるのか」という議論もあるが、「持続可能な発展」（ブルントラント委員会）が世界的に提起されて以降、持続可能な農業については次の定義がある。「農業生産力を確保しつつ、環境上の目的も達成しうるような農業技術や農法の体系として、第一に経済的に成り立つ農業生産システムであること、第二に生産手段としての自然資源基盤を維持向上すること、第三に農業以外の生態系を維持向上すること、第四に農村の快適さや美しさを創出することの4つの条件が必要である」（OECD 1993）。一方、1999年に制定された持続性の高い農業生産方式の導入の促進に関する法律では、「持続性の高い農業生産方式」を「土壌の性質に由来する農地の生産力の維持増進その他良好な営農環境の確保に資すると認められる合理的な農業の生産方式」（第2条）と定義している。

　（3）大気中の窒素ガス（N2）は化学的に安定し、多くの生物は直接利用できない。一方、反応性窒素は生物にとって利用しやすい形態の総称で、大気汚染で問題となっている窒素酸化物（NOx）、水に溶け込んでいるアンモニウムや硝酸イオン、アミノ酸も含まれる。近年では、化学肥料など人為的な反応性窒素が環境への大きな負荷源となっている。

　（4）胃内で硝酸塩から亜硝酸塩が生成され、血液中のヘモグロビンと結合して、ヘモグロビンが酸素を運ぶ能力を失うメトヘモグロビン血症を引き起こす。

　（5）オメガ3脂肪酸は人の体内でつくることができない必須脂肪酸であり、代表的な脂肪酸としてα-リノレン酸がある。α-リノレン酸の十分な摂取は、肝臓がんや結腸がんの発生リスクを低下させることが知られている。

216 第1章 有機農業と環境保全

＜引用文献＞

足立恭一郎(2009) 『有機農業で世界が養える』 コモンズ。

Arbenz, M., Gould, D., & Stopes, C. (2016). Organic 3.0 for Truly Sustainable Farming & Consumption. *IFOAM—Organics International.* Retrieved from https://shop.ifoam.bio/en/system/files/products/downloadable_products/organic3.0_web_0.pdf

Badgley, C., & Perfecto, I. (2007). Can organic agriculture feed the world? *Renewable Agriculture and Food Systems, 22.*

Barański, M., Srednicka-Tober, D., & Volakakis, N. (2014). Higher antioxidant and lower cadmium concentrations and lower incidence of pesticide residues in organically grown crops: a systematic literature review and meta-analyses. *British Journal of Nutrition,* 1–18.

Chen, X., Cui, Z., ..., & Yang, J. (2014). Producing more grain with lower environmental costs. *Nature,* 514.

Clay, J. (2013). *World agriculture and the environment: a commodity-by-commodity guide to impacts and practices.* Island Press.

Dangour, A. D., Dodhia, S. K., & Hayter, A. (2009). Nutritional quality of organic foods: a systematic review. *The American Journal of Clinical Nutrition,* 90.

FAO. (2012). World agriculture towards 2030/2050: the 2012 Revision. Retrieved from www.fao.org/docrep/016/ap106e/ap106e.pdf

Foereid, B., & Høgh-Jensen, H. (2004). Carbon sequestration potential of organic agriculture in northern Europe–a modelling approach. *Nutrient Cycling in Agroecosystems,* 68.

Forman, J., Silverstein, J., & Bhatia, J. J. S. (2012). Organic foods: Health and environmental advantages and disadvantages. *Pediatrics,* 130.

Gliessman, S. R. (2006). *Agroecology: the ecology of sustainable food systems.* CRC Press.

Hassan, R., Scholes, R., & Ash, N. (2005). *Ecosystems and human wellbeing: volume 1: current state and trends.* Island Press.

Heffer, P. (2013). *Assessment of Fertilizer Use by Crop at the Global Level 2010–2010/11.* International Fertilizer Industry Association.

IFOAM Organics International (2016). ORGANIC 3.0 for truly sustainable farming & consumption. Retrieved from https://www.ifoam.bio/sites/default/files/organic3.0_v.2_web_0.pdf

IPCC. (2014). AR5 Synthesis Report: Climate Change 2014. Retrieved from https://www.ipcc.ch/report/ar5/syr/

Kirchmann, H., & Bergström, L. (2001). Do organic farming practice reduced nitrate leaching. *Communications in Soil Science and Plant Analysis, 32.*

Komatsuzaki, M., & Ohta, H.（2010）. Sustainable agriculture practices. *Sustainability Science Vol.4.*（M. Osaki, A. K. Braimoh, & K. Nakagami, eds.）. UNU press.

公益財団法人 東京オリンピック・パラリンピック競技大会組織委員会（2017）「持続可能性に配慮した調達コードについて」 http://www.kantei.go.jp/jp/singi/tokyo2020_suishin_honbu/shokubunka/setumeikai/code.pdf

桝潟俊子（2017）「有機農業運動の展開にみる＜持続可能な本来農業＞の探求」『環境社会学研究』22巻。

Mie, A., Andersen, H. R., & Gunnarsson, S.（2017）. Human health implications of organic food and organic agriculture: A comprehensive review. *Environ Heal A Glob Access Science Source, 16.*

Niggli, U., Andres, C., …, & Baker, B.P.（2017）. A Global Vision and Strategy for Organic Farming Research-Condensed version.

Nowak, B., Nesme, T., …, & Pellerin, S.（2013）. To what extent does organic farming rely on nutrient inflows from conventional farming? *Environmental Research Letters, 8.*

OECD 環境委員会編（農林水産省国際部監訳 1993）『環境と農業——先進諸国の政策一体化の動向』農山漁村文化協会。

Paustian, K., Lehmann, J., …, & Smith, P.（2016）. Climate-smart soils. *Nature, 532.*

Pittelkow, C.M., Liang, X., …, & Van Kessel, C.（2015）. Productivity limits and potentials of the principles of conservation agriculture. *Nature*, 517.

Smith-Spangler, C., Brandeau, M. L., & Hunter G.E.（2012）. Are Organic Foods Safer or Healthier Than Conventional Alternatives?. *Annals of Internal Medicine*, 157.

Tittonell, P.（2014）. Ecological intensification of agriculture—sustainable by nature. *Current Opinion in Environmental Sustainability*, 8.

Tollefson, J.（2014）. Intensive farming may ease climate change. *Nature*, 465.

バーツラフ・スミル（逸見謙三・柳澤和夫訳 2003）『世界を養う——環境と両立した農業と健康な食事を求めて』食料農業政策研究センター。

Willer, H., Lernoud, J.（2017）. The World of organic agriculture statistics and emerging trends 2017. Research Institute of Organic Agriculture Fibl. *IFOAM-organic international.* Retrieved from http://www.organic-world.net/yearbook/yearbook-2017.html

＊本章は、1～3、5節を小松崎が、4節を金子が執筆した。

第2章

多様な植生と共生型管理へのアプローチ
草を活かす技術、草を生やさない技術

嶺田拓也・岩石真嗣

▌1 有機農業における植生の位置づけ

　栽培植物やその周辺に見られる"雑草"は、もともとは人間が森林などを切り開いて居住した空間の周辺に生育していた植物に由来する。作物は、そうした植物群から選抜・育種されたものである（Hawkes 1993）。

　作物として選抜された植物には、雑草と同様に洪水や山火事などの攪乱に強く、短期間で種子生産する特性を持つものが多い。人間にとっての嗜好性や利用しやすさなどが、作物と雑草とを分けてきたと考えられている。したがって、作物と、作物に選ばれなかった雑草とは、いわば"光"と"影"のような存在と言え、耕地生態系では表裏一体の関係とみなすことができる。

　以前の「有機的農法」では、化学的防除手法と同様の発想で雑草の根絶だけを目指してきた。これに対して本章で述べる共生型管理においては、作物とともに耕地生態系の構成員である雑草の存在を認める。そして、注意深い観察に基づくきめ細やかな管理によって、作物に必要な時間・空間からなるべく雑草を隔離する、つまり作物と雑草が生育する時期や繁茂する空間をうまくずらしながら、雑草群落を管理することが求められるだろう。

　一方、除草剤に代表される"皆殺し"あるいは有機農業下でも作物以外の植生を徹底的に駆除する除草法が一般化した結果、作物との競合力が大きくない（光や水、養分を奪い合う力が弱い）、いわゆる"ただの草"（嶺田 2006）が耕地生態系から姿を消した。"ただの草"には、湿地が水田として整備される前から見られた種類も多い。それらは、水田化後も残ってきた邪魔にならない存在として、湿地由来の水田生態系の健全性を示す指標と考えられる。

　こうした"ただの草"が水田から排除されても、他の生育環境下で残存すればよい。ところが、森林や湿地開発による生育地の減少、火入れや草刈りなどによる適度な管理圧の減少による生育環境の悪化、さらには気候変動や外来種

などの影響により、耕地以外の生育環境や個体群も失われた種類が増えてきている。そのような絶滅危惧種も含めて、有機農業や自然農法が営まれている耕地内には、多様な植生が残存する可能性がある。最近では、生きもの調査などによって、"皆殺し"しない(できない)有機・自然農業が有する生物多様性保全機能が注目されつつある(Katayama et al. 2019)。

また、通常、耕地は閉鎖系ではない。周辺の森林や草地、水辺などのさまざまな生態系や植生に取り囲まれ、互いに関係を及ぼし合っている。さらに、畦畔など耕地の周縁部の植生や周辺の山林などからの産物は、かつては役畜の飼料や作物の肥料としてばかりではなく、用材や薪炭にも利用されてきた。しかし、耕地規模が拡大し、用水や排水施設の整備などによって土地生産性が向上し、周辺の土地利用に依存せずとも農業生産力が担保されたことから、現在では大半の有機農業が耕地内の生産性しか気にとめなくなっている。

たしかに、周辺の土地利用を含めた複合経営の再現は難しいかもしれない。だが、耕地生態系が周辺の環境に影響を受けながら成立している開放系であることを認識すれば、周辺に見られる多様な植生バイオマスからの窒素や炭素などの供給、天敵や受粉に必要な花粉媒介者(ポリネーター)など有用生物の涵養など、持続的な農業生産体系の構築に向けて、周辺や隣接する植生の新たな活かし方や付き合い方を幅広く提案・模索していく必要があるだろう。

本章では、まず生物多様性保全の観点から有機圃場の植生を評価し、続いて水田を例に雑草植生との付き合い方における草を生やさない技術的ポイントを解説する。さらに、耕地周辺に見られる植生の活かし方などを通じて、今後の有機農業における共生型植生管理の方向性を示したい。

2　多様な植生が見られる有機・自然圃場

有機・自然農法における主な除草・抑草手法は、表Ⅱ-2-1のようにまとめられる。除草剤を利用しない環境下では、雑草はいつまでも残存しがちと思われる。だが、スクミリンゴガイ(ジャンボタニシ)やアイガモなど生物的防除を利用すると、除草剤と匹敵するほど植生に対して影響を与える場合がある(図Ⅱ-2-1、図Ⅱ-2-2)。

現在、除草剤を用いなくても、生物的防除を利用したり物理的防除をうまく

表Ⅱ-2-1　有機・自然農法における主な除草・抑草手法

耕種的防除	耕起体系、代かき体系、作付体系、作期移動、田畑輪換、水管理
機械的防除	手取り、刈り払い、中耕、耕起、代かき
生物的防除	アイガモ、アヒル、コイ、カブトエビ、イトミミズ、ジャンボタニシ、ハムシ・メイガなどの植食性昆虫
物理的防除	ビニールマルチ、草生マルチ、敷き草紙マルチ、布マルチ、液体マルチ、米ぬか

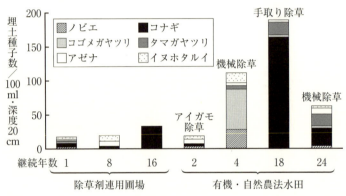

図Ⅱ-2-1　さまざまな雑草防除体系下の水田における雑草埋土種子相
（出典）嶺田ら（1997）。

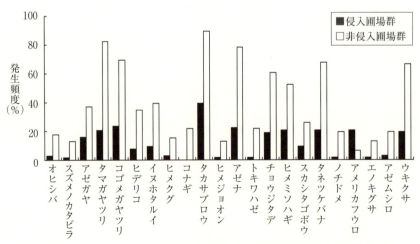

図Ⅱ-2-2　スクミリンゴガイの侵入によって影響を受ける水田雑草
（出典）日鷹ら（2007）。

使えば、埋土種子量をかなり低減して"皆殺し"に近い状態を生み出すことができる。ただし、ジャンボタニシなど侵略性の高い外来種の導入は自律的に移動して再生産を繰り返すという面で、除草剤よりもコントロールが難しい。耕地生態系のみならず周辺の生態系に大きな影響を与え、除草剤以上に"環境に優しくない"有機農業となるおそれがある。

　一方、耕種的・機械的な防除体系下では、"ただの草"も含めて多様な埋土種子相(土に含まれる種子の組成)が維持され、絶滅危惧種も残存する可能性が高くなる。とくに水田や樹園では、耕起や除草の頻度が高い畑地よりも物理的な撹乱頻度が比較的少なく、多様な植生を維持している場合が多い。

　たとえば、手取りやチェーン除草など機械的除草中心の自然農法水田の植生を調査したところ、自然農法への移行年次にかかわらず高い確率で、イバラモ類など水稲の生育には大きな影響を及ぼさない小型の絶滅危惧種の生育が確認された(表Ⅱ-2-2)。これらの水田では、イネと競合して減収を引き起こすコナギやイヌホタルイなど小型の強害雑草の頻度も高かったものの、興味深いことにオモダカやタイヌビエなど手取り除草のしやすい数種類の大型強害雑草の頻度は少なく、絶滅危惧種を含む"ただの草"の多様性が増加していた。

　近年、各地の水田の生きもの調査などでは、無農薬の証明に絶滅危惧種を探す機会も増えている。だが、除草剤を連用する慣行水田でも絶滅危惧種が見られる場合もあることから、水田で見られる植生は地形や水田の成り立ち、灌漑方法などによっても規定されていることが分かる。したがって、単に絶滅危惧種の存在だけに注目するのではなく、もともとの植生を構成する草種のセットが埋土種子という形態も含めて、絶滅せずに低密度で残存していることこそが、共生型植生管理の評価指標となり得るだろう。

3　水田雑草の共生型管理に向けた耕種防除技術

　本節で提案するのは、作物と雑草を対立的に捉えた防除ではなく、農地生態系の安定に必要な水田植生として統合的・調和的に管理する技術である。無除草で、雑草重量群落比20％以下、できれば5％以下を目指し、雑草害を生じさせないように管理する。その結果、10a当たり2時間以内の除草ですむように、雑草の発生を収められる。

表Ⅱ-2-2　各地の自然農法水田に見られる雑草植生と出現頻度

対象圃場	茨城県石岡市	埼玉県加須市	埼玉県桶川市	埼玉県川島町	さいたま市	千葉県香取市
調査圃場数	4	24	9	11	27	13
出現種数	46	54	50	46	77	76
種　名						
コナギ	V	V	V	V	V	V
イヌホタルイ	V	V	V	V	V	Ⅳ
ハリイ	Ⅱ	Ⅱ	Ⅲ	Ⅰ	Ⅱ	V
スブタ						
イバラモ spp.	V	Ⅰ	Ⅱ	Ⅱ	Ⅱ	V
オモダカ	Ⅱ	Ⅲ	Ⅲ	Ⅰ	Ⅱ	Ⅳ
イボクサ	V	V	V	V	Ⅲ	V
イヌノヒゲ spp.	Ⅱ	Ⅰ	Ⅰ		Ⅰ	V
タガラシ		Ⅰ				Ⅰ
コウガイゼキショウ						Ⅰ
キカシグサ	V	V	V	V	Ⅳ	V
タイヌビエ		Ⅳ			Ⅲ	V
ヤナギタデ	V	Ⅲ	V	V	Ⅱ	
ボントクタデ					Ⅰ	
ミズガヤツリ		Ⅰ		Ⅰ	Ⅰ	
タマガヤツリ	Ⅳ	V	Ⅳ	Ⅳ	Ⅲ	V
ヌマトラノオ		Ⅰ	Ⅰ		Ⅰ	Ⅲ
ホシクサ		Ⅱ				Ⅲ
キクモ	Ⅱ	Ⅲ	Ⅰ		Ⅰ	
ミズハコベ						Ⅲ
セリ	V	Ⅳ	V	V	V	V
ヒンジガヤツリ						
シャジクモ・フラスコモ spp.	V	Ⅲ	Ⅲ	Ⅲ	V	Ⅳ
ヒルムシロ						

（注1）出現頻度：調査圃場の80％以上で確認＝Ⅴ、80〜60％＝Ⅳ、60〜40％＝Ⅲ、
（注2）太字は各地で減少する絶滅危惧種。

東京都町田市	愛知県東郷町	富山県南砺市	福井県あわら市	滋賀県甲賀市	奈良市	大阪府富田林市	大阪府泉佐野市	兵庫県三木市
20	9	8	5	17	11	12	8	10
65	31	38	29	78	60	58	43	57
Ⅴ	Ⅴ	Ⅴ	Ⅴ	Ⅴ	Ⅴ	Ⅴ	Ⅴ	Ⅴ
Ⅱ	Ⅴ	Ⅴ	Ⅴ	Ⅴ	Ⅳ	Ⅴ	Ⅴ	Ⅴ
Ⅴ	Ⅱ	Ⅴ	Ⅴ	Ⅱ	Ⅲ		Ⅳ	Ⅱ
		Ⅱ						
Ⅲ	Ⅲ	Ⅲ		Ⅲ	Ⅰ	Ⅱ	Ⅲ	Ⅱ
Ⅲ	Ⅴ	Ⅴ	Ⅳ	Ⅴ	Ⅱ	Ⅰ	Ⅳ	Ⅳ
Ⅳ	Ⅴ	Ⅴ	Ⅴ	Ⅴ	Ⅴ	Ⅱ	Ⅴ	Ⅲ
Ⅱ	Ⅱ	Ⅴ	Ⅱ	Ⅲ	Ⅱ		Ⅱ	Ⅱ
Ⅰ						Ⅰ		
Ⅰ			Ⅰ	Ⅱ	Ⅱ		Ⅰ	
Ⅴ	Ⅴ	Ⅴ	Ⅴ	Ⅴ	Ⅳ	Ⅳ	Ⅴ	Ⅴ
	Ⅲ	Ⅰ	Ⅰ	Ⅳ	Ⅰ		Ⅰ	
Ⅱ	Ⅴ	Ⅰ	Ⅲ	Ⅲ	Ⅰ	Ⅰ	Ⅴ	Ⅲ
	Ⅰ		Ⅰ					Ⅰ
Ⅴ	Ⅲ	Ⅱ	Ⅳ	Ⅲ	Ⅰ	Ⅳ	Ⅳ	Ⅳ
		Ⅱ			Ⅱ		Ⅰ	
		Ⅴ	Ⅰ	Ⅴ			Ⅳ	
	Ⅱ	Ⅴ	Ⅳ	Ⅱ	Ⅳ		Ⅲ	Ⅰ
Ⅲ		Ⅰ			Ⅰ			
Ⅲ	Ⅱ	Ⅴ	Ⅳ	Ⅴ	Ⅴ	Ⅴ	Ⅴ	Ⅳ
Ⅳ	Ⅴ	Ⅴ	Ⅴ	Ⅴ	Ⅳ	Ⅱ	Ⅳ	Ⅲ
Ⅳ								Ⅰ

40～20％＝Ⅱ、20％未満＝Ⅰ。

224　第2章　多様な植生と共生型管理へのアプローチ

田植え後の除草を不要にする植え代かき

　代かき技術は雑草の発生に強く影響し、有機栽培の土づくり技術としても重要である(東北農業研究センター 2016)。代かきは水稲の生育に適した状態をもたらす目的で行う。水を張って土壌の水持ちを良くし、平らにして(均平化)、土を田植えに合った硬さに仕上げるために、入水後の日数や深さを調整する。代かきによって水田雑草は出芽を促されるので、後日2度目の代かき(植え代かき)を行えば、効果的に除草ができる。

　水田雑草は代かき後1～2週間で発生のピークを迎える。粘土含量の多少や地下水位の深さに応じて、土壌中にある雑草の種子(埋土種子)の越冬状態や休眠覚醒条件は異なり、雑草の発生に影響する。したがって、一般的な代かき習慣を見直して、雑草が優占する状態を避ける工夫が必要となる。

　通常の植え代かきは浅水状態(田面が5割以上見える水深0～5cmの状態)で行い、大きな雑草を埋め込む。これに対して深水状態(田面が見えない水深5cm以上の状態)で行うと、比重の軽い下層にある雑草の種子を浮き上がらせて発芽可能な深さに集める。有機栽培に適しているのは、深水状態でできるだけ浅く代かきする深水浅代かきだ。有機物や雑草の種子の浮き上がりを抑えつつ、1葉齢以下の雑草を浮き上がらせて除草する(日本土壌協会 2012)。

　また、雑草の種類によって発芽温度や酸素分圧(体積当たりの酸素量)が異なる。目安となる最低発芽温度は、イヌホタルイが12.5℃、タイヌビエが15℃、コナギが20℃だ(住吉ほか 2011)。発芽に適した酸素分圧の目安は、ノビエ(タイヌビエやヒメタイヌビエ、イヌビエを含む)が0～20％の湿潤状態、コナギが1～5％の湛水状態(還元的)、イヌホタルイが5～10％以下である(片岡・金 1978)。ただし、イヌホタルイは休眠覚醒が進めば湿潤濾紙上(酸素分圧20％)でも発芽できる(住吉 1996)ため、湛水と落水を繰り返す水田での発生が多い。

　植え代かきまでの期間(日数)は、暖地では短く寒冷地では長いが、雑草の生態型によっても異なる。それゆえ、日数よりも毎日の気温を足し合わせた積算温度(日℃)で表すほうが正確である。さらに、生物の生長や結実に必要な有効下限温度を除いて積算した有効積算温度が、より正確な指標となる。

代かき除草と減水深

　代かきによって雑草の発生が異なるので、植え代かきの成否が稲作成功の分

第Ⅱ部　代替型有機農業から自然共生型農業へ　225

表Ⅱ－2－3　減水深と優占しやすい雑草種および水田の状態に適した管理イメージ

日減水深 (mm/日)	草　　種	有効積算温度 $\Sigma(t-10)$	水田の状態	代かきなど適応する管理
30以上	タイヌビエ	100〜130	有機物少なく、酸化的	深水浅代、無落水田植え
10〜30	イヌホタルイ	40〜80	酸化還元を繰り返す	畦畔漏水防止、深水浅代
0〜20	コナギ	130〜200	有機肥料、生わらが残る	落水代かき、稲わら分解
0〜20	オモダカ	200〜	窒素肥料が多い浅耕	落水代かき、収穫直後耕起
0〜5	クログワイ	300〜	不透水層、強い鋤床	畑転換、初期生育改善

かれ道となる。雑草の種類（草種）によって除草効果は違うから、水田の状態に
適合する代かき方法の目安を示す（**表Ⅱ－2－3**）。優占する草種が明確な場合
は比較的容易だが、多種類の雑草が混在する場合は圃場内の高低や乾湿の不均
質性を均す必要がある。

　日減水深は、湛水水田で1日に減少する水の量を表す。20〜40mm/日が多
収穫水稲に適すると言われる。40mmを上回ると用水不足や冷水田となり、5
mmを下回ると有機水田では登熟不良が起こり始める。適正な代かき方法を考
えるうえで、水稲生育に適した現実的な水管理ができる日減水深15〜25mmを
目標にする。

　トラクターなどの機械走行による土壌の締め固め（転圧）には、減水深を小さ
くする効果がある。転圧時の土壌含水比（乾燥土壌に対する含有水分の重量比）
が50〜70％程度の場合は練り固まり、鋤床層（耕耘などの農作業にともない作土
層直下に生じる圧縮された土の層）までの透水性を低くする。含水比が30〜50％
の場合は砕土率が高まり、透水性も高まる。したがって、耕耘時の土壌含水比
によって耕耘の回数と深度を調整して均平化を図り、減水深をコントロールし
なければならない。

　以下では、冷涼地の松本市（長野県）を例に優占草種ごとに説明する。有効積
算温度を確保するためには、暖地はより短期間でよいが、寒冷地ではより長期
間が必要となる。

　まず、浅水状態で、有機物を埋め込むように通常の荒代かきを行う。例年、
ノビエやイヌホタルイが目立つ水田で日減水深が40mm以上の場合、丁寧な代
かきで減水深を小さくする。さらに、田植え時期を遅らせて、10℃以上の有効
積算温度が100〜130日℃以上の段階で雑草の出芽を確認したら、二度目は深水
浅代かきで雑草を浮かせて除草する。引き続き落水せず、田面を出さないよう

226 第2章 多様な植生と共生型管理へのアプローチ

にして田植えを行い、酸素要求度の高いノビエやイヌホタルイの発芽を抑える。

コナギが増え始める段階では、10℃以上の有効積算温度が200日℃を超えてから、深水浅代かきを行う。田植えは遅くするか、1回目の代かき（荒代かき）を早めに行い、代かき期間の有効積算温度を確保する。そのうえで、発芽して1葉齢を超えないコナギをドライブハロー（代かき用の作業機）が起こした水流で泥水とともに浮かせて、除草する。

コナギやオモダカが優占する水田は、酸欠状態か、日減水深が20mmを下回っている。そこで、代かき期間を短くし、荒代かきの1～3日後に田面を露出させた状態で浅代かきを行い、雑草を埋め込む。とくに、日減水深が5mm未満でコナギやオモダカが著しく目立つ（強害雑草化した）場合は、入水開始を遅らせて田を乾かし、鋤床層を練り固めないようにする。また、オモダカが塊茎で増殖する場合は、強めの中干しを行い、落水を早めて収穫後早期の耕耘で塊茎を減少させる。さらに、クログワイが繁茂した場合は、畑転換など思い切った乾田化を図るべきである（表II－2－3）。

タイヌビエやコナギが混在する水田では、中代（最初と最後の代かきの間に行う代かき）を加えた期間の有効積算温度を目安にして、ノビエが大型化する前に代かきで除草する。あくまで水稲の生育に好都合な状態をつくることが目標なので、水稲生育を抑えないよう減水深の最適化を優先して加減する必要がある。

健苗の密植による抑草効果

雑草の競合力は作物に対する数によって高まり、作物は個体重によって競合力を高める。そのため、健康で大きな水稲の苗を正しい姿勢で傷めないように多く植え付ければ、雑草に勝る競争力が得られる。逆に、少なく植えて成長が遅れると、雑草による被害が生じやすくなる。

三浦ら（2015）はコナギの埋土種子が8万粒/㎡を超えた水田においても、栽植密度を高めると雑草が抑制される傾向にあり、とくに収穫期の雑草乾物重が著しく小さいことを明らかにしている。また、岩石ら（2013）は急激な酸化還元電位の低下をともなって水稲の生育障害が起こる現象（異常還元）を防ぐことで、稲の生育が優占し、雑草発生を減少させる効果があるとした。

異常還元を誘発する未分解の稲わらが田植え後から最高分げつ期（水稲の茎

数が最大となる時期)までの間に水田土壌中で分解した量と、水稲の穂数とは、負の相関関係にある。一方、雑草の生育量とは正の相関関係にある(図Ⅱ-2-3)。さらに、育苗期間中にでんぷんを十分に蓄積し発根力を持った苗は、地上部の見かけは貧弱でも雑草の発生を抑える。ここから、水稲根圏が広がることが地上部の優占度を高める(岩石ら 2010)と考えられる。

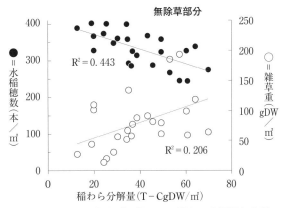

図Ⅱ-2-3　最高分げつ期までの稲わら分解量と水稲・雑草の関係(2010年)

(注1) 水稲穂数および雑草重は出穂そろい期の調査。
(注2) 稲わら分解量は、田植えから最高分げつ期までの期間中の減少量。
(注3) Rは重相関係数である。ここでは稲わら分解量から求めた水稲穂数および雑草重の予測値(近似直線)とその実測値との相関係数で、2乗値で表す。

　コナギは埋土種子の約1割しか出芽せず、約8割が翌年まで生存すると報告され(川名・渡邊2009)、除草しづらい休眠・繁殖の生態が指摘されている。ある有機水田ではm²当たり1～5万粒のコナギ種子があり(嶺田・沖1997)、1割の発生でもコナギが1000～5000本となり、水稲との競合力が強い。代かき除草された不作付地にも、休眠に入る前のコナギが再生してくる。こうした雑草の繁殖力を考えると、雑草に不利な環境づくりを目指すよりも、水稲苗の健全化を図り、雑草害を受けない水稲の生育に適した環境条件で養水分の供給力を高めた、生育障害を起こさない土づくりが現実的である。

異常還元を避ける水管理と稲わらの分解促進

　異常還元が起こると、コナギやオモダカ、ホタルイなどが優占してくる。それらを抑えるためには、酸素分圧を高める早期中干しが効果的だ。田植え後の中干しでも、漏水で減水深が大きくなる。ただし、日減水深を大きくするためには、田植え以前に土壌の含水比50％以下で耕耘し、湛水状態で代かき作業を行わないほうが効果的だ。

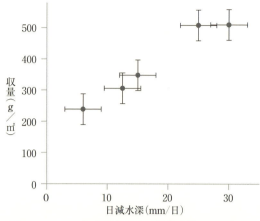

図Ⅱ-2-4　知多半島のある有機農場の日減水深と収量（2017年）

（注1）自然農法国際研究開発センター知多草木農場。
（注2）エラーバーは測定値の幅（誤差）を示す。
（注3）日減水深は田植え後から収穫前落水の中干し期間を除く±3mm/日。

作土が浅く、粘質な土壌条件では、一見して日減水深と収量とが直線的な正の相関関係にある（図Ⅱ-2-4）。日減水深を大きくするためには、畑転作や暗渠が有効だ。やむをえず水稲を連作する場合は、透水性を高めることが解決策のひとつとなる。

たとえば、日減水深が5mm未満で、コナギが繁茂して、雑草重量群落比（雑草と水稲の全植生総重量に占める雑草重量の割合）が70％となり、反収が3俵近くに低下した水田を、秋から乾かして稲わらの分解を進めた。そして、翌年に代かきをせずに田植えしたところ、日減水深が8～10mmに改善し、反収は5俵近くまで回復。コナギは減少し、雑草重量群落比は24％まで下がった。

また、寒冷地では収穫から田植えまでの温度が不足して稲わらが分解せず、異常還元が起こる場合がある。分解に必要な積算温度は1200～1500日℃だ。これを下回る地域は、稲わらを持ち出すか、いったん堆肥化した稲わらを水田に戻す。暖地では温度は十分あるが、乾燥して分解が止まっている場合があるので、土壌中で堆肥化するように適度な酸素と水分状態を維持する。

4　自然草生を活かした敷き草にみる畑地雑草植生の共生型管理

畑地では、マルチングによる地表の被覆で雑草との競合を回避できる。とくに、刈り払った植生を土壌表面の敷き草とする刈り敷きによる被覆は、地表面に生息するトビムシやササラダニといった節足動物などの生物活性を高め、またバイオマスを増大することによって、土壌肥沃度を高める効果も期待できる。

第Ⅱ部　代替型有機農業から自然共生型農業へ　229

間混作やその敷き草では、量的に不足するバイオマスを補うために系外の植生も利用する必要がある。本来雑草植生が果たしてきた土づくりの役割を牧草や穀作物を作付けして代替したり、系外の植生を補助的に利用したりして、雑草抑制や肥沃化を促進できる。

全国の有機・自然農法生産者に刈り敷きの実施を尋ねたところ、全国41都道府県延べ1000件以上の回答のうち、約8割で水田も含めて実施していた(図Ⅱ－2－5)。刈り敷きは抑草のほか、土壌の改善、雨の飛沫防止、土壌の保湿、

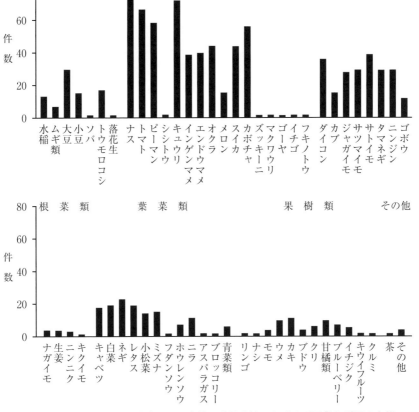

図Ⅱ－2－5 アンケート調査による有機・自然農法における刈り敷き利用の実態
(注)　回答数は1040件。
(出典)　嶺田ら(2014)。

益虫の繁殖などを目的として行われる。

材料の入手先は7割が圃場内や周辺草地であったが、近隣の山林の下草を利用している例もある。ただし、敷き草の材料確保、刈り取りや収集、運搬の労力から、圃場全面の施用は少なく、株元のみの施用事例が多かった。敷き草にかかる労力や材料確保の課題解決に向けては、圃場内にもとから自生する牧草などを利用した自然草生（嶺田ら2014）、圃場内に帯状の放任草生帯（草を刈らずに生やしたままにしておく部分）を設け、敷き草材料の供給源とするとともに、作物の株元などから除草した草を草生帯に積み上げることによって草生帯に生育する植生の勢いを制御する手法（佃ら2015）もある。

圃場内に自然に生える植生の利用は、作物と競合する空間や時間をずらしつつ、それ以外の植生を最大限に活かす、まさしく植生の共生型管理と言えるだろう。だが、茎や根などの断片から容易に発芽して繁茂しやすいハッカ類やドクダミなどの草種や、広範囲にはびこり除草しにくいツル性植物などは、制御しがたい。そうした厄介な植生の持ち込みや繁茂には注意を払う必要がある。共生型の植生管理に向けては、まず利活用できる草種なのかどうかきちんと見分けられる目が重要となる。

今後、さらに畑地における刈り敷きのタイミングや作目に合わせた施用量の調整などについても、各地から多くの事例が集積され、さまざまな共生型植生管理の提案がなされることを期待したい。

5 共生型管理の確立に向けて有機農家に求められるもの

有機農業における雑草植生の管理においては、圃場を耕地生態系と捉えて、対立的・攻撃的な防除法だけに頼るのではなく、時空間的に作物との競合を回避する生態系調和型の共生型管理を基軸とすべきである。

たとえば、これまで草薙（1988）に見るように、遷移を許容しない高頻度の撹乱が雑草制御の基軸とされていた。

「雑草の制御は生態学的にみると、自然の植生遷移の発展方向を人為的に阻止することであって、一般に耕地の雑草群落は一年生～多年生草本の遷移段階であるため不安定な状態にあるが、田畑では毎年同じような管理作業が繰返され、人為的条件が主体的に作用するため雑草群落の遷移は起こりにくい」

第Ⅱ部　代替型有機農業から自然共生型農業へ　231

　しかし、不耕起や自然草生の組み合わせのように田畑内でもさまざまな遷移段階を内包した空間をデザインすることによって、対立的な防除から時空間的な棲み分けによる共生型の植生管理は可能となる。

　昆虫の協調的防除を提示した生態学者の高橋(1989)も次のように述べ、遷移などの自然法則を農業技術に応用する指針を示している。

　「生物は環境作用と環境形成作用とのフィードバックを通じて、時には対立的な方法(競争や搾取)や、協調的な方法(共生や棲み分け)で遷移や進化という形で、群集内部の因果関係での無理を少なくする方向に変化してゆく。しかし、これらの変化には規則があり、大きい力で律せられている」

　「今われわれに必要なのは、多量のエネルギーを投入して自然を制御することを考えるより先に、田畑に自然な防御機構を復活させ、それを昔と違って安定に保つ技術を発展させることである」

　残念ながら、多くの条件設定の違いにより再現的な因果関係が成立しにくい有機農業現場において、総合的な共生型植生管理技術を普遍的に利用できるまで研究は到達していない。しかし、これまで有機農家の多くが雑草問題と向き合う過程で耕種作業の改善を目指し、共生型管理の要素を含む技術改良に取り組み、経営的にも成立させてきたのは事実である。では、有機農家が個別に植生の共生型管理を成功させる秘訣はあるのだろうか。

　まず、個別の経験知を整理し、ほとんど未解明な事象も取り入れて自らの農地に応用するセンスが必要となるだろう。つまり、有機農業現場に欠かせないのは、科学的因果関係の解明に加え、実効を得るために必要な未解明の法則を総合化する仮説検証的なロジックである。そして、総合的な仮説検証と現場の条件に合わせて修正する適応力を併せ持つ技能である。

　たとえば、雑草植生を栽培に有利な作物優占へ誘導すれば、雑草防除に時間をとられずに生産性を高め、より不可欠な作業に時間を割いて有機農業経営が成立させられるであろう。植生共生型の有機農業技術に求められているのは、農地を自然植生の延長と見て、目的とする作物とそれ以外の植生を同じ耕地生態系の構成員として、自然遷移も取り入れながら、求める理想的な植生管理に最小限のエネルギーで誘導する視点である。それは、駆除ではなく棲み分けのための条件整備と言えるだろう

　さらに、共生型植生管理に向けては、耕作する圃場にどのような植生が見ら

れるかの把握が欠かせない。近年、各地で、海外から侵略的な外来種が水田にも畑地にも侵入・定着しつつある。

たとえば、水田では南米原産のナガエツルノゲイトウなどが灌漑水経由で侵入している。これらは、茎や根の断片からも再生する繁殖力、乾燥に強く畦畔や農道にも定着する環境適応力、刈り取ってもすぐ再生して除草剤にも強い難防除性などの特性を持つ。そのため、ひとたび侵入を許すと、これまでの植生管理の経験や法則が役に立たない可能性がある。畑地でも、ツル植物で種子も多産する外来アサガオ類や強大な繁茂力を有するアレチウリの侵入・定着が危惧されている。

これらの問題化する雑草植生への遷移をいち早く防止するためにも、現状の植生の把握と、見慣れない植物に対する鋭敏な感知能力が求められるだろう。したがって、耕地生態系において作物と雑草の棲み分けを主体とする理想的な植生を持続させていくためには、日々の植生の変化や遷移を見逃さない観察眼が有機農家にとって備えるべき必須な資質と言える。

＜引用・参考文献＞

浅井元朗・樫野亜貴(1994)「湛水後の2回の土壌撹拌が水田雑草群落組成に及ぼす影響」『雑草研究』39巻3号、174〜176ページ。

Hawkes, J.G.（1983）. *The Diversity of Crop Plants*. Harvard University Press.

日鷹一雅・嶺田拓也・徳岡美樹(2007)「スクミリンゴガイ Pomacea canaliculata（LAMARCK）の侵入が水田植物相に及ぼす影響評価―松山市内における除草剤散布水田の調査事例から―」『農村計画学会誌』26巻(論文特集号)、233〜238ページ。

伊藤一幸(2013)「水稲作における水田雑草の生態的適応と技術革新により増えた雑草、減った雑草〔4〕」『農業および園芸』88巻9号、917〜920ページ。

岩石真嗣・三木孝明ほか(2010)「有機栽培水田の耕耘方法が水稲・雑草の根茎と塊茎形成に与える影響」『雑草研究』55巻3号。

岩石真嗣(2016)「農林水産業・食品産業科学技術研究推進事業 実用技術開発ステージ25091C 水稲初期生育を改善する革新的土壌管理技術と診断キットの開発」。http://www.affrc.maff.go.jp/docs/public_offering/agri_food/2016/25091c.html

岩石真嗣・阿部大介ほか(2017)「知多半島赤黄色土壌での有機稲作の実践と課題」『第18回日本有機農業学会大会資料集』126〜128ページ。

J.E. ラブロック(星川淳訳 1984)『地球生命圏――ガイアの科学』工作舎。

片岡孝義・金昭年(1978)「数種雑草種子の発芽時の酸素要求度」『雑草研究』23巻、9〜12ページ。

Katayama. N., Osada. Y., Mashiko. M., et al. (2019). Organic farming and associated management practices benefit multiple wildlife taxa: A large-scale field study in rice paddy landscapes. *Journal of Applied Ecology*, 56: 1970-1981.

川名義明・渡邊寛明(2009)「飼料イネ栽培水田におけるコナギの種子生産量と埋土種子量の増減」『雑草研究』54巻別号、55ページ。

小荒井晃・森田弘彦ほか(2002)「イネ籾の水抽出液を用いた寒天培地によるコナギの培養法」『雑草研究』47巻1号、14〜19ページ。

汪光熙・草薙得一・伊藤一幸(1996)「ミズアオイとコナギの種子の休眠、発芽、出芽特性の差異」『雑草研究』41巻3号、247〜254ページ。

草薙得一(1988)「雑草制御と耕地生態系」『農林水産技術研究ジャーナル』11巻12号、22〜26ページ。

九州沖縄農業研究センター(1999)「暖地水田におけるイヌホタルイとコナギの発生期間の予測」https://www.naro.affrc.go.jp/project/results/laboratory/karc/1999/konarc99-061.html(2019年10月12日閲覧確認)

嶺田拓也(2006)「「ただの草を無視しない農業」への一考—水田の絶滅危惧雑草を例として」『有機農業研究年報 Vol. 6』、コモンズ、91〜104ページ。

嶺田拓也・亀之園正弘・篠原健見(2015)「自然農法における刈り敷利用の実態−実施者へのアンケート調査から−」『第16回日本有機農業学会大会資料集』147〜149ページ。

嶺田拓也・尾島一史・松沢政満(2014)「自然草生・不耕起を基軸とし地域資源を利用した中山間地の有機栽培体系−愛知県福津農園の事例−」『有機農業研究者会議2014資料集』48〜49ページ。

嶺田拓也・沖陽子(1997)「雑草防除法、耕起法および作付け様式の異なる水田における埋土種子の比較」『雑草研究』42巻2号、81〜87ページ。

三浦重典・内野彰ほか(2015)「機械除草と米ぬか散布等を組み合わせた水稲有機栽培体系の抑草効果と収量性」『中央農研研究報告』24巻、55〜69ページ。

村上利男・土井康生・森田弘彦(1987)「寒地における水田雑草の出葉の温度反応とその地域性」『雑草研究』32巻2号、112〜122ページ。

日本土壌協会(2012)『有機栽培技術の手引(水稲・大豆等編)』農林水産省生産環境総合対策事業(有機農業標準栽培技術指導書作成事業)。

大谷卓・清家伸康ほか(2009)「カボチャのヘプタクロル類汚染対策技術」『農業環境技術研究所研究成果情報』25巻、4〜5ページ。

ロデリック.F.ナッシュ(松野弘訳 1993)『自然の権利——環境倫理の文明史』TBSブリタニカ。

住吉正(1996)「イヌホタルイおよびタイワンヤマイの種子の休眠と発芽に及ぼす

貯蔵条件の影響」『雑草研究』41巻1号、9〜23ページ。

住吉正・小荒井晃ほか(2011)「水稲作における難防除雑草の埋土種子調査法」『雑草研究』56巻1号、43〜52ページ。

高橋史樹(1989)『対立的防除から調和的防除へ──その可能性を探る』農山漁村文化協会。

高松修(2001)『有機農業の思想と技術』コモンズ。

竹松哲雄・清水裕子(2002)『世界の田畑から草とりをなくした男の物語』全国農村教育協会。

東北農業研究センター(2016)「寒冷地水稲有機栽培の手引き」http://www.naro.affrc.go.jp/publicity_report/publication/files/RiceOrganicCultivation160331.pdf(2019年10月12日閲覧確認)

佃文夫・篠原健見(2015)「土地利用の視点から見た自然農法無施肥野菜作の展開─雑草草生を組み込んだ循環型畝管理─」『有機農業研究者会議2015資料集』96〜98ページ。

渡邊寛明(2013)「埋土種子動態の解析に基づく水田雑草の総合的管理戦略の構築」『雑草研究』58巻4号、183〜189ページ。

梁瀬義亮(1975)『有機農業革命──汚れなき土に播け』ダイヤモンド社。

＊本章は1・2節を嶺田、3節を岩石、4・5節を嶺田・岩石が執筆した。

農マライゼーション　　　　　　　　　COLUMN

「僕たちの野菜です」と直売所に野菜を届け、胸を張るMさん。居合わせたお客さんに「美味しかったよ」「暑いなかご苦労さん」と声を掛けられ、笑顔。

3年前はスコップが地面に刺さらなかったYさん。天地返しが少し様になってきた。「暑いね」に「夏だからね」とさらりと返事をする顔は、日に焼けてたくましい。

工場勤務で鬱になり、引きこもり気味だったTさん。緑の中に出て、土に触れ、育っていく野菜と共に過ごしているうちに回復。仲間を気遣う本来の優しさが出てきた。

脳波異常などから昼夜逆転の生活をしていたIさん。太陽の下、土の上、身体を動かす活動で生活リズムが整い、家族も穏やかな生活を取り戻した。

エネルギーを持て余し、ときに粗暴な振る舞いがあったKさん。草刈り機を扱えるようになって、畑の周囲をきれいにしておく責任感を持ち、頼られる存在。誇らしげ。

乗馬場で馬糞を積み込み、畑に戻って山に積み、完熟させたら畑に規則正しく小山に並べ、レーキで広げる、大事な土づくりのチームは、自閉症の寡黙な仲間たちが中心。

堆肥をスコップで一輪車に乗せて運ぶEさん。弱音を吐き、投げ出そうとする。仲間に励まされ、ふだんは見せ

ない必死の形相。汗みずく。歯を食いしばる。そして、やり切った笑顔。

収穫体験の子どもが大根を抜くとき、少しだけ手を貸して、自分で抜けるように手助けするAさん。実はかつてはヤンチャで、少年院にいたこともある。

職員3年目のSさん。農園の生産計画を任され、活動のなかで利用者さんを支援していく立場だ。だが、利用者さんのほうが人生の先輩。寄り添いながら、学ぶことが多い。

サラリーマンをリタイアした農園ボランティアのTさん。「楽しいし、いろいろ勉強になるよ」と、作業も支援もさりげなくサポートしてくれる。

近くの共同保育の子どもたち。夏は裸で田んぼの泥にまみれ、冬も草履履きで芋掘り。畑を走り回り、いつも元気。お母さんたちも一緒に収穫体験。場を楽しんでくれる。

福祉施設が運営している農園では、さまざまな人たちが作物と共にいて、耕し、楽しみ、頑張り、緩み、育っている。農があることが人びとの福につながっている。

「ノーマライゼーション」とは「障害があってもノーマルな生活（人生）」という福祉の原則。理念でなく原則！「農があることがアタリマエ」を「農マライゼーション」と私は思う。

〈石田周一〉

236　第3章　土壌生態系の管理

第3章
土壌生態系の管理

金子信博

1　土づくりへの誤解

　土壌は、長い時間をかけて環境と生物が作り出してきた自然物である。また、すべての農地の基盤であり、農家にとっては最も重要な資本である。環境への負荷を抑制し、安全で安心な農作物を低コストで生産するためには、土壌の有機物や養分、物理構造、そして生物多様性を保全し、土壌が本来持つ機能をうまく利用する必要がある。しかし、現代の農業生産においては土壌の状態や機能が正しく評価されておらず、土壌の劣化によって生産性が低下し、環境への負荷を増大させてきた(FAO et al. 2017)。

　一般に、農家は土づくりに大きな関心があり、土壌を良くすれば生産力の向上につながることを実感している。ところが、多くの場合、土壌が本来持つ機能をあまり理解していない。ひたすら外部から堆肥や農業資材(化学肥料や鉱物)を投入し、物理的に耕耘することが土づくりであると誤解している。

　土壌の状態はきわめてゆっくりと変化するため、土壌が劣化しているかどうかは、農家にとって感知しづらい。そのため、世界の多くの地域で土壌劣化が進行している。たとえば、古代文明の多くは、異民族の侵入や伝染病によって滅びたのではなく、土壌劣化による食料供給の失敗が原因であると言われる(Montgomery 2007；Minami 2009)。

　農家の土壌が劣化していることを明らかにし、持続可能な土壌管理を導入するには、何らかの指標が必要である。一般に土壌の理化学性の指標は、不足する養分の投入量や耕耘の深さを決定したり、pHを矯正したりするといったアクションを行うために使われてきた。しかし、これらの管理が実は土壌を劣化させてきたことが、近年多くの研究で明らかになってきた(Lal 2004)。

　この章では、土壌を一つの生きた生態系として捉え、土壌本来が持つ機能を無理なく最大限に活かすことが、持続可能でかつ低コストの農業を実現するた

めに重要であることを解説する。

2　土壌の持つ機能

　土壌は岩石の風化や、河川や湖沼による土砂の移動、そして風成塵(黄砂)の堆積といった地質学的な作用と、そこに生育する植物や土壌生物との相互作用によって、長い時間をかけて生成されたものである。場所によって気温や降水量、土壌の母材(もととなった材料)、そして土壌生成にかかった時間が異なる。

　正確にはそれぞれの土壌は固有の歴史を持っており、一つとして同じものはない。ただし便宜上、同じような起源で、性質が似ているものをひとまとまりの土壌(土壌型)として分類しているので(日本ペドロジー学会第五次土壌分類・命名委員会 2017)、土壌型ごとに土壌と土地利用や農林業生産の関係が整理されている。

　土壌の物理的機能には、建物や植物の体を支える基盤、水分の保持(保水)と排水、二酸化炭素やメタンなどのガス交換がある。土壌はさらに、植物の根をはじめとしてさまざまな生物の生息場所となっている(図Ⅱ－3－1)。土壌環境は地上部の環境と比較すると、温度変化が少なく、相対湿度が高い。一方、地上部に比べると固相部分が多いため、自由に移動できる空間に乏しい。また、光はほとんど届かず、ガス交換の速度も格段に遅い。さらに、化学的機能として、正や負に荷電したイオン(多くは植物にとって栄養源となる電解質)の吸着(イオン交換)、有害な重金属の吸着などがある。

　植物の地上部は枯死するとやがて地表面に落下し、根は土壌中でそのまま枯

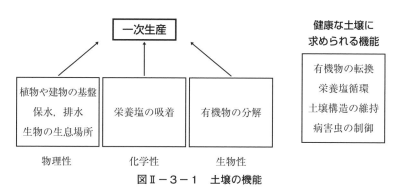

図Ⅱ－3－1　土壌の機能

238　第3章　土壌生態系の管理

れるので、土壌には枯死した有機物が大量に集積する。こうした枯死有機物(デトリタス：detritus)は直ちに微生物や土壌動物の餌として利用され、分解される。有機物分解では、生物の代謝と呼吸で有機物中の炭素が二酸化炭素となって大気に戻り、窒素やリンのような栄養塩類はイオンの形で土壌中に放出される。ただし、分解過程で一部の有機物は腐植と呼ばれる高分子化合物の形で土壌に残存する。

　落葉、落枝や腐植を土壌有機物と呼ぶ。土壌有機物は、陸上生態系における主要な炭素プール(炭素の貯蔵場所)の一つである。地球全体では、大気中の二酸化炭素の炭素量の2〜3倍の量が土壌有機物を構成する炭素として土壌に貯蔵されている(Lal 2004)。

3　土壌生物の多様性

　土壌生物は、植物の光合成によって生産された有機物と土壌中の栄養塩類を利用して生活している。土壌生物は土壌環境の特徴を反映して、陸上(地上)の生物に比べると小型で、乾燥に弱い。体の幅を横軸に、長さを縦軸にとって主な土壌生物の体の関係を描くと、図Ⅱ−3−2のように表現できる。

　細菌やアーキア(古細菌)、真菌(カビ，キノコ)といった微生物は、土壌中で最も小さい。原生動物やセンチュウなども体が小さく、土壌水分に大きく依存している。体幅が0.1mmを超えると、節足動物のように体表にクチクラ層を発達させ、土壌中の孔隙を移動する動物が多くなる。ヒメミミズは体長1cm程度で成虫になるが、やはり土壌中の孔隙を利用している。

　体幅が2mmを超えると、土壌中の孔隙を利用するには体が大きすぎるので、落葉や倒木と地面の間を利用するものが多い。また、アリ、シロアリ、ミミズのように土壌に坑道を掘って利用する動物もいる。モグラは土壌では最大サイズの動物であるが、ほ乳類のなかでは最小クラスである。土壌という環境が体の大きな動物には利用しづらいことが分かる。

　生物を面積当たりの現存量で評価すると、せいぜい30cmまでの深さの土壌に、地上動物(脊椎動物や昆虫など)に比べると約10倍の量の土壌動物が棲息し、さらにその10倍の量の土壌微生物が暮らしている(金子 2014、図Ⅱ−3−3)。土壌微生物の現存量は土壌有機物炭素の1〜3％程度であり、炭素量にして10

第Ⅱ部 代替型有機農業から自然共生型農業へ

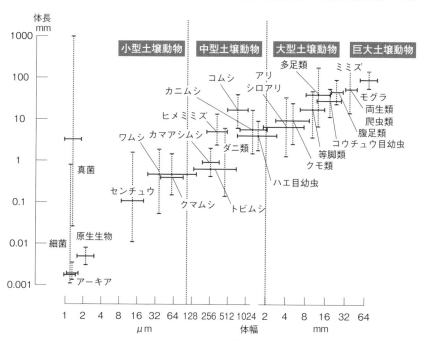

図Ⅱ-3-2 土壌生物の体幅と体長の関係

a当たり約100kg程度に相当する(Fierer 2017)。

また、10a程度の面積の土壌を考えると、細菌は数万種、真菌は数千種、トビムシやササラダニは数十種というように、きわめて多様な生物が棲息している(Bardgett & van der Putten 2014)。したがって、陸上生態系では、土壌は最も多く多様な生物がぎっしりと棲息している場所である。

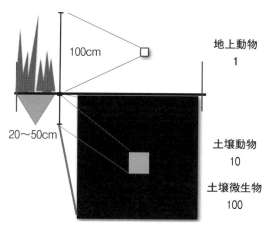

図Ⅱ-3-3 地上動物と土壌動物、微生物の現存量の比較
(注) 一定面積当たりを比較している。
(出典) 金子(2014)。

4 土壌生物の機能

　これらの生物の持つ機能を考えると、微生物はそのほとんどが枯死した有機物を栄養源とする腐生性であり、体外酵素を分泌することで有機物を分解している。動物は微生物ほど強力な分解酵素を合成できないので、微生物の分解機能はとても重要であり、腐生性の動物は実際には微生物の分解酵素に大きく依存している。また、微生物の中には菌根菌(AM菌根菌、外生菌根菌など)のように植物の根に感染して共生し、植物から糖類などの炭素源をもらう代わりに、水分やリン、カリウムなどを土壌から吸収して植物に供給する真菌類がいる。

　窒素は岩石にほとんど含まれないから、風化によって土壌に供給されず、土壌中で常に不足がちの元素である。マメ科には根粒を形成する細菌が、ハンノキ科やヤマモモの仲間の根には細菌(放線菌)の仲間が共生して、植物から得たエネルギーを使って大気中の窒素をアンモニアに転換している。また、真菌類の一部は植物体内に棲息し(内生菌)、病原菌から植物を守る。

　細菌や真菌類には植物病原性のものがあり、植物に感染すると生長を阻害したり、ひどい場合は枯死させたりする。一方、微生物や一部のセンチュウは植物の根に寄生して、植物の生長を阻害する。

　小型の土壌動物は、微生物を直接食べる。微生物の種類によって動物ごとの餌選択性があるので、食べられることによって土壌中の微生物相が変化する。小型や大型の節足動物やミミズの一部は、落葉を直接食べる(図Ⅱ－3－4)。

　さらに、ミミズやヤスデの一部は土壌を多量に食べ、糞は耐水性の団粒となり、土壌構造を直接大きく変化させる。とくに、ミミズは土壌に坑道

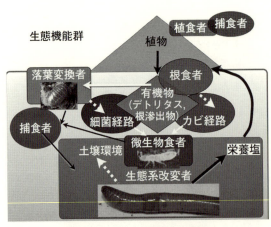

図Ⅱ－3－4　土壌動物の機能
(出典) 金子(2007)を改変。

を作る種が多く、坑道が土壌中で水を急速に移動させるマクロポア（粗大な孔隙構造）となる。これらの働きは、微生物の組成や個体数、活性を変化させ、結果的に有機物の分解を促進したり、有機物を団粒内に閉じ込めたりして、物質循環速度を変えている（Fujimaki et al. 2010）。

土壌生物と植物との関係は（図Ⅱ－3－5）、大

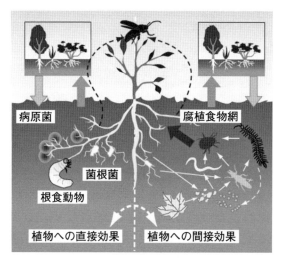

図Ⅱ－3－5　土壌生物と植物の関係
（出典）Wardle et al.（2004）.

きく分けて直接生長に影響するもの（図の左側）と、間接的に栄養塩や土壌環境の改変を通して植物の生長に関係するもの（図の右側）に分けられる（Wardle et al. 2004）。これらの相互作用のうち、とくに捕食や寄生は植物の生長を低下させ、共生は生長を促進する点で影響が大きい（Kulmatiski et al. 2014）。

5　農作業が土壌生態系に与える影響

農作業には土壌環境の改変を伴うものが多い。たとえば、土壌の耕起は農作業の基本と言われる。耕起は土壌を軟らかくして播種や苗の植え付けを容易にしたり、除草をしたりするために行われる。また、水田で行われる代かきは地面を均平にし、水田雑草の種子を土壌の深い層に沈め、発芽しにくくする効果もある。

過度な土壌耕起は、土壌構造、なかでも土壌団粒を破壊する。土壌生物は、物理的な攪乱がほとんどない土壌環境に適応しているため、耕起は一般に土壌生物の個体数や現存量を減少させる。

たとえば、耕起によって土壌に加えられる物理的な攪乱の程度を土壌攪乱指数（Degree of Soil Translocation）で表すと、センチュウの個体数は指数が大きい、

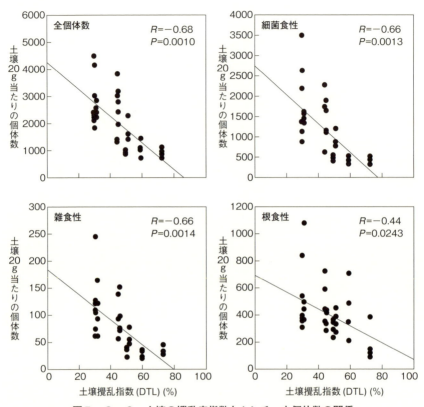

図Ⅱ-3-6 土壌の攪乱度指数とセンチュウ個体数の関係
(出典) Ito et al. (2015).

すなわち攪乱が強いほど、個体数が減少することが分かった(図Ⅱ-3-6)。攪乱の影響は一般に、体の大きな土壌生物のほうが微生物に比べて大きい。農地のミミズをみると、不耕起栽培では耕起に比べて、個体数が137%、現存量が196%増加した(Briones & Schmidt 2017)。

地上の植物群落は、生態系の発達につれて生物相が豊かになる(植生遷移)(図Ⅱ-3-7)。図では、左から右へと遷移が進行する。同様に、地下の生物も植生遷移にともなって生物相が豊かになる。耕起のような攪乱は、この遷移の流れを戻すが(左向きの矢印)、生物群集は再び遷移の方向(右)に再生していく。農地における耕起は、ミミズや節足動物など攪乱に敏感な生物を棲めなくする。一方、微生物は強い攪乱にも耐えて土壌に棲息できる。日本のように丁

寧に耕起する農地では、ミミズの姿はまれにしか見られない。

除草はかつて重労働を伴う農作業であったが、除草剤の登場によって労働時間が大幅に短縮した。有機農業では除草剤を使わず、人手で除草するか、物理的に土壌表面を攪乱することで除草す

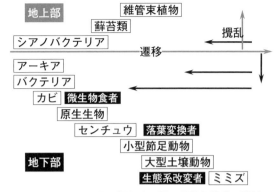

図Ⅱ-3-7　地上部と地下部の遷移と攪乱の関係

る。除草は作物との競争を緩和するために重要であるが、土壌の劣化にもつながる。除草剤でも手除草でも、土壌中の根の量が減少するので、土壌生物にとっては餌資源量の減少を意味する。また、土壌表面が露出することで、雨風による侵食を受けやすくなる。

　化学肥料の施肥は、土壌のpHを変えたり土壌水の浸透圧を変えたりするので、土壌水分に大きく依存する小型の土壌生物、すなわち微生物や小型土壌動物に、とくに大きな負の影響を与える。また、土壌の環境条件のなかでpHは土壌細菌の個体数に最も大きな影響を与える。

　図Ⅱ-3-8は、インドネシアの試験地で化学肥料を散布した土壌中の微生物の量を細胞膜に含まれるリン脂質脂肪酸を指標として測定したものである。この試験地では長期にわたって、耕起栽培と不耕起栽培の比較が行われてきた。化学肥料の散布によって、土壌微生物の量は減少している(Miura et al. 2016)。興味深いことに、不耕起区のほうが耕起区よりも減少幅が小さかった。不耕起区では微生物の棲み処となる土壌団粒が壊されない。それは、化学肥料による一時的な環境変化に対して不耕起区で保存されている土壌団粒が微生物の生息環境を安定化しており、化学肥料散布による浸透圧やpHの変化を緩衝している可能性を示唆する。

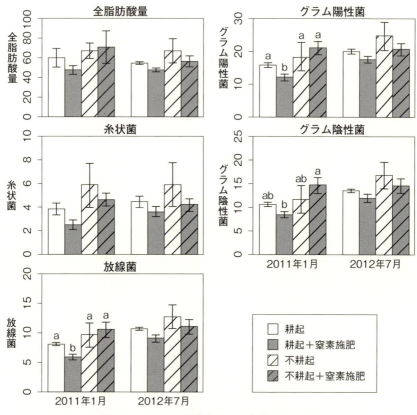

図Ⅱ−3−8　土壌微生物への窒素肥料の影響

（注）微生物の量をリン脂質脂肪酸を用いて定量した。全脂肪酸量(左上)は、細菌（グラム陽性菌＋グラム陰性菌）と糸状菌の合計量、グラム陽性菌とグラム陰性菌は細菌を大きく2分したものである。
（出典）Miura et al.（2016）．

6　土壌生態系の機能を活かした農地の管理

　FAOなどが提唱している保全農業は、不耕起・省耕起、植生や有機物による地面の被覆、輪作や混植を基本とする(Hobbs et al. 2009)。
　これまで述べてきたように、耕起は土壌を物理的に攪乱し、攪乱に弱い土壌生物の個体数を減少させる。また、土壌団粒中に貯留されていた有機物の分解が進む。これらのことから、土壌生物による機能が低下するとともに、土壌有

機物量が減少する。有機物量の減少はさらに、土壌生物の生息環境の悪化を招く。これに対して、不耕起栽培、カバークロップの導入、そして堆肥の施用は、農地の土壌炭素の増加につながる(Komatsuzaki & Ohta 2007)。

　保全農業の原則の一つである不耕起栽培は、米国やブラジルなどの大規模農業において、土壌侵食の防止や土壌水分の保持を目的として導入されてきた。しかし、雑草管理の問題があり、除草剤と除草剤耐性を遺伝子組み換え技術によって導入した作物を使用する不耕起栽培の体系が作り上げられた(Six et al. 2002)。

　一般に不耕起栽培では、耕起する管理に比べて収量が低下する(Pittelkow et al. 2015)。世界中の研究例を平均すると、不耕起栽培は耕起栽培に比べて窒素施肥をしないと収量が12%、施肥をしても4%減少した。しかし、これらの知見は、不耕起栽培と土壌被覆や輪作を組み合わせた栽培の効果については検証していない。

　一般に不耕起栽培の採用で、土壌炭素の濃度が上昇する。さらに、カバークロップ栽培との併用も土壌炭素の増加に有効である(Higashi et al. 2014)。カバークロップ以外にも、有機物を堆肥や刈り敷きのような形で土壌に散布すると、土壌表面を被覆し、土壌生物の餌が増えるので、土壌生物量は増加する。

　日本では、篤農家によってさまざまな栽培法が実行されてきた。なかでも、不耕起や省耕起と雑草草生を組み合わせた栽培は、日本だけで行われてきた。不耕起草生栽培は、保全農業の観点からは、耕起による攪乱がなく、雑草が地面を被覆し、作物と雑草を合わせると植物の種多様性が高くなると解釈できる。したがって、耕起と比較して土壌微生物の現存量は3〜5倍多く、土壌動物の群集も多様となる(金子 2015)。また、不耕起草生の採用により土壌の仮比重(密度を表す値)が低下し、土壌に炭素が集積する(Arai et al. 2014)。

　雑草と作物の競争をどのように制御するかという問題があるが、不耕起草生栽培は土壌の生物多様性を活用して土壌の理化学性を向上させる農法であると言える。果樹園における不耕起草生栽培土壌の解析によると、土壌の理化学性は向上し、土壌微生物、とくにAM菌根菌の現存量が慣行栽培に比べて3.6倍も多くなっていた(金子ほか 2018)。

　有機栽培であっても、耕起することで土壌生物の多様性や個体数を減少させ、土壌の物理性の低下や土壌炭素量の減少を招く。また、耕起することで有機物

の分解者が減少している農地に多量の堆肥を散布しても、堆肥を分解したり土壌団粒を形成する土壌生物が少ないので、作物に必要な養分が供給されない。さらに、脱窒や溶脱によって養分を農地から失うことにつながる。

　土壌の質を評価する指標は多く提案されている。土壌有機量（土壌炭素量）は多くの測定項目と相関を持つため、単一の指標として有望である。メタ解析で世界のコムギ農地の土壌炭素と収量の関係を調べると、約３％までは、炭素濃度の増加につれて収量が増加する。日本の場合、黒ボク土という火山灰起源で有機物を多く固定する土壌があるため、炭素濃度を尺度にすべての土壌を評価することが難しいが、同じ土壌型の間では、土壌炭素濃度が高い土壌ほど収量が高いと言える。

　FAO の保全農業の採用は土壌炭素濃度を高め、収量増加につながる。土が良くなる、すなわち土壌炭素濃度が高まることで、農薬や施肥量の削減につながる。有機農業における土壌保全は、環境負荷を減らしつつ、経営にも資するものとなる。

＜引用文献＞

Arai, M., Minamiya, Y., …, & Tsuzura, H.（2014）. Changes in soil carbon accumulation and soil structure in the no-tillage management after conversion from conventional managements. *Geoderma*, 221–222, 50–60.

Bardgett, R,D., & van der Putten, W, H.（2014）. Belowground biodiversity and ecosystem functioning. *Nature*, 515, 505–511.

Briones, MJI., & Schmidt, O.（2017）. Conventional tillage decreases the abundance and biomass of earthworms and alters their community structure in a global meta-analysis. *Glob Chang Biol.*

FAO, IFAD, …, UNICEF.（2017）. The State of Food Security and Nutrition in the World 2017. Building resilience for peace and food security. FAO.

Fierer, N.（2017）. Embracing the unknown: Disentangling the complexities of the soil microbiome. *Nat Rev Microbiol*, 15, 579–590.

Fujimaki, R., Sato, Y., Okai, N., & Kaneko, N.（2010）. The train millipede（Parafontaria laminata）mediates soil aggregation and N dynamics in a Japanese larch forest. *Geoderma*, 159, 216–220.

Higashi, T., Yunghui, M., …, & Komatsuzaki, M.（2014）. Tillage and cover crop species affect soil organic carbon in Andosol, *Soil Tillage Res*, 138, 64–72.

Hobbs, R, J., Higgs, E., Harris, J, A.（2009）. Novel ecosystems: implications for conservation and restoration. *Trends Ecol Evol*, 24, 599-605.

Ito, T., Araki, M., ..., & Higashi, T. (2015). Responses of soil nematode community structure to soil carbon changes due to different tillage and cover crop management practices over a nine-year period in Kanto, *Appl Soil Ecol*, 89, 50-58.

金子信博(2007)『土壌生態学入門——土壌動物の多様性と機能』東海大学出版部。

金子信博(2014)「土に棲む動物」土の百科事典編集委員会編『土の百科事典』丸善出版、30〜33ページ。

金子信博(2015)「土のなかの生物多様性を農業に活かす」『科学』85巻11号、1091〜1095ページ。

金子信博・井上浩輔・南谷幸雄ほか(2018)「有機リンゴ圃場の土壌動物多様性——慣行リンゴ圃場および森林との比較」*Edaphologia,* 102.

Komatsuzaki, M., & Ohta, H. (2007). Soil management practices for sustainable agro-ecosystems. *Sustain Sci*, 2, 103-120.

Kulmatiski, A., Anderson-Smith, A., ..., & Beard KH. (2014). Most soil trophic guilds increase plant growth: a meta-analytical review. *Oikos*, 123, 1409-1419.

Lal, R. (2004). Soil carbon sequestration impacts on global climate change and food security. *Science*, 304,1623-27.

Minami, K. (2009). Soil and humanity: Culture, civilization, livelihood and health. *Soil Sci Plant Nutr*, 55, 603-615.

Miura, T., Owada, K., ..., & Nishina, K. (2016). The effects of nitrogen fertilizer on soil microbial communities under conventional and conservation agricultural managements in a tropical clay-rich ultisol. *Soil Science*, 181, 68-74.

Montgomery, D, R. (2007). Soil erosion and agricultural sustainability. *Proc Natl Acad Sci*, 104, 13268-13272(片岡夏実訳(2010)『土の文明史——ローマ帝国、マヤ文明を滅ぼし、米国、中国を衰退させる土の話』築地書館).

日本ペドロジー学会第五次土壌分類・命名委員会(2017)『日本土壌分類体系』日本ペドロジー学会、53ページ。

Pittelkow, C, M., Linquist, B, A., ..., & Lundy, M, E. (2015). When does no-till yield more? A global meta-analysis. *F Crop Res*, 183, 156-168.

Six, J., Feller, C., ..., & Denef, K. (2002). Soil organic matter, biota and aggregation in temperate and tropical soils- Effects of no-tillage. *Agronomie*, 22, 755-775.

Wardle, D, A., Bardgett, R,D., ..., & Klironomos, J, N. (2004). Ecological linkages between aboveground and belowground biota. *Science*, 304, 1629-1633.

第4章
植物共生菌による省資源型栽培

成澤才彦

1　根の重要性

　根は植物が必要とする最も重要な水と栄養素を運ぶ機能を有するが、これまで根に着目した農業研究はほとんど行われてこなかった。しかし、根こそが高コストな投入に依存しない「第二の緑の革命」のカギであるとして、その重要性が注目され始めている。何らかの方法で根の能力を高め、吸収可能な栄養素の選択肢を増やすことができれば、既存土壌にあるものを最大限有効利用し、世界の「耕作限界地」を水や過剰な肥料・農薬なしに生産性の高い土地に変えられる可能性がある。

　一方、近年のゲノム研究の進展により、ヒトの常在菌、たとえば腸内微生物の新たな機能、免疫力向上や鬱病予防などの効果が明らかになってきた。植物の根も消化・吸収の場としてヒトの腸と共通の働きを担い、さらにその働きを微生物が支えていることも明らかになってきた。

　著者らは、植物の根内に共生する微生物である根部エンドファイトの活用に注目し、これらを植物に定着させることで、植物に病害抑制や高温耐性などが付与されるほか、土壌中の重金属等の浄化効果を向上させるなどさまざまな機能が付加できることを明らかにしてきた。図Ⅱ-4-1のように、植物とエンドファイトが1つの共生系(図の糸状体は植物根ではなく、菌類の菌糸である)として成立すれば、エンドファイトの効果で根の能力が高めら

図Ⅱ-4-1　エンドファイト菌糸ネットワークの概念図

第Ⅱ部　代替型有機農業から自然共生型農業へ　249

れ、上述の課題解決に向けた新技術になると考えている。ポイントは根内に最適な微生物叢ができ、さらに根が菌類の菌糸とつながることである。

そこで本章では、植物の根に内生するエンドファイトを取り上げ、その作物生産、とくに有機農業技術としての利用方法に関する知見を紹介する。

2　植物共生菌と根部エンドファイト

植物の根からは、糖、アミノ酸、ビタミン類などの栄養物が分泌されるため、それらを求めて多くの微生物が集まる。集まった微生物は、植物から栄養物の提供を受ける見返りとして、土壌中の窒素やリン酸などを植物に供給し、相互に利益を得る共生関係を築いている。マメ科植物の根に共生して根粒と呼ばれる構造物を形成する根粒細菌や、多くの陸生植物の根に侵入して菌根と呼ばれる構造物を形成する菌根菌は、共生菌の代表である。

菌根菌は、水中、砂漠、熱帯多雨林から高緯度地方に至る世界中の地域において豊富に存在し、植物と共生している。とくに低温、貧栄養、乾燥といった植物にとって環境条件が悪い場所では、ほとんどの植物が菌類との共生関係なしでは生育できないとまで考えられている。

一方、アブラナ科やアカザ科などの一部の植物は共生菌の存在が確認されておらず、共生菌の助けなしで生育していると考えられていたが、最近、著者らの研究グループによりアブラナ科であるハクサイと共生関係にある根部エンドファイトという菌類がいることが明らかとなった。このエンドファイトは植物と相互依存の関係にある菌類で、とくに低温、貧栄養の森林土壌を棲み処とするグループが知られている。植物はエンドファイトを受け入れることで、植物単独では利用できない窒素などを利用して生育できる。そして、見返りとして光合成産物である炭水化物をエンドファイトに供給する。

根部エンドファイトは、森林土壌、およびそこに自生している植物根部に生息している菌類の総称である。培地上で暗色の胞子や菌糸などから構成されるコロニーを形成し、比較的生育が遅いという特徴を持つ。

また、宿主範囲が広いのが特徴で、自然界でもさまざまな植物と関係を持ち、植物の生育を助けるなど、生態系における重要な役割を担っていることが推察されている。さらに、近年のメタゲノム解析により、生態系のネットワークの

中心に根部エンドファイトが存在していることが示唆され、その重要性が再認識されるようになった。

3 根部エンドファイトを利用した作物栽培──有機態窒素利用の勧め

　一般に植物根部を棲み処とし、植物と共生関係にある菌類は、植物へ窒素やリンを供給する代わりに、炭素源を植物から獲得している(Smith and Read 1997)。そのため、植物との関係は環境中の栄養成分に影響を受けると考えられる。たとえば外生菌根やエリコイド菌根では、過剰な炭素源が存在すると宿主植物から炭素源を獲得する必要性がなくなるため、植物に対し寄生的になることが報告されている。また、最もよく知られている根部エンドファイトである *Phialocephala fortinii* でも、接種に用いられる培地条件によって菌の感染様式や植物の生育反応が異なることが知られている(Jumpponen and Trappe 1998)。

　そこで、この *P. fortinii* の根部への定着とアスパラガスの生育に最適な窒素条件を明らかにするため、窒素源の種類がそれぞれ異なる条件で *P. fortinii* をアスパラガス根部に接種し、植物の生育および本菌の根部への定着を調査した（図Ⅱ-4-2）。

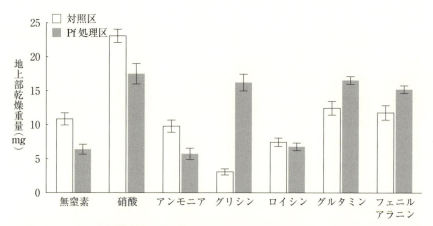

図Ⅱ-4-2　各種窒素源を含む培地で *P. fortinii* を接種したアスパラガス苗の生育
（注）育苗条件：23℃、明期16時間・暗期8時間、3週間。

その結果、*P. fortinii* を処理していない対照区では硝酸を窒素源とした処理区で植物体の生育が最も良好であり、無窒素区の2倍以上となった。このことは、共生菌が働かない環境では、植物が容易に利用できる窒素源が生育を促進することを示している。

グリシンを除くアミノ酸を窒素源とした処理区、およびアンモニア処理区でのアスパラガスの生育は、無窒素区とほぼ同等であった。これは、アスパラガス単独では、これらの窒素源を有効に利用できないことを示している。さらに、グリシンを窒素源とした処理区では、アスパラガスの生育が明らかに劣っていた。

一方 *P. fortinii* 処理区では、硝酸イオンを窒素源とした処理区とグリシン、グルタミン、およびフェニルアラニンのアミノ酸を窒素源とした区で、ほぼ同等で良好な生育を示した。ロイシン以外のアミノ酸を窒素源とした処理区では、*P. fortinii* 処理によってアスパラガスの生育が約33～400％増加した。なかでも、グリシンを窒素源とした処理区が最も良かった。同じアミノ酸でもロイシンを窒素源とした処理区での生育は対照区と同等である（図Ⅱ－4－2）。

以上より、*P. fortinii* はアミノ酸が存在する環境でアスパラガス根部によく定着し、アスパラガスがアミノ酸を窒素源として利用できるようにする能力を持つことが示された。そこで、土壌中の窒素成分が *P. fortinii* を用いた育苗に及ぼす影響を明らかにするため、①市販育苗培土と、②肥料成分を含まない培土に有機態窒素成分としてネイチャーエイド（サカタのタネ）を加えた培土の2種類を用いてアスパラガスの育苗を行い、その生育を調査した。

Phialocephala fortinii を用いて行ったのは、有機肥料培土と無機肥料培土での育苗試験である。有機肥料培土では、*P. fortinii* 処理区の生育が対照区に比べ明らかに優っており、対照区の2倍以上増加した。これに対して無機肥料培土では、対照区と *P. fortinii* 処理区間の有意な差は認められなかった（図Ⅱ－4－3－1）。また、有機肥料培土で育苗した苗根部への定着を判定する定着率は85％であり、無機肥料培土の56％との間に有意な差が認められ、有機肥料がこのエンドファイトの根部への定着を促進することが示された（図Ⅱ－4－3－2）。

無機態窒素を多く含む無機肥料培土では、*P. fortinii* 処理によるアスパラガスの生育促進は認められなかった。これは、前述のように、アスパラガスが単

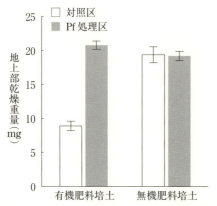
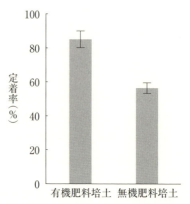

図Ⅱ-4-3-1　有機肥料培土および無機肥料培土で P. fortinii を接種したアスパラガス苗の生育

（注1）育苗条件：23℃、明期16時間・暗期8時間、6週間。
（注2）有機肥料培土：ネイチャーエイドを加えた無肥料培土、無機肥料培土：セル培土 TM-1。

図Ⅱ-4-3-2　アスパラガス苗根部からの P. fortinii の定着率

（注1）定着率は、培地上に静置した総根片に対する P. fortinii のコロニー出現率で求める。
（注2）有機肥料培土：ネイチャーエイドを加えた無肥料培土、無機肥料培土：セル培土 TM-1。

独で無機態窒素である硝酸を有効に利用できるため、P. fortinii の定着による窒素利用の利益がなくなるからだと考えられる。

　また、前述のように、アスパラガス単独では数種のアミノ酸を窒素源として有効に利用できないことが明らかになっている。そのため有機態窒素を含む有機肥料培土では、P. fortinii を処理していない苗の生育が無機肥料培土に比べ顕著に劣っていた。一方、P. fortinii を処理したアスパラガスは P. fortinii の定着により培土中のアミノ酸を利用できるようになり、無機肥料培土と同等の生育を示した。

　育苗後の根部への P. fortinii の定着率は、無機肥料培土と比較して有機肥料培土で有意に高かった。これまでにも、アミノ酸を窒素源とした条件で根部エンドファイトである H. chaetospira をハクサイに接種すると、根部エンドファイトの菌糸が皮層細胞および表皮細胞の間隙から内部にまで密に侵入することが報告されている。これらのことから、植物単独で利用できない有機態窒素源が P. fortinii の根部への定着を促進すると考えられる。

　これまで、植物は硝酸やアンモニア態窒素などの無機態窒素を主に吸収する

と考えられてきた。しかし、上述のアスパラガスと *P. fortinii* の例にあるように、根部エンドファイトなどの共生菌類とのネットワークが形成されると、アミノ酸類を利用できることが示された。森林などの自然生態系では、この傾向はさらに顕著で、無機態窒素よりもアミノ態窒素などの有機態窒素での吸収が多いことも明らかとなっている。

　また、直接植物の根から吸収される量はごくわずかであるとされてきた分子量の大きいアミノ酸が、最近になって、植物の根と共生する根部エンドファイトの働きにより、植物に積極的に取り込まれていることが明らかとなった。従来まで植物が利用すると考えられていた硝酸やアンモニア態窒素は、それぞれ10%のみであることが解明されている。このことは、根部エンドファイトを利用すれば、植物根内の微生物相転換による有機養分の積極的吸収を促進する植物栽培が可能となることも示している。

　この根部エンドファイトと植物の関係は、いわゆる "ゆるやかな共生" と表現される。つまり、土壌中の肥料などの環境要因により、共生関係の強弱が決まるのである。そのため、上述のように農業への根部エンドファイト利用には自然生態系における物質循環、とくに植物と根部エンドファイトの相互作用に関する理解が必要である。

　植物を単独の生物と捉えるのではなく、図Ⅱ－4－1にあるように、植物と根部エンドファイトなどの共生菌類がひとつの共生系としてふるまうことを理解すると、植物が単独では利用できないアミノ酸を菌類が受け渡す仕組みが分かる。今後の農作物生産では、「植物の窒素吸収は、化学肥料を基盤とした慣行農法における硝酸態窒素などの無機態窒素によってのみ生じる」という考えを改め、この自然界での物質循環システムを取り入れる必要がある。

　さらに著者らは、根部エンドファイトが植物へのアミノ態窒素供給と植物吸収のための生物的なアシスト機能を果たし、植物の生育をサポートし、植物が病原菌、高温、低温、酸性や塩類集積などの環境ストレスに強くなることを明らかにした(成澤 2011)。この植物根圏の微生物相転換による有機養分の積極的吸収の仕組みを理解すると、植物の機能性を向上させる最適な条件を把握し、共生菌類の働きに根差した新たな作物生産技術が確立できる。

254　第4章　植物共生菌による省資源型栽培

4　根部エンドファイトは植物を環境ストレスに強くする

　近年、世界の主要国では、経済性を重視し、大量消費型の社会を発展させてきた。この急激な生活環境の変化によって環境問題が顕在化し、現在では自然環境に優しい生活スタイルが求められている。なかでも、CO_2排出量の増大に伴うとされる地球温暖化は深刻な問題である。

　そのため、急激な温暖化を阻止すべく世界各国でCO_2排出量の削減が努力されている。とはいえ、気温上昇の推定値に差はあるものの、地球温暖化は今後も進行するであろう。急激な温暖化は、人類の生存を支える農産物生産にも多大な影響を与える。

　イネにおいても、各生育段階で高温障害を受けることが知られている。とくに、出穂・開花期と登熟期の高温が収量と品質低下の主な要因とされる。

　一般に、植物は多種多様な微生物と相互依存の関係を保って生育している。微生物と良好な相互依存関係にある植物は、貧栄養や高温などの環境ストレスにも耐えることが知られている。しかし、植物と相互依存的な有用微生物は環境変化(悪化)に敏感で、生育の悪化や代謝活性の低下を生じやすい。その結果、微生物の助けを失った植物は、環境ストレスへの耐性が低下し、発育障害を受けることとなる。

　そこで著者らは、温暖化の環境においてもイネと相互依存の関係を継続できる根部エンドファイトの獲得を目的として、高温耐性を付与する試験を行った。栽培条件は、通常温度区が23℃、高温処理区は昼間35℃、夜間30℃である(図Ⅱ−4−4)。

　両区において10菌株の根部エンドファイトを供試したところ、6菌株が対照区と比較してイネの生育を促進した。また、両区とも前述の *P. fortinii* を処理したイネの生育が最も良かった。そして、高温処理区の対照区のイネでは、生育が抑制されるばかりでなく、顕著な葉の黄化が確認された。一方、*P. fortinii* 処理区における黄化の割合は20％程度であり(図Ⅱ−4−4)、顕著な黄化は認められなかった。

　熱帯や亜熱帯の乾燥地域では、水分の蒸発量が降水量よりも多いため、塩類集積が問題となっている。こうした土地は、パキスタン、インド、中国だけで世界の塩害被害面積の約半分に当たる3000万 ha を占める。さらに、近年の急

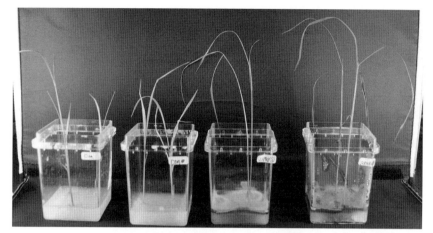

図Ⅱ－4－4　高温および通常温度で P. fortinii を接種したイネ苗の生育
(注) 左から対照区(通常温度)、対照区(高温)、P. fortinii (通常温度)、P. fortinii (高温)。

激な地球温暖化は、その他の地域でも塩害をもたらす危険性がある。

　植物にとってナトリウムは必須栄養素ではなく、植物はナトリウムに高い感受性を示す。高等植物にとっての高濃度の塩類とは海水濃度の約1/5以上の塩溶液を指し、土壌溶液の塩類濃度がこれ以上になると、大部分の作物の生育は大きく阻害される。ナトリウムは植物が成長するために重要な成分を植物細胞が取り込むのを阻害し、細胞内に高濃度のナトリウムが蓄積するとさまざまな酵素の活性が阻害されることが知られている。

　これらの対策は、灌水による塩類除去、深耕、客土による塩類濃度の希釈など物理的手法による方法が一般的である。また、半乾燥地に自生する植物の耐塩性や吸塩性を利用して植生を保全・回復し、塩類集積地の土壌を改善する方法、耐塩性がある作物の導入、個々の作物について耐塩性をより強化するという方法も進められている。しかし、生態系における重要な役割を担う共生微生物と植物を利用した取り組みは認められない。

　そこで、鳥取県の山林土壌と茨城県の松林より分離した根部エンドファイト2菌株(*Cladophialophora* sp. *Phialocephala helvetica*)、そしてピーマンを供試して、塩化ナトリウム濃度0、海水濃度の約1/10、1/5、および1/3に調整した条件で、耐塩性の試験を行った。その結果、両菌株での各塩類濃度における生育促進効果が認められた。

図Ⅱ-4-5　根部エンドファイトを接種したピーマンの塩化ナトリウム濃度による生育の違い

(注1) 上段：対照区(Control)、中段：*Cladophialophora* sp.処理区、下段：*Phialocephala helvetica* 処理区。
(注2) 塩化ナトリウム濃度：左から0、海水濃度の約1/10、1/5、1/3。

とくに *P. helvetica* は、塩化ナトリウム濃度が海水濃度の約1/10の条件下で対照区に対して200％以上の生育促進効果を示した。また、塩化ナトリウム濃度が海水濃度の約1/3の根部エンドファイト処理区のピーマンの生育は、塩化ナトリウムを含まない対照区の生育と同等であった(図Ⅱ-4-5)。さらに、対照区において塩化ナトリウム濃度が海水濃度の約1/3ではピーマンの発芽が抑制され、その発芽率は46％であった。それに対し、*P. helvetica* 処理区での発芽率は88％となり、根部エンドファイトに発芽の促進効果が認められた。

　以上より、今回供試した根部エンドファイト2菌株は、少なくとも植物の生育限界である塩化ナトリウム濃度が海水濃度の約1/5までは、ピーマンの生育促進効果が得られることが明らかとなり、塩類集積土壌における栽培への可能性を示す結果が得られた。

　今後、これらの技術を普及させるためには、根部エンドファイト処理植物が根の能力を高め、ストレス環境下でも生育を継続可能にするメカニズムの解明と、野外での動態の把握が重要であると考える。

5　根部エンドファイトの野外での動態が見えてきた

　以上のように、土壌肥料成分や気候など植物にストレスとなる条件下では、

植物の多くが根部エンドファイトと共に存在していることが分かってきた。そこで、海岸近くで塩類ストレスのかかる山形県、茨城県、鳥取県などの森林環境を中心に、根部エンドファイトの分離と獲得を試みた。

　自生しているハマヒルガオ、スミレ、ノイバラ、アケビ、コナラなどの植物の根部や茎葉部など合計150サンプルから菌類を分離、選抜したところ、植物の生育を促進する根部エンドファイト1菌株が得られた。分離頻度は1％以下である。また、同じ地域で土壌を採取してトマトなどを育て、その根部に入ってくる根部エンドファイトを分離したところ、合計で1608サンプルから同じく植物の生育を促進する11菌株が得られた。分離頻度はやはり1％以下である。こうした環境では、植物は多くの種類の菌類と共にいるが、その生育を明らかに良くする根部エンドファイトは1％程度しか存在しないようだ。

　もちろん、現在の技術では分離できない菌類も多く存在するし、今回の選抜は植物の生育をとても良くする優秀な根部エンドファイトの獲得が目的であったから、植物に害を与えない通常の根部エンドファイトは、もう少し多く存在すると思う。とはいえ、いわゆる優秀な根部エンドファイトは思っているよりも多くは必要ないのではと考える。

　植物体には無数の菌類や細菌類が棲みついており、その微生物叢の構造はきわめて複雑である。それゆえ、植物にとって好ましい微生物叢ができあがるためには、微生物叢の動態にとくに強い影響を与える「まとめ役」(コア微生物種)が存在するのではないかと提起されている。このアイデアを証明するため、次世代シーケンシング技術で得られた膨大な微生物多様性の情報を理論生態学とネットワーク科学の視点で解析し、コア微生物種を選び出すことが可能となりつつある(Toju and Read, et al. 2018)。冷温帯域から亜熱帯域にかけて150種の植物に共生する菌類8000系統の大規模スクリーニングの結果、幅広い作物種に共生できる可能性の高い菌として根部エンドファイトが候補となっている(Toju and Tanabe, et al. 2018)。

▍6　微生物のつながりが見える土壌診断へ

　元来、生物は適度な環境ストレスを受け、その環境に適応することで生存している。しかし、これまでの農業現場では、植物単独の生育に最適な条件を追

258　第4章　植物共生菌による省資源型栽培

求し、さらに限りなくストレスを排除する方向で栽培を行ってきた。化学特性
をメインにして行われてきた土壌診断は、まさにこの作物生産技術の延長線上
にある。有機農業や自然農法、さらには森林などの自然生態系では、上述のよ
うに、化学特性をメインにして行われてきた土壌診断だけでは説明がつかない
現象が存在することは昔から知られていた。

　今後は、次世代シーケンシング解析と理論生態学・情報学の組み合わせによ
る新しい微生物診断技術により、それぞれの土地に合った植物と微生物のつな
がりを説明できるようになると期待される。つまり、見えなかった植物と共生
微生物のつながりが見えてくるのである。

　植物のみの性質に注目するのではなく、植物と微生物をひとつの系として捉
え、その相互作用や生態を学び、そして利用することで、農業に新しい可能性
を示す未来が訪れるであろう。

＜引用文献＞

Jumpponen, A., and J, M, Trappe.（1998）. Dark-septate root endophytes: a review with special reference to facultative biotrophic symbiosis. *New Phytol*, 140, 295–310.

成澤才彦(2011)『エンドファイトの働きと使い方——作物を守る共生微生物』農山漁村文化協会。

Smith, S, E., and Read, D, J.（1997）. *Mycorrhizal symbiosis*. Academic Press.

Toju, H., Peay, K, G., Yamamichi, M., et al.（2018）. Core microbiomes for sustainable agroecosystems. *Nature Plants*, 4, 247–257.

Toju, H., Tanabe, A, S., and Sato, H.（2018）. Network hubs in root-associated fungal metacommunities. *Microbiome*, 6, 116.

第Ⅱ部　代替型有機農業から自然共生型農業へ　259

有機畜産への道　　　　　　　　COLUMN

有機農業は言葉としては認知されてきたが、有機畜産はいまだにほぼゼロに近い。その最大の要因は餌の問題である。とくに、養豚と養鶏では有機飼料の自給が難しい。耕地面積を広げなければならないし、海外からの輸入も含めてコストがかかる。日常の食べものであるはずの肉や卵が、一部の裕福な人しか食べられない高級食材になってしまう。そもそも、輸入飼料に頼るべきではない。

まず目指すべきは資源の国内循環である。世界で約8億人が飢えていると言われる中で、日本の食品ロスは年間643万トンと推計されている（農林水産省と環境省のデータ）。もちろん安全性には十分に配慮しなければならないが、その積極的利用が望まれる。

私が経営するぶぅふぅうぅ農園（山梨県韮崎市、2ha）では、豚約200頭（うち肥育豚約180頭）、採卵鶏400羽、育成鶏約200羽を飼い、以下のような飼料を利用している。国産比率は80〜85%である。

酒米（米ぬかが混ざった部分＝中白）、商品に適さないチーズ、有機JAS認証の廃棄ジャガイモ（ポテトチップ原料）、おから、半端モノのビーフン、古米。

かつては学校給食の残飯を引き取って使用し、異物がない最高の餌だったが、堆肥化されるようになり、現在は利用していない。

一方で、国産畜産物ならば安全だと思っている人びとが多い。だが、多頭羽飼育の現場では薬品類の大量使用によって、抗生物質が効かない耐性菌の広がりが大きな問題となっている。日本は生卵が食べられるように衛生面はしっかりしているが、生きものとしての飼育環境はよくない。むしろ最低ランクである。

欧米ではアニマルウェルフェアが重視され、家畜に配慮した飼い方が普及している。快適な環境下で飼い、ストレスや病気を減らそうとしているのだ。TPP11や日欧EPA（経済連携協定）の発効にともない、アニマルウエルフェア基準を満たした畜産物の輸入が増えるだろう。それに対抗するためにも、有機畜産の拡大が求められる。

ところが、現状は一部の生産者が努力しているだけだ。ヨーロッパの畜産のように、国が率先して有機畜産に補助金を支出したり、飼育規則を定めたりしなければ、広がってはいかない。国を動かすのは国民一人ひとりである。たしかに、価格面ではある程度高くならざるを得ない。しかし、金銭的価値観のみで判断するのではなく、いのちの尊重という総合的価値観によって、有機畜産物を買い支えることも必要であろう。

〈中嶋千里〉

260　第5章　作物圏共生微生物による病虫害防除

第5章
作物圏共生微生物による病虫害防除

池田成志

　一定の収量や品質を確保しつつ化学肥料や化学農薬に依存しない持続的な農業を行うためには、作物の遺伝的能力や有用(微)生物の機能(生態系サービス)を活用し、できるだけ地域で有機物が循環するような栽培管理が必須である。作物の病虫害発生程度は、品種の遺伝的背景、養分状態、気象条件、地形、土壌条件、耕作や農薬などの栽培管理条件、土壌微生物や共生微生物、圃場周辺の環境など多様な環境要因の影響を受ける。

　これらの各種要因の中で、圃場の物理的環境条件の整備は可能なかぎり最優先するべきである。明渠や暗渠などの大規模な土木工学的な整備だけではなく、高畝栽培、畝の方向性(平地では南北畝よりも東西畝のほうが圃場の中央まで光が差し込みやすい)や品種の草姿(株元に光が差し込みやすい草姿)などのわずかな物理的環境の改変が、圃場全体の病虫害の発生程度に大きな変化をもたらす可能性がある。

　本稿では有機物を微生物制御資材として位置づけ、持続的農業における病虫害防除のための有機物(≒根圏土壌微生物)の効果と作物圏共生微生物(根圏土壌微生物や、根、葉、茎などの植物組織に共生する微生物)の利活用に焦点をしぼって、近年の国内外の研究情勢を紹介する。あわせて、農業微生物研究の現状や問題点、今後の展望について、私見を示したい。なお、紙面の関係上、文献については大部分を割愛し、主要なトピックスに関するものだけを引用した。引用文献が示されていない事案についての論文情報を希望される方は、連絡をいただきたい。

▌1　堆肥の施用による病害防除

　現在までに報告されている堆肥の施用による病害軽減効果は、大部分が糸状菌類と卵菌類による病害を対象としている(表Ⅱ−5−1)。それ以外の微生物

第Ⅱ部　代替型有機農業から自然共生型農業へ　261

表Ⅱ－5－1　堆肥の施用による病害防除研究の事例

対象作物	対象病害	施用量	施用時期	堆肥の原料
アスパラガス	立枯病・株腐病	1%（w/w）	定植10〜14日前	鶏糞堆肥
アスパラガス	立枯病	10%（v/v）	定植時	コーヒー粕
アボカド	白紋羽病	25%（w/w）	定植時	イネ科雑草
イチゴ	萎黄病	5%（v/v）	定植時	鶏糞堆肥（低温殺菌済み）
インゲンマメ	苗立枯病	30%（v/v）	定植時	作物残渣、農業廃棄物、食品残渣
オリーブ	Verticillium wilt	30%（w/w）	定植時	ブドウ搾り粕
キュウリ	つる割病	50%（v/v）	定植時	牛糞堆肥
キュウリ	苗立枯病	30%（v/v）	定植時	作物残渣、農業廃棄物、食品残渣
ジャガイモ	青枯病	7.5%（w/w）	定植3週間前から週1回の散水	牛糞、鶏糞、イネもみ殻、ナタネ粕
ジャガイモ	黒あざ病	10〜20g/kg	播種3週間前	ミミズ堆肥
ズッキーニ	苗立枯病	30%（v/v）	定植時	作物残渣、農業廃棄物
トマト	青枯病	1%（v/v）	定植時	植物性堆肥
トマト	青枯病	5〜10%（v/v）	定植時	牛糞堆肥
トマト	青枯病	4〜6%（w/w・DW）	播種時	鶏糞、牛糞
トマト	根腐疫病	30%（v/v）	定植時	作物残渣、農業廃棄物
トマト	根腐病	10%（v/v）	播種2日前	市販の植物性堆肥
トマト	萎凋病	50%（v/v）	定植時	牛糞堆肥
トマト	褐色腐敗病	30%（v/v）	定植時	作物残渣、農業廃棄物、食品残渣
トマト	褐色腐敗病	25%（w/w）	播種時	植物残渣、菌床残渣
トマト	根腐萎凋病	25%（w/w）	播種時	植物残渣、菌床残渣
トマト	白絹病	8.3t/10a	定植2週間前	ワタ残渣堆肥
トマト	白星病	25%（w/w）	播種時	植物残渣、菌床残渣
ナス	半身萎凋病	30%（v/v）	定植時	作物残渣、農業廃棄物、食品残渣
ピーマン	疫病	5〜10t/10a	定植の24〜48時間前	食品残渣
ホウレンソウ	萎凋病	5%（w/w）	播種1カ月前	ふすま、おがくず、コーヒー粕、鶏糞
メロン	つる割病	30%（v/v）	定植時	食品残渣＋作物残渣
メロン	つる割病	50%（v/v）	定植時	牛糞堆肥
レタス	根腐病	10%（v/v）	播種時	植物残渣

（注）v/v：体積比、w/w：重量比、DW：乾燥重量。

群による病害としては、アブラナ科野菜の根こぶ病（原生生物）やナス科野菜の青枯病（細菌）などでいくつかの報告があるのみである。

地上部の病害については、多様な種類の堆肥でトマトの褐色腐敗病、廃菌床やブドウの搾り粕の堆肥でトマトの白星病などの軽減が、報告されている。腐熟度が高い堆肥を使用すれば *Fusarium* 属や *Pythium* 属などによる病害は軽減されることはあっても、助長されることは一般的には少ないと考えられる。しかしながら、植物堆肥でタマネギ乾腐病やニンジンのしみ腐病が、牛糞堆肥でエンドウマメの苗立枯病が、鶏糞堆肥ではラディッシュの立枯病が助長された事例も報告されている。

ポットでの栽培試験レベルではあるが、Aguilar ら（2017）はトウモロコシの栽培において、牛糞尿、牛糞堆肥、ミミズ堆肥、緑肥（ヘアリーベッチ、エンバク、ナタネ）のすべての有機物施用により *Pythium* 属菌と *Polymyxa* 属菌の感染が減少すること、対照的に、すべての有機物施用、とくにエンバク緑肥により赤かび病菌の根への感染が助長されることを報告している。赤かび病の重要性を考えると、圃場レベルでのさらなる検証が求められる。

ジャガイモの半身萎凋病は糞尿堆肥で助長され、野菜残渣堆肥で抑制されること、野菜残渣堆肥によるネギ黒腐菌核病の軽減は砂壌土や泥炭土では観察されるが、シルト（砂より小さく粘土より粗い沈泥）では効果がないことも報告されている。したがって、堆肥の原料や土壌の違い、それらの組み合わせにより堆肥の施用効果も大きく変わる可能性がある。

また、苗立枯病のような病害は施用する堆肥などの有機物の新鮮度や施用時期の影響を強く受ける。一般的に、堆肥の発病抑止効果は腐熟度の程度が進むほど効果が高いと考えられるが、トマト褐色腐敗病に対しては新鮮な堆肥（完熟後3カ月）に高い効果があり、古い堆肥（完熟後1年）では防除効果がないと報告されている。苗立枯病の防除効果も、堆肥保管中に経時的に変化する可能性があるので、堆肥製造後から栽培時までの保存・熟成の条件や期間についても注意しなければならない。

線虫捕食性糸状菌の胞子は牛や馬、豚、羊などの消化過程を経て体外へ排泄されても生存能力を持つことから、糞尿堆肥が有用微生物の供給源のひとつになっている。牛糞堆肥も線虫捕食性糸状菌を増加させるが、その効果は鶏糞堆肥に比べると弱いとされる。ただし、過剰な糞尿堆肥の施用はアンモニアのよ

うな物質が糸状菌類の生育も阻害するため、施用量については注意する必要がある。ムギワラの有機マルチとワタ残渣堆肥の施用は土壌中の *Trichoderma* 属の菌密度を増加させ、トマトの白絹病を抑制することも報告されている。ムギワラのような有機マルチは、野菜や果樹の圃場で落下した果実に感染する灰色かび病などの病原菌の初期密度の低減も期待できるとされる。

　現状では、堆肥の理化学性や微生物性の分析から病害防除効果を評価することは難しい。それゆえ、堆肥の病害防除効果については、控えめな施用量での予備試験を行うなど慎重に評価する必要がある。

2　炭の施用による病虫害防除

　一般的に炭の施用は土壌の理化学性を改善し、作物の生育促進や、土壌中や根での有用微生物の増加、作物の健全性や病虫害抵抗性の強化につながると考えられる。施用効果としては、生育促進と病虫害防除の２つが期待される。従来までは生育促進効果に関する報告が多かったが、近年になり主に海外で、多様な病虫害を抑制する炭の施用効果についての論文報告が増えつつある（表Ⅱ−5−2）。

　このような背景の中で、Bonanomi ら（2015）は炭の土壌施用は堆肥などの有機物に比べると病虫害を助長するリスクが少ないことを指摘している。とくに、一般的な有機物の施用による防除が難しいと考えられている *Rhizoctonia* 属菌による苗立枯病の防除について、炭の利用が注目されている。

　「病虫害防除に最適な炭の施用量」は「生育促進効果に最適な施用量」より少ない場合が多い。植物生育促進効果における至適施用量は25％（v/v：体積比）にも至る場合があるが、病虫害防除効果は１％以下で認められることが多い。３％以上の施用では、効果がない場合が多いだけでなく、病害を助長する場合もあると指摘されている。病害のない場合は、炭の施用量が多いと宿主の生育を阻害するケースもあることがアスパラガス（10％、v/vの炭施用条件下）で報告されているので、注意が必要である（Elmer 2016）。

　また、炭の施用により菌根菌の共生が促進されるが、養分状態の良い慣行栽培では菌根菌は寄生的になる（収量が減る）可能性が高いことも指摘されている（Elmer 2016）。増収効果はアルカリ土壌や細粒土壌よりも酸性土壌や砂質土壌

264 第5章 作物圏共生微生物による病虫害防除

表Ⅱ－5－2 炭の施用による病虫害防除研究の事例

対象作物	対象病虫害	施用量	施用時期	炭の原料
アスパラガス	株腐病	10％(v/v)	定植時	市販品
アスパラガス	立枯病	10％(v/v)	定植時	市販品
アスパラガス	立枯病	30％(v/v)	定植時	ヤシガラ
イチゴ	灰色かび病	3％(w/w)	定植1週間前	セイヨウヒイラギガシ
イネ	ウンカ	3〜5％(w/w・DW)	定植時	イネ、コムギ、トウモロコシの茎
インゲンマメ	苗立枯病	1％(w/w)以下	播種時	ユーカリチップ
インゲンマメ	苗立枯病	1％(w/w)以下	播種時	温室作物残渣
キュウリ	苗立枯病	3％(w/w)*	播種2週間前	ユーカリチップ
キュウリ	苗立枯病	3％(w/w)	定植36日前	ピーマン残渣
キュウリ	ネコブセンチュウ	800kg/10a	定植時	ヤシの実の殻
コムギ	アブラムシ	1.5〜5％(w/w・DW)	播種時	イネ、コムギ、トウモロコシの茎
ダイズ	急性枯死症	2％(w/w・DW)	播種10週間前	トウモロコシの茎葉
タバコ	青枯病	300kg/10a	播種時	稲わら
トマト	青枯病	20％(v/v)	播種時	生ごみ炭化物
トマト	うどんこ病	1〜5％(w/w)*	播種時	柑橘類
トマト	根腐萎凋病	0.5〜3％(w/w)*	播種時	ピーマン残渣
トマト	根腐萎凋病	1〜3％(w/w)*	播種時	ユーカリチップ
トマト	灰色かび病	1％(w/w)	定植時	ユーカリチップ
トマト	灰色かび病	1〜3％(w/w)	定植時	温室作物残渣
トマト	灰色かび病	1〜5％(w/w)*	播種時	柑橘類
ニンジン	ネグサレセンチュウ	5％(v/v)*	播種時	針葉樹の樹皮・チップ、スペルトの種皮
ピーマン	うどんこ病	1.3〜2.6t/10a	堆肥施用3週間後・定植1週間前	ピーマン残渣、ユーカリチップ
ピーマン	うどんこ病	1〜5％(w/w)*		柑橘類
ピーマン	チャノホコリダニ	1.3〜2.6t/10a	施用3週間後定植1週間前	ピーマン残渣、ユーカリチップ
ピーマン	チャノホコリダニ	1〜5％(w/w)*	播種時	柑橘類
ピーマン	灰色かび病	1〜5％(w/w)*	播種時	柑橘類
ベニカエデ	疫病	5％(v/v)	定植時	松
モモ	改植障害	20％(v/v)	定植時	松

（注1）v/v：体積比、w/w：重量比、DW：乾燥重量。
（注2）＊0.5〜1mmの微粉末の形で施用。

において効果があることも指摘されており、施用する土壌の種類についても注意する必要がある。施用効果(物理性や生物性の改変効果)については、一度の施用で少なくとも数年間は継続した事例が報告されている。

炭の持つ物質吸着能は、土壌養分だけでなく、化学合成農薬に対しても非常に効果が高い。したがって、慣行栽培や特別栽培では同一圃場で炭と化学合成農薬を同時施用すると、化学合成農薬の効果が減るので注意する必要がある。炭の施用には農薬の分解促進効果や、農薬の野菜への吸収抑制効果も報告されている。そのため、慣行栽培から有機栽培への移行期における積極的施用は土壌中に残留する化学合成農薬や化学肥料の悪影響を軽減し、収量や品質の改善・安定化に寄与できる可能性がある。ゼオライトや珪藻土なども炭と同様の多孔質資材であるため、炭と同様の有用効果を持つ可能性があり、今後検討する価値があると思われる。

近年の研究から、炭の施用による灰色かび病に対するトマトの抵抗性強化にジャスモン酸が関与していることが明らかにされている。ジャスモン酸は作物の耐寒性や耐暑性などの不良環境耐性や各種の病虫害抵抗性の強化に関与しているため、炭の施用には従来の想像以上に多様な有用効果が期待できる可能性がある。

一方で、炭の原料や製造条件は多様であり、場合によっては炭に含まれる植物毒性や重金属、土壌中の重金属可溶化などが問題となる可能性もある。建築廃材などで製造された粗悪な炭の販売をするような悪質な業者も存在する可能性があるので、メーカーの選定や、原料や製造条件などの情報の取得も重要である。海外では炭のリスクとして、粉塵被害、家畜糞尿や都市ごみ、ユーカリ由来の炭に含まれる重金属類(亜鉛、マンガン、銅など)や多環芳香族炭化水素などが指摘されている。

カエデの樹皮の炭(700℃で4時間の炭化処理)の施用は、多様な作物の *Rhizoctonia* 性の苗立枯病を助長することも報告されている(Copley et al., 2015)。植物の生育を阻害しにくい、安全な炭の製造条件として、高い温度で製造されたもの、樹木を原料としたものが良いという報告もある。また、短時間の熱分解で製造した炭では菌根菌の共生は非常に少なく、表面積の大きな炭は菌根菌の共生を促進する傾向が高いことも報告されている(Han et al. 2016)。炭の品質評価についての議論は研究者間で盛んに行われているが、残念ならが

266　第5章　作物圏共生微生物による病虫害防除

一定の収束に向かう気配はない。

3　輪作・緑肥などによる病虫害防除

　一般に畑作農業では、輪作が適切だと考えられている。ところが、驚くべきことに、近年までの農学研究において、合理的な輪作体系の設計に関する科学的な知見の蓄積は非常に少なかった。最近になり、輪作や混作、緑肥、カバークロップなどの耕種的作業について、栽培学と農業微生物学の視点から合理的な栽培体系の提案が検討され始めている（**表Ⅱ-5-3**）。

　たとえば、イネ科作物の前作はマメ科や双子葉作物の前作よりも後作のキクに対して生育促進効果があり、立枯病に対する高い防除効果を付与する。また、キク科作物の前作は後作の他種の作物においてスズメガやアブラムシなどの害

表Ⅱ-5-3　輪作・緑肥などによる病虫害防除研究の事例

対象作物	対象病虫害	輪作・緑肥などの内容
キャベツ	アブラムシ	タマネギの前作
キュウリ	つる割病	ロボウガラシの緑肥
キュウリ	つる割病	タマネギやネギなどの *Allium* 属の前作
キュウリ	苗立枯病	ソバの緑肥
ジャガイモ	stem canker、黒あざ病、そうか病、銀か病	ナタネの緑肥（8～9月の2カ月間栽培）
ジャガイモ	そうか病	カラシナ/ナタネ、スーダングラス/ライムギ、ジャガイモの3年輪作体系
ジャガイモ	半身萎凋病	ソバの緑肥
ジャガイモ	疫病	穀類・マメ科との混作
ジャガイモ	乾腐病	豚糞堆肥の施用とシロガラシの混作
ジャガイモ	黒あざ病そうか病	カノーラやナタネなどのアブラナ科の輪作と冬季のカバークロップとしてのライムギの栽培
ジャガイモ	半身萎凋病	スーダングラスやトウモロコシの緑肥
ジャガイモ	緋色腐敗病	オオムギと赤クローバー（下草）との混植、赤クローバー、ジャガイモの3年輪作
ダイズ	根腐病	ライムギの緑肥
タバコ	疫病	冬季のナタネの前作（10月～翌年4月）
ラディッシュ	根腐病	ソバの緑肥
リンゴ	定植障害	コムギ栽培
春コムギ	ハリガネムシ	エンドウマメやレンズマメとの混作

虫の食害を軽減する。

さらに、多様な作物種の前作、とくにウリ科作物の前作はトマトの連作よりも後作のトマトの生育を阻害すること、後作のトマトの生育を阻害しない数少ない前作作物はマメ科であることも報告されている。冬季のナタネの前作によりタバコの疫病が抑制される研究事例では、初発の感染源となる土壌中の疫病菌をナタネの根圏分泌物で抑制し、疫病の被害を抑制するとされており、同様の考えは他の作物の疫病防除にも利用できる可能性がある。

以上のような輪作における前作の作物が後作の作物に与える影響（「植物－土壌フィードバック効果」と定義されている）は、土壌微生物相の変化と強い関係があると考えられる。農業微生物学の視点から輪作や緑肥、混作などの効果に関する研究、科学的に緻密かつ多様なデータに基づいた栽培学の再構築が、世界的に注目され始めている。

4 各種有機物の施用による病虫害防除

堆肥や炭以外の多様な有機物についても、病虫害防除効果が多数報告されている（表Ⅱ－5－4）。糸状菌や線虫などの病原微生物はキチンを細胞壁に持つ。したがって、キチンの土壌への施用によりキチン分解微生物（糸状菌や線虫の細胞壁を分解する微生物）が増えると、病原糸状菌や病原線虫も抑制されることは、古くからよく知られている。

たとえば、ナスの半身萎凋病はブロッコリーの残渣とカニ殻キチンの施用で抑制され、これらの資材には相加的防除効果があるとされる。トマトのネコブセンチュウがコラーゲンの施用により軽減されることも、よく知られている。有機栽培で緩効性肥料として利用されることも多い鶏の羽毛や牛の角の粉のネコブセンチュウに対する防除効果も、よく知られている。

トウモロコシのエタノール発酵の副産物である発酵粕濃縮液は、1〜2％(v/w)の施用によりキュウリの*Pythium*菌による苗立枯病の防除効果が報告されている。国内でも焼酎生産における副産物である焼酎粕加工液について、メロンのつる割病やネコブセンチュウなどに対する病害軽減効果の報告がある。同様な焼酎生産の副産物として市販されている大麦発酵濃縮液（商品名：ソイルサプリエキス，片倉コープアグリ株式会社製）については、種いもへのコーテ

268　第5章　作物圏共生微生物による病虫害防除

表Ⅱ-5-4　多様な有機物の施用による病虫害防除研究の事例

対象作物	対象病虫害	有機物の種類	施用量	施用時期
イチゴ	炭腐病	ナタネ粕	675kg/10a	定植時
カボチャ	うどんこ病	牛乳（葉面散布）	50%（v/v）	毎週
キュウリ	うどんこ病	ホエー（葉面散布）	15～25%（v/v）	毎週
キュウリ	苗立枯病	魚由来液肥	4%（w/w）	播種2週間前
キュウリ	苗立枯病	ニームケーキ	0.5%（w/w）	播種1～2週間前
キュウリ	苗立枯病	エタノール発酵残渣液	0.5～1%（w/w）	定植2週間前
ケール	黒腐病	生乳（葉面散布）	10%（v/v）	定植1カ月後 2週間ごと
ケール	黒腐病	ホエー（葉面散布）	10%（v/v）	定植1カ月後 2週間ごと
ジャガイモ	そうか病	米ぬか	300kg/10a	播種数日前
ジャガイモ	そうか病	フェザーミール	860kg/10a	播種3週間前
ジャガイモ	そうか病	魚由来液肥	1%（w/w）	播種2週間前
ジャガイモ	そうか病	エタノール発酵残渣液	1～2%（w/w）	播種2週間前
ジャガイモ	半身萎凋病	魚由来液肥	1%（w/w）	播種2週間前
ズッキーニ	うどんこ病	ホエー	15～25%（v/v）	毎週
ズッキーニ	うどんこ病	生乳（葉面散布）	40%（v/v）	毎週・隔週
トマト	青枯病	メタン発酵消化液	10%（v/v）	播種時
トマト	青枯病	大麦焼酎粕	14.3%（w/w）	播種時
トマト	青枯病	カキ殻粉末	120kg/10a	定植時
トマト	キタネグサレ*	ニームケーキ	1%（w/w）	播種1～2週間前
トマト	ネコブセンチュウ	アルファルファの粉	400kg/10a	播種2週間前
トマト	ネコブセンチュウ	ニームケーキ	1%（w/w）	播種1～2週間前
トマト	ネコブセンチュウ	エビ由来粉キチン（シグマ社製）	2.5%（w/w）	播種1日前
トマト	ネコブセンチュウ	メタン発酵消化液	7%（v/v）	定植時
トマト	ハスモンヨトウ	酢酸（土壌潅注）	100ml/154cm³ (10mM)	定植3週間後
ナス	半身萎凋病	10%（w/w）のフェザーミールを含むカニ殻粉末	0.2% (w/w・DW)	定植1カ月前
ナス	半身萎凋病	魚由来液肥	0.5～1%（w/w）	定植2週間前
ナス	半身萎凋病	エタノール発酵残渣液	1%（w/w）	定植2週間前
ナス	半身萎凋病	ブロッコリーの葉	10%（w/w・FW）	定植1カ月前
ニンジン	シストセンチュウ	アルファルファの粉	2t/10a	播種2週間前
ブドウ	うどんこ病	ホエー（葉面散布）	2.5%（v/v）	晴天時の朝、毎週
ブドウ	うどんこ病	生乳（葉面散布）	10～20%（v/v）	晴天時の朝、毎週
ラディッシュ	苗立枯病	ニームケーキ	0.5%（w/w）	播種1～2週間前
ラディッシュ	苗立枯病	エタノール発酵残渣液	1～4%（w/w）	播種1週間前
ラディッシュ	苗立枯病	魚由来液肥	4%（w/w）	播種1～2週間前
リンゴ	キタネグサレ*	ナタネ粕	0.1%（v/v）	定植時
リンゴ	根腐病	ナタネ粕	0.1%（v/v）	定植時
レタス	根腐病	ナタネ粕	0.25%（w/w）	播種1カ月前
レタス	根腐病	メタン発酵消化液	20%（v/v）	播種時

（注1）v/v：体積比、w/w：重量比、v/w：体積・重量比、DW：乾燥重量、FW：新鮮重。
（注2）＊キタネグサレ＝キタネグサレセンチュウ。

ィング処理によりジャガイモそうか病菌の種いもから新いもへの感染が抑制され、そうか病対策の実用技術として普及が進められている(富濵ら2018)。

テンサイ、サトウキビ、パイナップルなど製糖用作物からの砂糖精製時の副産物である廃糖蜜には、揮発性有機酸類(酢酸、ギ酸)や非揮発性有機酸類(グリコール酸など)が含まれる。これらの化合物に微生物に対する殺菌効果や静菌効果があることは一般的によく知られており、酢酸とギ酸については疫病に対する防除効果も報告されている。

世界的な発酵食品大国である日本では、発酵副産物を活用した種子殺菌処理や土壌病害防除技術の開発の余地が大きいように思われる。ただし、グリコール酸については含量が3.6%を超えると劇物指定されるので、使用時の濃度に注意する必要がある。

魚汁(魚を原料とした液体肥料)にキュウリやダイコンの苗立枯病やジャガイモのそうか病、ナスの半身萎凋病などに対する防除効果があることも報告されている。施用後速やかに土壌中の半身萎凋病菌が死滅するため、液肥成分の酢酸やギ酸などが直接的な病害抑止効果として考えられる。また、施用後に一定期間おいてから播種や定植を行うと防除効果が高まることから、微生物の関与が間接的な病害抑止効果として考えられている。

同時に、魚汁の葉面散布でもトマトやピーマンの細菌病に対する防除効果が報告されている。牛乳やホエーを使った各種作物のうどんこ病防除についても報告がある。こうした有機物の葉面施用による病虫害防除効果については、今後国内でも検討する余地が大きいと考えられる。

堆肥や炭と同様に、各種有機物の施用量についても常に注意すべきである。たとえば、0.1%のナタネ粕の施用では *Rhizoctonia* 属病原菌とキタネグサレセンチュウの感染が抑制されるが、1%以上の施用では *Pythium* 属病原菌の感染を助長することが報告されている。有機物の施用量については控えめから検討することが重要である。

ナタネ粕に土壌病害の抑止を目的として施用効果を期待するためには、播種の4週間前に施用することが望ましいとされている。米ぬかの土壌への施用は、アブラナ科作物の種子の搾り粕と同様に *Streptomyces* 属菌や *Trichoderma* 属菌の密度を増加させる効果がある。したがって、ナタネ粕などで報告されている病害防除効果は、米ぬかでも同様に期待できる可能性がある。

270　第5章　作物圏共生微生物による病虫害防除

　アーモンドの種子殻の施用で白門羽病が軽減されることも報告されている
(Vida et al. 2016)。森林の多い日本国内でも資源としてあまり活用されていな
いクルミなど木本類の硬実種子の殻を利用すれば、同様な病害防除効果が得ら
れるかもしれない。腐葉土の表面施用(29.4kℓ/10a)にアスパラガスの立枯病防
除効果があることや(Elmer 2016)、収穫後のサトウキビの残渣を土壌表面に静
置(放置)するだけでも線虫抑制効果があることも報告されている。

　多様な農産廃棄物の土壌施用効果を微生物多様性で評価すれば、それらの有
機物を土壌機能の改変技術の視点から分類できるかもしれない。病虫害防除を
含めて農産廃棄物の有効利用については、検討の余地が大きいと思われる。

　農産廃棄物ではないが、食用の酢酸の潅注施用により乾燥耐性とハスモンヨ
トウ(*Spodoptera litura*)に対する抵抗性をトマトに付与できることも報告された
(Chen et al. 2019)。これはジャスモン酸を介した情報伝達系を利用している。
ジャスモン酸の関与する多様な作物の他の病虫害抵抗性や不良環境耐性の強化
においても、酢酸(食酢や酢酸を多く含む有機質資材など)の利用が期待できるか
もしれない。

5　有用(微)生物利用による病害防除の課題

　菌根菌は一般的には有用微生物として認知され、菌根菌の接種により疫病や
根腐病などの病害が軽減されるという事例が多く報告されている。しかし、作
物にとって十分な水分や養分が確保されている農耕地のような条件下では、菌
根菌は寄生的な存在となり、作物の生育を阻害する場合も多い。たいへん残念
ながら慣行栽培では、菌根菌は接種効果がなかったり、作物の生育を阻害した
りすることが多く見られる。炭や菌根菌は、慣行栽培のような条件下では効果
がないか、場合によっては病虫害を助長するリスクもある。

　一般的に炭の土壌への施用は菌根菌の共生を促進するが、この共生促進効果
は環境条件依存的であることが明らかにされてきた。たとえば、乾燥ストレス
条件下では炭の施用により AM 菌根菌の共生が促進され、作物の地上部バイ
オマスも増加するが、十分な潅水条件下では炭の施用による作物の生育促進効
果も AM 菌根菌の共生促進効果も観察されないことが報告されている。乾燥
条件や養分欠乏条件などにより根圏機能の拡大が求められる環境条件下での

み、菌根菌の共生が作物にとって有用となることを示唆しているように思われる。

Shin ら(2017)は、市販の微生物資材としての EM 菌の施用は土壌病害に対して安定的な防除効果は期待できないと結論づけている。EM 菌の施用が*Pythium* 属によるキュウリの苗立枯病を助長すること、*Rhizoctonia solani* を病原としたニンジンなどの土壌病害に対しても安定した防除効果が得られないことを指摘している。

一方で、EM 菌の施用効果が観察される事例もあることや、EM 菌の市販製品中に含まれている微生物多様性自体が販売ロットごとに安定していないことから、製品の品質を安定化し、栽培条件と微生物の組み合わせを見出せれば、安定した病害防除効果も期待できる可能性はあると考えられる。それゆえ、メーカーによる製品の品質の安定化が望まれる。こうした市販の微生物農薬や微生物資材の品質についても、遺伝子分析に基づいた微生物多様性解析により客観的かつ迅速に行うことが可能な時代となった。

Rhizoctonia 属菌による病害の抑制に効果的な有機物施用として、作物残渣、糞尿堆肥、植物性堆肥などがある(Huber and Sumner 1996)。作物残渣としては C/N 比の高い有機物、おがくず、小枝、ふすま、イネ科作物の残渣などは病害抑止効果が高い。ただし、それらの効果は糖や大量の窒素肥料との同時施用により失われると言われている。

同様に、窒素含量の高い作物残渣や緑肥(マメ科の茎葉、ダイズ粕、トマト、レタス、アルファルファなど)の鋤き込みは、栽培初期の病害発生を助長する。一方ジャガイモの栽培では、ライムギ、コムギの前作で病害が軽減されると報告されている。また、上記のような窒素含量の高い有機物にはアンモニウム態窒素が多く含まれ、土壌への施用後、硝化作用により硝酸態窒素が生成される。硝酸態窒素は *Rhizoctonia* の病害を抑制する効果があるが、アンモニウム態窒素や硝化抑制剤は *Rhizoctonia* の病害を助長する。施用時に硝化が強く促進される地温(おおむね20～25℃以上)であれば、アンモニウム態窒素による病害の助長のリスクは少なくなる。

このように一般的な有機物施用がもたらす *Rhizoctonia* 属病原菌による発病は、有機物由来の窒素に関係した多様な要因により左右されるため、慎重な検討が必要である。その中で、炭を使った *Rhizoctonia* 属病原菌による病害の抑

272　第5章　作物圏共生微生物による病虫害防除

制はリスクが少なく、有機物の利用よりも安全な病害防除法だと考えられる。

　また、各種の線虫病が難防除病害として世界的に問題になっている。北海道のジャガイモ栽培のような土地利用型の大規模畑作では、事実上打つ手がない状況に置かれつつある。

　農業土壌中には植物寄生性線虫の増殖を抑制する拮抗微生物群として、細菌、糸状菌、線虫、トビムシ、ヒメミミズ、ダニ、原生動物、緩歩動物（クマムシなど）、ウズムシなどが存在することが知られている。しかし、細菌類、糸状菌類、線虫類以外の微生物群については、実用レベルではほとんど何も研究されていない。それらの多様な微生物の有用性の検討など、有機農法の微生物多様性研究の新しい芽が出てくることを期待したい。

　Verticillium chlamydosporium や *Hirsutella rhossiliensis* のような線虫捕食性糸状菌類は各種の有機物施用で増加し、植物寄生性線虫の増殖を抑制する効果を持つ。有機物の中でも、コブトリソウの鋤き込みは線虫捕食性糸状菌や線虫寄生性糸状菌を増加させる効果が高いことがあるという報告もある。また、*Trichoderma harzianum* 菌には線虫の卵と幼生に対する寄生性と、作物の線虫抵抗性を強化する効果があることが報告されている。*T. harzianum* 菌は各種病害防除のための微生物農薬としても使われており、*T. harzianum* 菌を原体とした市販の微生物農薬や微生物資材は線虫病防除にも使える可能性がある。

　蛍光性 *Pseudomonas* 属細菌や放線菌がミミズ（*Lumbricus terrestris*）を施用した根圏土壌で増加し、土壌病害（アスパラガスの立枯病、ナスの半身萎凋病、トマトの萎凋病など）が減るという報告もされている。だが、ミミズの病害虫に対する防除効果を明確に示した論文は非常に少ない。そもそも、有機栽培においても頻繁な耕起によりミミズは減少すると思われるため、省耕起・不耕起などの農法と合わせた技術開発が必要だと思われる。

6　微生物科学から考える新しい害虫防除

　化学農薬に依存せず、害虫を生態的に抑制する手段としては、作物の害虫に対する遺伝的抵抗性、天敵、作物の抵抗性や天敵誘引能力を強化する共生微生物、害虫に感染や寄生する昆虫病原微生物などが考えられる。とくに、植物、害虫、天敵の三者間の相互作用に関する害虫防除研究は、分子生物学から群集

第Ⅱ部　代替型有機農業から自然共生型農業へ　273

生態学に至る広い分野で長い研究の歴史がある。さらに、この三者の相互作用に多数の微生物群も関与していることを示す論文が近年、続々と発表されている。以下に、害虫防除に関係する微生物研究の現状を簡潔に紹介する。

①栽培による害虫防除

　害虫防除のために輪作や緑肥、カバークロップ、省耕起栽培などの栽培管理を介して昆虫病原体(昆虫寄生性の線虫や糸状菌)を増やす研究が注目されている。そこで勧められているのは、昆虫病原体が太陽光に晒されて死滅しないように裸地にしない、多くの害虫に対する昆虫病原体を増やすためにホワイトクローバーなどのカバークロップを下草として栽培する、昆虫病原体の密度が低下しないように深い天地返しをしない、などである。

　多様な害虫に対して高い殺虫効果を示す昆虫病原線虫(*Steinernema feltiae*)がエンドウの栽培で増えることも報告されている。イネ科草本雑草が生育した土壌には、双子葉草本雑草が生育した土壌よりもヨトウガ(*Mamestra brassicae*)の生育を抑制する効果のあることも明らかにされている(Heinen et al., 2018)。

　このような耕種的な虫害抑制効果には、土壌微生物が関与している可能性が高いと考えられる。同時に、生態学的に合理的な輪作や混植を考えるために、イネ科や双子葉作物の作物栽培においても同様な効果があるかどうか今後検討する必要があるように思われる。

②昆虫病原微生物による病害防除

　近年、*Lecanicillium* 属や *Beauveria* 属、*Metarhizium* 属のような昆虫病原糸状菌がエンドファイトとして多くの植物種と共生し、宿主植物の生育促進と病害防除の両方に貢献することが明らかにされ、これらの菌群の多面的機能性が注目されている。

　Metarhizium 属菌については、土壌中で殺した害虫の幼虫から窒素養分を吸い取り、菌糸を介して宿主植物に供給しているという驚くべき現象も明らかにされた。これらの昆虫病原糸状菌類はいずれも微生物農薬としてすでに市販されており、虫害だけでなく多様な病害防除にも効果がある可能性が高い(**表Ⅱ−5−5**)。

　そうした事例とは対照的に、病害防除効果の高い根圏糸状菌と考えられてい

274　第5章　作物圏共生微生物による病虫害防除

表Ⅱ-5-5　昆虫病原糸状菌の作物組織内部共生による病虫害防除研究の事例

対象作物	対象病虫害	昆虫病原糸状菌名
イチゴ	うどんこ病	*Lecanicillium lecanii*
キュウリ	うどんこ病	*Lecanicillium spp.*
コムギ	さび病	*Lecanicillium lecanii*
コムギ	立枯病	*Beauveria sp.*
コムギ	ハリガネムシ	*Beauveria bassiana*
コムギ	ハリガネムシ	*Metarhizium brunneum*
コムギ	ハリガネムシ	*Metarhizium robertsii*
ズッキーニ	黄斑モザイクウイルス	*Beauveria bassiana*
ダイコン	黒点病	*Lecanicillium muscarium*
トマト	苗立枯病	*Beauveria bassiana*
ピーマン	苗立枯病	*Beauveria bassiana*
ピーマン	苗立枯病	*Metarhizium brunneum*
ブドウ	べと病	*Beauveria bassiana*
ワタ	苗立枯病	*Beauveria bassiana*
ワタ	角点病	*Beauveria bassiana*

た *Trichoderma* 属菌が地上部の葉などの組織内部に共生し、アザミウマ類のような害虫の増殖を阻害することも報告されている。

③微生物による害虫防除機構の複雑性

ダイズが植物ウイルス（bean pod mottle virus：BPMV）に感染されると天敵（寄生蜂）の誘引が抑制され、害虫（インゲンテントウ：植物ウイルスのベクター）が増えやすくなる。ところが、ダイズに根粒菌（*Bradyrhizobium japonicum*）と別の種類の有用細菌（*Delftia acidovorans*）を同時に接種すると、天敵の誘引が植物ウイルスに邪魔されなくなることも報告されている。

ダイズは有用細菌と共生することで天敵を誘引しやすくなり、植物ウイルスや害虫を撃退できるようになる。植物、害虫、天敵の三者間の相互作用に植物共生微生物や害虫共生微生物が重要な役割を果たしていることが明らかとなりつつあり、共生を意識した害虫防除は今後重要になると考えられる。

7　有機栽培と慣行栽培の病害比較

慣行栽培との比較において、一般的に有機栽培では土壌病害の被害は少ないことが多いと言われている。一方、地上部組織の病虫害は慣行栽培ではほぼ完全に防除できるケースが多いのに対して、化学農薬を使えない有機栽培では大きな問題になることも多い。有機栽培ではさび病やうどんこ病、アブラムシなどは慣行栽培よりも少ない傾向にあるが、有機質肥料や堆肥の過剰な施用をすると増える可能性がある。

また、化学農薬を使わない有機栽培ではカビ毒が心配されることが多い。しかし、欧州地域全体を網羅した研究では、慣行栽培よりも有機栽培のほうがコムギの赤かび病の発生もカビ毒の含量も少ない傾向にあると結論づけられている(van Bruggen and Finckh 2016)。一方で、*Penicillium* 属や *Aspergillus* 属の感染により生産されるカビ毒(オクラトキシン A)が有機栽培の穀類(イネ科作物の収穫物)で多いという報告もある。これらの原因としては、農法よりも貯蔵条件に起因している可能性が高いことが指摘されている(Finckh et al. 2015)。

慣行栽培の農薬により地域全体の病原体の密度が低下するため、有機圃場の病害も減っているのではないかという議論もある。だが、フランスの調査研究では、有機栽培における捕食者や寄生者の増加により、むしろ慣行栽培が有機栽培から多くの利益を得ていると指摘されている(Gosme et al. 2012)。これらに加えて、慣行栽培における土壌殺菌剤の使用は初期において一時的な効果は期待できるが、中長期的には殺菌剤分解微生物の増加によって、有機栽培よりも病害が多くなることも報告されている。こうした事実は、慣行栽培関係者によって期待されているほど慣行栽培は「クリーンな農業」ではないことを示唆しているように思われる。

病原性大腸菌やサルモネラ菌などによる汚染の可能性が有機栽培圃場で高くなるのではないかという議論もある。しかし、海外で報告されている研究論文に基づけば、病原性腸内細菌群は有機栽培では増えにくく、むしろ慣行栽培圃場で増えやすいことが示唆されている(Gu et al. 2013)。土壌への施用作業時や収穫時、貯蔵時などに堆肥などの有機物による汚染に注意すれば、有機栽培のほうが病原性腸内細菌による汚染リスクは少ないと思われる。キチンの施用が病原性大腸菌やサルモネラ菌などの地上部組織での増殖を抑制するという、非常に興味深い有機物の施用効果も報告されている。

双子葉作物の地上部病害については、湿度の高い条件下では *Phytophthora* 属菌や、*Peronospora* 属、*Septoria* 属菌、*Colletotrichum* 属菌などによる病害が有機栽培で激発し、疫病やベト病でとくに問題になる場合が多い(Finckh et al. 2015)。多年生作物の地上部病害、たとえばリンゴの黒星病なども湿度の高い気象条件下の有機栽培では激発しやすい。これらの病害について、化学農薬に依存しない防除法の開発が今後望まれる。

また、無機化学肥料区のコムギは牛糞堆肥区と比べて葉中のフェノール化合

276　第5章　作物圏共生微生物による病虫害防除

物とフラボノイドの含量が少ないため、倒伏とうどんこ病に弱くなること、各
種化学農薬の使用により倒伏や葉の病害が助長されることなどが明らかにされ
ている。一方、牛糞堆肥区の課題としては子実収量の減少を招き、葉枯病を大
きく減らせない点が指摘されている。こうした事例のように、むしろ化学肥料
や化学農薬の利用が各種の病害を助長している可能性(リスク)が高いことも、
慣行栽培の生産者に周知する必要があると思われる。

　現代の多くの作物品種には、半矮性遺伝子(収量増加のために大量の化学肥料
を使用しても、草丈が高くなって倒伏しないように、草丈を短くする遺伝子)が導
入されている場合が多い。だが、こうした品種は病原菌に対する抵抗性や養分
吸収のための根組織も短く、弱くなるため、有機栽培で利用すれば大きな問題
になる。海外ではすでに研究レベルで、有機栽培や有機畜産に適した動植物の
育種の必要性に関する議論もされている。そうした動植物の育種は必然的に「共
生育種」を求めることになるだろう。

　持続的農業の将来展望は有機栽培的な病虫害防除技術の開発の成否にかかっ
ていることも明確に指摘されている(Brzozowski and Mazourek 2018)。そのよ
うなパラダイムシフトの鍵となるのは、(農耕地)生態学、農業微生物学、共生
科学、光生物学などにおける新しい研究の展開、そして、それら研究者と生産
者の間の協力にあると、私は考える。

＜謝辞＞

本研究の一部は科研費基盤研究(C)「地上部光環境による植物根圏共生微生物群
集の制御機構の解明」(19K05759)、JST、CREST、JPMJCR1512(フィールドセンシ
ング時系列データを主体とした農業ビッグデータの構築と新知見の発見)の支援を
受けたものである。

＜引用文献＞

Aguilar, R., Y. Carreón-Abud, D. López-Carmona, and J. Larsen (2017). Organic
　fertilizers alter the composition of pathogens and arbuscular mycorrhizal fungi
　in maize roots. *Journal of Phytopathology*, 165: 448-454.

Bonanomi, G., F. Ippolito, and F. Scala (2015). A "black" future for plant pathol-
　ogy? Biochar as a new soil amendment for controlling plant diseases. *Journal of
　Plant Pathology*, 97: 223-234.

Brzozowski, L., and M. Mazourek (2018). A sustainable agricultural future relies on the transition to organic agroecological pest management. *Sustainability*, 10: 2023.

Chen, D., M. Shao, S. Sun, T. Liu, H. Zhang, N. Qin, R. Zeng, and Y. Song. (2019). Enhancement of jasmonate-mediated antiherbivore defense responses in tomato by acetic acid, a potent inducer for plant protection. *Frontiers in Plant Science*, 10: 764.

Copley, T.R., K.A. Aliferis, and S. Jabaji (2015). Maple bark biochar affects *Rhizoctonia solani* metabolism and increases damping-off severity. *Phytopathology*, 105: 1334-1346.

Elmer, W.H. (2016). Effect of leaf mold mulch, biochar, and earthworms on mycorrhizal colonization and yield of asparagus affected by *Fusarium* crown and root rot. *Plant disease*, 100: 2507-2512.

Finckh, M.R., A.H.C. van Bruggen, and L. Tamm. eds. (2015). *Plant Diseases and their Management in Organic Agriculture*. St. Paul, Minnesota: APS Press.

Gosme, M., M. de Villemandy, M. Bazot, and M.-H. Jeuffroy (2012). Local and neighborhood effects of organic and conventional wheat management on aphids, weeds, and foliar diseases. *Agriculture, Ecosystems & Environment*, 161: 121-129.

Gu, G., J.M. Cevallos-Cevallos, G.E. Vallad, and A.H.C. van Bruggen (2013). Organically managed soils reduce internal colonization of tomato plants by *Salmonella enterica* serovar Typhimurium. *Phytopathology*, 103: 381-388.

Han, Y., D.D. Douds, Jr., and A.A. Boateng (2016). Effect of biochar soil-amendments on *Allium porrum* growth and arbuscular mycorrhizal fungus colonization. *Journal of Plant Nutrition*, 39: 1654-1662.

Heinen, R., M. van der Sluijs, A. Biere, J.A. Harvey, and M. Bezemer. (2018). Plant community composition but not plant traits determine the outcome of soil legacy effects on plants and insects. *Journal of Ecology*, 106: 1217-1229.

Huber, D.M., and D.R. Sumner. (1996). Suppressive soil amendments for the control of *Rhizoctonia* species. 433-443. In B. Sneh, S. Jabaji-Hare, S. Neate, G. Dijst. (eds.), *Rhizoctonia Species: Taxonomy, Molecular Biology, Ecology, Pathology and Disease Control*. Springer, Dordrecht.

Shin, K., G. Diepen, W. Blok, and A.H.C. van Bruggen (2017). Variability of effective micro-organisms (EM) in bokashi and soil and effects on soil-borne plant pathogens. *Crop Protection*, 99: 168-176.

富濱毅・白尾吏ほか(2018)「大麦発酵濃縮液の種いもコーティング処理によるジャガイモそうか病の種いも伝染の抑制」『日本土壌肥料学雑誌』89巻1号、31～36ページ。

278 第5章 作物圏共生微生物による病虫害防除

van Bruggen, A.H.C., and M.R. Finckh（2016）. Plant diseases and management approaches in organic farming systems. *Annual Review of Phytopathology*, 54: 25–54.

Vida, C., N. Bonilla, A. de Vicente, and F.M. Cazorla.（2016）. Microbial profiling of a suppressiveness-induced agricultural soil amended with composted almond shells. *Frontiers in Microbiology*, 7: 4.

第Ⅱ部 代替型有機農業から自然共生型農業へ　279

第6章

生態系サービスを活用した
減農薬・有機栽培での害虫管理

大野和朗

1 生態系サービスによる自然制御

　農業には、環境に及ぼす負荷を最小限にしながら、増え続ける地球人口に見合う食料増産を実現するという難問が突き付けられている(Bommarco et al. 2013)。この解決方法として、従来の化学農薬や化学肥料に大きく依存した農業ではなく、生態系サービス(ecosystem services)を取り込んだ有機農業への期待が高まってきた。生態系から私たちが得ることのできる恩恵が生態系サービスのいくつかの機能にまとめられており、そのうちのひとつが調節機能と呼ばれ、天敵などによる害虫の自然制御や昆虫による授粉などがある。農業生態系で生物多様性の向上や維持をはかりながら、生態系サービスの機能である土着天敵などによる害虫個体群の自然制御をどのように害虫管理に活かすかが、農業の持続性や環境への負荷低減を図るうえで重要と考えられている(Altieri and Nicholls, 2004；Isaacs et al. 2009)。

　有機農業は生物多様性(種の多様性)向上に寄与していることが知られているが(Tuck et al. 2014)、有機農業での害虫管理技術を提案した研究は少ない(Zehnder et al. 2007)。実際、十数年前に有機栽培農家から害虫管理に関する助言を求められても、科学的・専門的な立場から具体的な技術を紹介することはできなかった。

　農薬をほとんど使わないか、あるいは限られた種類の農薬を使う有機栽培では、化学農薬中心の慣行栽培と比べ、害虫防除の手段が限定されている。このため、天敵などにより害虫の発生が一定のレベルまで抑えられれば、生産現場での害虫による被害は低減できると期待される。生態系サービスによる自然制御、つまり土着天敵などの働きを圃場で活用する技術が、保全的生物的防除として近年大きく展開しつつある。他の生物的防除技術に比べて新しい考えであり、天敵のための植生管理や天敵の働きを強化するための取り組み方法が検討

280　第6章　生態系サービスを活用した減農薬・有機栽培での害虫管理

されている(たとえば、Landis et al. 2000；Gurr et al. 2004)。この分野自体が今
後さらに発展すると思われる。本稿では、まず総合的有害生物管理(Integrated
Pest Management、以下 IPM)としての有機農業での害虫管理技術を紹介すると
ともに、減農薬栽培圃場や有機栽培圃場における害虫管理に関する最近の知見
を取り上げ、生態系サービスによる自然制御機能の有効利用について考える。

2　害虫管理と有機農業

有機農業の害虫管理に寄与する IPM

　化学農薬への過度の依存や農薬乱用の反省から提唱された IPM は、農薬に
よる化学的防除とその他の防除技術との整合性を図り、効率的に病害虫や雑草、
獣害を管理することを目的としている。本稿では害虫問題に焦点を当て、IPM
を総合的害虫管理として扱う。

　IPM の基本概念は害虫の発生を完全に抑えるのではなく、経済的に被害が
生じない密度以下に害虫個体群を管理することである。化学的防除はあくまで
最終手段として、可能なかぎり他の防除手段と組み合わせることが推奨されて
いる。IPM の基となる考えは、総合防除(Integrated Control)として、化学的防
除と生物的防除の統合を骨子とした形で Stern ら(1959)によって提案された。
近年では生物的防除を基幹とした IPM(Biointensive IPM)も提唱されているが
(Dufour 2001；Frisbie and Smith 1991)、当初から IPM は生物的防除を重視して
いたとの指摘もある(Kogan 1998)。その一方で、実際の生産現場では、IPM は
化学農薬を中心とした総合的農薬管理(Integrated Pesticide Management)にすぎ
ないという批判もある(Ehler 2006)。単なる農薬管理技術であれば、IPM は有
機農業とは相容れない。しかし、生物的防除を基幹とする技術の組み立てを中
心に据えると、IPM は有機農業における害虫管理に大きく寄与すると考えら
れる。

有機栽培での害虫管理

　有機栽培における害虫管理戦略として、Zehnder ら(2007)は基本的な取り組
みの段階を示している(図Ⅱ-6-1)。第1段階は害虫を発生させない予防的
な取り組みである。害虫の発生源となる他の圃場から遠く隔離された場所での

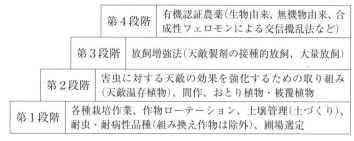

図Ⅱ－6－1　有機栽培における害虫管理
(出典) Zehnder et al. (2007).

栽培、害虫の連続的な発生を断ち切る輪作、耐虫・耐病性品種の利用などは、有機農業でも行われている技術と言える。病害虫が発生しにくいような健全な土づくりもこの段階になる。

　各段階の個別技術を取り上げて取り組むというより、それぞれの技術を可能なかぎり組み合わせ、どうしても防除できない害虫に対して最終手段として第4段階の直接的防除技術を用いる。有機農業ではこの第4段階の防除技術の種類が限られている。言い換えれば、第1段階から第3段階までで、いかに害虫をうまく制御するかが重要となる。

　この一連の取り組みはIPMで述べられた多様な防除技術の組み合わせや、最終手段としての化学農薬の利用という考えと同じである。予防的防除から直接的防除への取りみの重要性はIPMピラミッド(図Ⅱ－6－2)でも示されている(Frische et al. 2018)。図Ⅱ－6－1と同じように、下から段階的に取り組みを進めていく。ここでも最下段の予防的取り組みの重要性が強調されている。中段のモニタリングやそれに基づく防除の可否決定は、化学農薬の散布などのような直接的防除に関する意志決定の手順を意味しており、このことが化学農薬の適切な使用に関わっている。しかし、一般的に日本の農家圃場では厳密なモニタリングや被害予測に基づかずに農薬が散布されている。農薬を使わない有機農業にはIPMは適用できなという意見もあるかもしれないが、中段を除くと図Ⅱ－6－2は図Ⅱ－6－1の取り組みとほとんど同じである。多様な防除手段による予防的防除技術を着実に取り込むことで直接的防除の占める割合が小さくなるようなIPM技術を、私たちは有機栽培あるいは減農薬栽培農家に提供すべきである。なお、Hokkanen(2015)は図Ⅱ－6－2のIPMピラミッドは理想

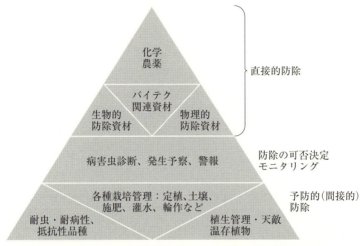

図Ⅱ-6-2　IPMピラミッド　予防的防除から直接的防除
(出典) Frische et al. (2018)を一部改変。

にすぎず、現場でのIPMはこのピラミッドが逆になっている、つまり予防的防除はほとんど重きをなさず、化学的防除がすべてという状況になっていると述べている。

3　生態系サービス活用のための土着天敵利用

　ほとんどの生物には、それを餌として捕食する捕食性天敵、体内や体表面に卵を産みつけ、その後幼虫が寄主を殺す捕食寄生性天敵が、自然生態系や農業生態系に存在する。こうした土着の天敵が害虫を含む植食性昆虫の発生を抑えるというのが、生態系サービスの機能のひとつ自然制御である。土着天敵などによる害虫の自然制御は、図Ⅱ-6-1では第2段階、図Ⅱ-6-2では底辺に位置する。なお、商業的に大量増殖された市販の天敵を利用した放飼増強法は、図Ⅱ-6-1では第3段階、図Ⅱ-6-2では直接的防除に位置づけられる。

　日本では市販の天敵は生物農薬(Biopesticideの訳)と呼ばれるが、海外では生物農薬という用語はBT剤などのような微生物農薬などに限定して使われている。欧米と同じように、市販の天敵は生物的防除資材(Biological control agents)と呼ぶほうが適切ではないだろうか。

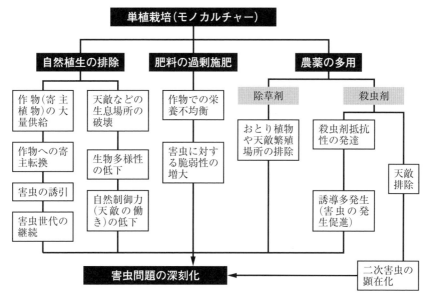

図Ⅱ-6-3 モノカルチャーにおける害虫の発生を助長する要因
(出典) Altieri and Nicholls(2004)を一部改変。

　一般的に、農薬の多くは天敵昆虫や授粉昆虫(ポリネーター)などに悪影響を及ぼす非選択性農薬(非選択的農薬)である。ほとんどの天敵は農薬散布により死亡するか、生存率や繁殖能力が大きく低下する(Croft 1990)。このため、化学農薬への依存度が大きい慣行栽培圃場では、天敵の働きをほとんど期待できない。逆に、有機栽培圃場では、天敵は化学農薬などの影響を受けず、十分に働くことが期待される。しかし、「有機栽培圃場で天敵などの有用昆虫が働くことができる」という考えには大きな勘違いがある。

　Altieri and Letourneau(1982)は農業生態系の不安定性が害虫問題を深刻化させ、その不安定性はとくにモノカルチャー(単植栽培)の拡大と深く関わっていると指摘している。実際に、多くの研究で、害虫の発生量はポリカルチャー(多植栽培)よりもモノカルチャーで高い傾向にあることが報告されてきた。Altieri and Nicholls(2004)は、モノカルチャーにおいて害虫発生の悪循環に関わる要因として、天敵の生息場所となる自然植生の排除、餌となる作物の大量供給、過剰施肥による作物の脆弱性、農薬の使用などを指摘している(図Ⅱ-6-3)。

　捕食性天敵や捕食寄生性天敵の多くはその食性に関係なく、活動や生存のた

284　第6章　生態系サービスを活用した減農薬・有機栽培での害虫管理

表Ⅱ-6-1　露地や施設で利用できる天敵温存植物(作物)と対象天敵、対象害虫、利用時期

植物名	対象天敵	餌資源	対象害虫	利用時期
ソバ	捕食者、寄生蜂	花粉、花蜜	アザミウマ類、チョウ目	夏〜秋
ハゼリソウ	捕食者、寄生蜂	花粉	チョウ目、アブラムシ類	初夏
アリッサム	捕食者、寄生蜂	花粉、花蜜	アザミウマ類、アブラムシ類	春、秋
コリアンダー	捕食者、寄生蜂	花粉、花蜜	アブラムシ類	春
バーベナ	ヒメハナカメムシ類、タバコカスミカメ	代替餌(昆虫)	アザミウマ類	夏〜秋
フレンチマリーゴールド	ヒメハナカメムシ類	代替餌(昆虫)	アザミウマ類	夏〜秋
クレオメ	タバコカスミカメ	植物汁液	タバココナジラミ	夏〜秋(施設中心)
ゴマ	タバコカスミカメ	植物汁液	タバココナジラミ	夏〜秋
スイートバジル	ヒラタアブ類、ヒメハナカメムシ類	花粉、花蜜	アザミウマ類	夏〜秋
ホーリーバジル	ヒラタアブ類、ヒメハナカメムシ類	花粉、花蜜	アザミウマ類	夏〜秋
ソルゴー	テントウムシ類、ヒラタアブ類、ショクガタマバエ、クサカゲロウ類	代替餌(昆虫)	アブラムシ類	夏〜秋
オクラ	ヒメハナカメムシ類	真珠体	アザミウマ類	夏〜秋
スイートコーン	ヒメハナカメムシ類、カブリダニ類	花粉	アザミウマ類	夏
ニンジンほかせり科植物	テントウムシ類、ヒメハナカメムシ類	花蜜	アザミウマ類、アブラムシ類	春

(注)　農家圃場での利用例が確認できた天敵温存植物を取り上げた。
(出典)　大野(2016)。

　めのエネルギーとなる糖を花蜜から、卵生産に必要なアミノ酸などを花粉から
得ていることが、最近の研究で明らかになってきた(Lundgren 2009)。このた
め、花粉や花蜜に富む植物を圃場に植栽することで天敵を誘引し、圃場に天敵
がとどまり続ける環境をつくって天敵の働きを強化できることが、実証研究か
らも明らかになっている。
　表Ⅱ-6-1に、代表的な天敵温存植物(インセクタリー・プランツ)と対象と
なる天敵の例を示した。ソバやハゼリソウ、アリッサム、コリアンダーなどは

世界的にも広く利用されている。例外もあるが、使用される植物の多くは小さな花から成る集合花で、花色は白が多い。対象となる作物の栽培期間に合わせて、栽培初期から種類を変えながら、花が咲いている期間を長く維持するほど、天敵を圃場にとどめることができる。天敵温存植物がない状態に比べ、天敵の発生時期も早まり、個体数も多くなる（大野 2016）。

▌4 露地野菜栽培における生態系サービスの取り込み

露地ナスの果実を加害するミナミキイロアザミウマは多くの殺虫剤に抵抗性を発達させているため、慣行防除圃場ではほぼ毎週、殺虫剤を散布している農家も多い。しかし、天敵に悪影響を及ぼさない選択性農薬を各種病害虫に散布するIPM体系圃場では、アザミウマ類の捕食性天敵であるヒメハナカメムシ類などが保護され、ミナミキイロアザミウマの密度が経済的に問題とならない水準まで抑制される（永井 1991；大野ら 1995；Takemoto and Ohno 1996）。このような露地ナスでは、天敵など有用生物の種多様性が高くなる。

ヒメハナカメムシ類の個体数は、無農薬・有機栽培圃場よりもIPM体系圃場で多い（大野 2010）。しかし、捕食者の個体数は餌となるアザミウマ類の個体数に大きく影響され、餌を食い尽くした場合には、捕食者も圃場外へ移出するか死亡することが予想される。そこで、ヒメハナカメムシ類が餌として利用できる花粉や花蜜などの植物質餌を供給する天敵温存植物としてバジル類やソバを植えると、ヒメハナカメムシ類が安定して働く。さらに、効果が高いのはオクラを植える方法である。オクラの葉や芽から分泌される真珠体が天敵の餌となり、ヒメハナカメムシ類やカブリダニ類が安定的に圃場に存在することで、アザミウマ類の密度を抑える効果がある（大野 未発表）。

天敵温存植物とは少し意味合いが異なるが、風傷対策で果菜類圃場の周辺にソルゴー障壁を植えると、ソルゴーに発生するヒエノアブラムシを餌として夏から秋にかけて多様な天敵が発生し、果菜類のアブラムシを抑えられる（市川ら 2016a、2016b）。

海外では、レタスやキャベツ、セロリ畑にアリッサムやハゼリソウを植える取り組みが普及している。広大なレタス畑にアリッサムを植栽した例では、アブラムシ類の捕食性天敵であるヒラタアブ類の強化を狙っているが、植栽によ

286　第6章　生態系サービスを活用した減農薬・有機栽培での害虫管理

って最大20％前後の収量減という報告もある（Brennan 2013）。

　各種天敵温存植物を植えた場合、多様な種類の天敵を観察できる。しかし、天敵が多いことと害虫を抑えることは別問題である。害虫の増加に対して、天敵がどのように反応しているかを分析して初めて、最も良く働く天敵を知ることができる。たとえば、天敵温存植物を植えた露地オクラ圃場では、ワタアブラムシを捕食するテントウムシ類やクサカゲロウ類、ショクガタマバエなど多様な天敵の中で、定植後のアブラムシの増加を抑えているのはヒラタアブ類である（大野ら　未発表）。

5　果樹園での生態系サービスの取り込み

　果樹園では、下草をカバークロップとして維持し、花粉を大量に生産する防風樹を植栽することで、害虫ハダニ類を捕食する土着のカブリダニの保護、強化が進められてきた。このほか、米国カリフォルニア州の有機栽培ブドウ園で1990年代から続けられている天敵の保護強化に関する一連の研究は多くの示唆に富む。

　1993年から4年間の研究では、カバークロップ処理区でヨコバイの密度が低く推移したが、捕食者や寄生蜂の発生量に顕著な差は認められなかった（Daane and Costello 1998）。この研究では捕食者としてクモ類、捕食寄生者としてヨコバイ類の卵寄生蜂が取り上げられている。最終的な結論としては、経済的に問題のないレベルまでヨコバイ密度を下げるほどの働きは卵寄生蜂やクモ群集にはなかったとされた。

　1990年代後半の取り組みでは、夏のカバークロップ、ソバやヒマワリを植栽して生息場所を多様にすることで、捕食者や卵寄生蜂の発生が増加し、ヨコバイ類とアザミウマ類に対する生物的防除が強化された（Nicholls et al. 2000）。ここで特筆すべき点は、捕食者や寄生蜂などの天敵個体群がブドウ害虫個体群の増減に左右されずに持続し、早い時期からブドウ園に定着することを目的として、ソバやヒマワリなどが植栽されたことである。

　なお、カバークロップは夏の間ほとんど降雨のない気候に合わせて土壌の水分保持のために利用されているが、ブドウの樹との窒素肥料をめぐる競合により樹自体の窒素含量が低いことも、ヨコバイの発生を抑える要因となっている

と指摘されている(Daane et al. 2018)。また、天敵の発生や働きを強化するために植栽されたソバなどの天敵温存植物とブドウとの間での天敵の移動を調べた Irvin ら(2018)によれば、クモ類やヒメハナカメムシ類は6日間でソバからブドウへ9m、寄生蜂は30m 移動するという。

このデータに基づいて、天敵温存植物はブドウの畝で6列ごとあるいは10畝ごと(18〜30m)に植えたほうが良いと結論されている。日本のブドウ園や果樹園の面積はカリフォルニア州のブドウ園に比べるとかなり小さいから、植栽する天敵温存植物の量はより少なくても十分かもしれない。

近年は、害虫の自然制御に関して鳥類の有効性も報告されている。たとえば、オランダのリンゴ園ではシジュウカラによる蛾の幼虫の捕食(Mols and Visser 2002；Mols and Visscr 2007)、日本ではフクロウによるネズミの捕食が、経済的に有効なレベルまで働いていることがリンゴ園で実証されている(Murano et al. 2019)。いずれも、果樹園内に巣箱を設置することで捕食者としての鳥類の働きを強化していると言える。

キリマンジャロ(タンザニア)の有機栽培コーヒー園と慣行栽培コーヒー園を比較した研究では、有機栽培園でのコーヒーの品質向上に鳥の捕食者や受粉昆虫が大きく寄与していることが実証されている(Classen et al. 2014)。また、熱帯林ではコウモリによる害虫の捕食が注目されており(Kalka et al. 2008)、インドネシアのココア園では鳥とコウモリによる害虫の排除が果実品質や収量を高めている(Maas et al. 2013)。このような普及例や実証研究は、生態系サービスのひとつである自然制御として昆虫以外のさまざまな生物を見直す必要性を示唆している。

柑橘類や落葉果樹の有機栽培農家から質問されて、答えに困る問題が果樹カメムシである。卵寄生蜂や寄生バエなどの天敵はいるが、日本では、果樹園での被害を軽減できるレベルにはほど遠い。果樹カメムシの一種として米国で2000年代から問題となっているクサギカメムシに対して、研究レベルではあるが、ソルガムやヒマワリがおとりトラップとして有効であることが報告されている(Nielsen et al. 2016)。おとりトラップ上で天敵が関わってくると、さらに効果が高くなるかもしれない。

6 有機農業で天敵の働きはどこまで期待できるのか

　天敵や授粉昆虫などの有用生物を含む生物多様性が有機農業で高くなることは、多くの研究で報告されている。一方で、生物多様性は有機栽培圃場の周辺部で高くなり、圃場内の生物多様性は必ずしも高くないという報告もある。また、天敵による害虫管理を慣行栽培と有機栽培で比較した研究も少ない。

　有機栽培圃場で害虫に対する天敵の働きを評価、実証する研究が必要と思われる。天敵の働きが強化されていない状況で、その他の直接的防除手段も欠いている場合に、保全的生物的防除の取り組みにより生産性にプラスの効果が期待できれば、農家としては受け入れ可能な技術となる。以下では、世界各地での伝統的農法や新しい取り組みにおける土着天敵利用の例を紹介する。

　メキシコや周辺の中米諸国には、MILPA(ミルパ)と呼ばれる伝統農法がある。トウモロコシ畑にマメ類(窒素固定)やカボチャ(雑草抑制、土壌浸食抑制)、イモなど各種作物を間作しながら、森林と畑をローテーションし、焼き畑も組み合わせて肥沃な土地を維持する農法である(Nigh and Diemont 2013)。

　この伝統農法の害虫管理について調査した Morales and Perfecto (2000)は、図II-6-1の第1段階に関連したさまざまな取り組みを示している。たとえば、水分が多い圃場ではコガネムシの発生が多く、トウモロコシが発芽時点ですべて食害されるため、約6％の農家が圃場選定に際して水分条件を考慮する。また、灰や石灰などの施用がアリやハリガネムシ類(コメツキムシ類幼虫)、コガネムシ類の対策に有効と答えている。

　Morales ら(2001)は、施肥との関連から天敵の働きについて分析した。過去の多くの研究で、窒素が植食性害虫の発生を助長することが報告されている。一方ミルパのトウモロコシ畑では、有機肥料施用でも化学肥料施用でも、アブラムシ類とヨトウムシの一種いずれの発生にも差は認められていない。施肥の有無や肥料の種類に関係なく、捕食性天敵のテントウムシ類、ハネカクシ類、クモ類や寄生性天敵の寄生蜂が認められている。興味深いことに、テントウムシ類の密度はアブラムシが一番多かった化学肥料施用ではなく、有機肥料施用の畑で高くなっている。

　図II-6-2の第2段階に示したような生息場所管理に関係したさまざまな植物が天敵の強化につながる。ミルパは天敵の強化に役立っていると考えられ

る（Altieri et al. 2017）。各種作物を間作せず、化学肥料や有機肥料を施用したトウモロコシ畑と比較すれば、天敵の働きに大きな差を見出すことができるかもしれない。

　稲作栽培では、「緑の革命」による高収量品種の導入後しばらくして、多くの国で害虫問題が深刻となった。殺虫剤に対する抵抗性の拡大とともに、事態はより深刻になっていく。インドネシアでは1986年に、米の自給が脅かされる事態となった。この状況を打開するために提案されたのが、イネ害虫の IPMである（Settle et al. 1996）。高収量品種のみの稲作から、多様な品種を植え付け、田植え時期も多様にし、天敵に優しい農薬を使うことで、広食性捕食天敵の保護が進められている。

　インドネシアと同様に、ベトナムでも深刻な問題が生じた。ベトナムでは、保全的生物的防除を推し進めるアグロエコロジストによる研究協力を通して、水田の畦に花やオクラ、マメ類を植えることで、天敵の強化が進められている。Normile（2013）は、「害虫のトビイロウンカは鮫（捕食性天敵）が待ち構える海に飛び込むことなく、殺虫剤で清められたきれいなプールに飛び込むことができた」というたとえを紹介し、殺虫剤抵抗性を発達させたトビイロウンカに対して、散布回数を増やし、散布濃度を高めて対応してきた悪循環を批判している。

　畑作では、ケニアで開発されたトウモロコシ栽培のためのプッシュ・プル法の有効性が現場で実証されている（Khan et al. 2001）。魔女草（ストライガ）と呼ばれる雑草とトウモロコシの茎に潜るメイガの防除を目的に、マメ科のデズモディアムをトウモロコシと間作すると、メイガ成虫は畑を忌避（プッシュ）し、デズモディアムの根から分泌される物質が魔女草の発芽を抑制する。さらに、間作した牧草の一種トウミツソウはメイガ成虫に忌避作用（プッシュ）を示し、メイガの幼虫寄生蜂を誘引（プル）する。トウモロコシ畑の周縁を囲むように植えたネピアグラスはメイガ成虫を誘引（プル）し、メイガはネピアグラスに産卵するが、植物の防御反応により、孵化したメイガ幼虫の生存率は極端に低くなる。

　天敵を活用・強化するための取り組みは、減農薬栽培や有機栽培において重要な役割を担うと期待される。生態系サービスによる天敵を介した害虫の自然制御では、周辺環境における天敵の生息場所、害虫発生前の圃場での早期定着や害虫の発生に左右されない、天敵個体群の持続性が期待できる。また、植生

290　第6章　生態系サービスを活用した減農薬・有機栽培での害虫管理

管理や天敵温存植物の利用は「植物栽培のプロ」である農家にとっては非常に取り組みやすい。さらに、さまざまな天敵が天敵温存植物の花粉や花蜜を利用すると考えられるため、特定の害虫と天敵という関係から、天敵群集によりさまざまな害虫つまり害虫群集を管理できるという点で、IPMとしての実効性も高いように思われる。

　生物多様性の向上によりさまざまな天敵の種類が増えても必ずしも良い害虫防除につながらないという意見もあるが、少なくとも実証研究ではプラスに働くことが示されている。今後、天敵群集と害虫群集、そして植生に関してさらに情報を蓄積することで、より確かな技術体系を提供できると期待している。

＜引用文献＞

Altieri, M. A., and Letourneau, D. K. (1982). Vegetation management and biological control in agroecosystems. *Crop protection*, 1: 405-430.

Altieri, M., and Nicholls, C. (2004). *Biodiversity and pest management in agroecosystems*. CRC Press.

Altieri, M., Nicholls, C., and Montalba, R. (2017). Technological approaches to sustainable agriculture at a crossroads: an agroecological perspective. *Sustainability*, 9(3), 349.

Bommarco, R., Kleijn, D., and Potts, S. G. (2013). Ecological intensification: harnessing ecosystem services for food security. *Trends Ecol. Evol*, 28: 230-238.

Brennan, E. B. (2013). Agronomic aspects of strip intercropping lettuce with alyssum for biological control of aphids. *Biol. Control*, 65: 302-311.

Classen, A., Peters, M. K., Ferger, S. W., Helbig-Bonitz, M., Schmack, J. M., Maassen, G. and Steffan-Dewenter, I. (2014). Complementary ecosystem services provided by pest predators and pollinators increase quantity and quality of coffee yields. Proc. Royal Soc. Lond. B: *Biological Sciences*, 281(1779): 20133148.

Croft, B. A. (1990). *Arthropod biological control agents and pesticides*. John Wiley and Sons Inc.

Daane, K., and Costello, M. (1998). Can cover crops reduce leafhopper abundance in vineyards?. *Calif. Agric.*, 52: 27-33.

Daane, K. M., Hogg, B. N., Wilson, H., and Yokota, G. Y. (2018). Native grass ground covers provide multiple ecosystem services in Californian vineyards. J. Appl. *Ecol*., 55: 2473-2483.

Dufour, R. (2001). Biointensive integrated pest management (IPM). ATTRA. 52

pp.

Ehler, L. E. (2006). Integrated pest management (IPM): definition, historical development and implementation, and the other IPM. *Pest Manag. Sci.*, 62: 787–789.

Frisbie, R. E., and Smith Jr, J. W. (1991). Biologically intensive integrated pest management: the future. In *Progress and Perspectives for the 21th Century*. Entomol. Soc. Am. Centennial Symp. ESA, Lanham, MD, USA, 151–164.

Frische, T., Egerer, S., Matezki, S., Pickl, C., and Wogram, J. (2018). 5-Point programme for sustainable plant protection. Environ. *Sci. Eur.*, 30: 1–12.

Gurr, G., Wratten, S. D., and Altieri, M. A. (eds.) (2004). *Ecological engineering for pest management: advances in habitat manipulation for arthropods*. CSIRO publishing.

Hokkanen, H. M. (2015). Integrated pest management at the crossroads: science, politics, or business (as usual)?. *Arthropod Plant Interact*, 9: 543–545.

市川大輔・岩井秀樹・大野和朗(2016a)「天敵温存植物としての障壁作物ソルゴーの役割：ソルゴーおよび露地ナスにおけるアブラムシ類捕食者の発生推移」『九州病害虫研究会報』62巻、120〜127ページ。

市川大輔・岩井秀樹・田中陽子・大野和朗(2016b)「天敵温存植物としての障壁作物ソルゴーの評価：ソルゴーのフェノロジーがアブラムシ類(カメムシ目：アブラムシ科)の発生に及ぼす影響」『日本応用動物昆虫学会誌』60巻4号、163〜170ページ。

Irvin, N. A., Hagler, J. R., and Hoddle, M. S. (2018). Measuring natural enemy dispersal from cover crops in a California vineyard. *Biol. Control*, 126: 15–25.

Isaacs, R., Tuell, J., Fiedler, A., Gardiner, M., & Landis, D. (2009). Maximizing arthropod-mediated ecosystem services in agricultural landscapes: the role of native plants. Frontiers in Ecology and the Environment, 7(4), 196–203.

Kalka, M. B., Smith, A. R., and Kalko, E. K. (2008). Bats limit arthropods and herbivory in a tropical forest. *Science*, 320 (5872), 71–71.

Khan, Z. R., Pickett, J. A., Wadhams, L., and Muyekho, F. (2001). Habitat management strategies for the control of cereal stemborers and striga in maize in Kenya. *International Journal of Tropical Insect Science*, 21: 375–380.

Kogan, M. (1998). Integrated pest management: historical perspectives and contemporary developments. *Ann. Rev. Entomol.*, 43: 243–270.

Landis, D. A., Wratten, S. D., and Gurr, G. M. (2000). Habitat management to conserve natural enemies of arthropod pests in agriculture. *Ann. Rev. Entomol.*, 45: 175–201.

Lundgren, J. G. (2009). *Relationships of natural enemies and non-prey foods*.

292　第6章　生態系サービスを活用した減農薬・有機栽培での害虫管理

Springer, Dordrecht.

Maas, B., Clough, Y., and Tscharntke, T. (2013). Bats and birds increase crop yield in tropical agroforestry landscapes. *Ecology letters*, 16(12), 1480-1487.

Mols, C. M., and Visser, M. E. (2002). Great tits can reduce caterpillar damage in apple orchards. *J. Appl. Ecol*., 39: 888-899.

Mols, C. M., and Visser, M. E. (2007). Great tits (Parus major) reduce caterpillar damage in commercial apple orchards. *PLoS One*, 2(2), 202.

Morales, H., and Perfecto, I. (2000). Traditional knowledge and pest management in the Guatemalan highlands. *Agr. Hum. Val*., 17: 49-63.

Morales, H., Perfecto, I., and Ferguson, B. (2001). Traditional fertilization and its effect on corn insect populations in the Guatemalan highlands. *Agr. Ecosyt. Environ*., 84: 145-155.

Murano, C., Kasahara, S., Kudo, S., Inada, A., Sato, S., Watanabe, K., & Azuma, N. (2019). Effectiveness of vole control by owls in apple orchards. *J. Appl. Ecol*., 56(3), 677-687.

永井一哉(1991)「露地栽培ナスでのミナミキイロアザミウマの総合防除の体系」『日本応用動物昆虫学会誌』35巻4号、283～289ページ。

Nicholls, C. I., Parrella, M. P., and Altieri, M. A. (2000). Reducing the abundance of leafhoppers and thrips in a northern California organic vineyard through maintenance of full season floral diversity with summer cover crops. *Agr. Forest. Entomol*., 2: 107-113.

Nielsen, A. L., Dively, G., Pote, J. M., Zinati, G., and Mathews, C. (2016). Identifying a potential trap crop for a novel insect pest, Halyomorpha halys (Hemiptera: Pentatomidae), in organic farms. *Environmental Entomology*, 45: 472-478.

Nigh, R., and Diemont, S. A. (2013). The Maya milpa: fire and the legacy of living soil. *Frontiers in Ecology and the Environment*, 11(s1), e45-e54.

Normile, D. (2013) Vietnam turns back a 'Tsunami of Pesticides' *Science*, 341: 737-738.

大野和朗(2010)「生物多様性向上による露地ナスでの害虫管理」『農林水産技術研究ジャーナル』33巻9号、17～21ページ。

大野和朗(2016)「天敵温存植物」農文協編『天敵活用大事典』農山漁村文化協会。

大野和朗・嶽本弘之・河野一法・林恵子(1995)「露地栽培のナスにおけるミナミキイロアザミウマの総合防除体系の有効性―現地農家圃場での実証―」『福岡県農業総合試験場報告』14号、104～109ページ。

Settle, W. H., Ariawan, H., Astuti, E. T., Cahyana, W., Hakim, A. L., Hindayana, D., and Lestari, A. S. (1996). Managing tropical rice pests through conservation of generalist natural enemies and alternative prey. *Ecology*, 77: 1975-1988.

第Ⅱ部 代替型有機農業から自然共生型農業へ 293

Stern, V. M. R. F., Smith, R., Van den Bosch, R., and Hagen, K. (1959). The integration of chemical and biological control of the spotted alfalfa aphid: the integrated control concept. *Hilgardia*, 29: 81-101.

Takemoto, H. and Ohno, K. (1996). Integrated pest management of Thrips palmi in eggplant fields, with conservation of natural enemies: Effects of the surroundings and thrips community on the colonization of *Orius* spp. In: Hokyo N, Norton G (eds.) Pest management strategies in Asian monsoon agro-ecosystems. *Kyushu Nat Agric Exp Stat*, Kumamoto, 235-244.

Tuck, S. L., Winqvist, C., Mota, F., Ahnström, J., Turnbull, L. A., and Bengtsson, J. (2014). Land-use intensity and the effects of organic farming on biodiversity: a hierarchical meta-analysis. *J. Appl. Ecol*., 51: 746-755.

Zehnder, G., Gurr, G. M., Kühne, S., Wade, M. R., Wratten, S. D., and Wyss, E. (2007). Arthropod pest management in organic crops. *Annu. Rev. Entomol*., 52, 57-80.

294　第7章　持続可能な農業のモデル

第7章
持続可能な農業のモデル

小松﨑将一・嶺田拓也・金子信博・尾島一史

1　持続可能な農業の姿

　持続可能な農業の姿を考えるとき、「自然と共生する農業」の視点を重視し、その農業システムが結果として地域の生物多様性や生態系サービスを向上させ、農業生産の持続性へつなげる方向を探る必要がある。

　有機農業を実践する先駆者の中には、有機質肥料の投入量を極力抑えて、耕耘などの土壌攪乱を最小限にとどめ、雑草などの植生を活かした、いわゆる自然農法(不耕起・草生利用)の取り組みが始まっている。この技術は、農業が本来持つ自然循環機能を農業生産に活かすものである。それは、農業由来の環境負荷を削減する従来の有機農業・環境保全型農業から、農業がより積極的に環境保全に貢献する新たな食農システムへのパラダイム転換の可能性を秘めている。

　本章で紹介する福津農園では、生物的に多様な農業が土壌の持続性を確保し、物質の循環機能を発揮させた結果として、豊かな農業生産が可能となっている。筆者らは2008年以降、同農園の調査を行わせていただいてきた。ここでは、いわば「保全しながら生産する」という新しい農業経営のモデルを提案していきたい。

2　農園の概要とイタリアンライグラスの活用

　福津農園は愛知県新城市南東部の静岡県浜松市との県境部、南向きのなだらかな標高230〜270m の山腹傾斜地に広がる。経営面積は傾斜地法面を含めて約2 ha である。福津農園を含む一帯は中央構造線付近(外帯)に位置し、ハンレイ岩基質にところどころカンラン岩を多く含む蛇紋岩を産し、福津農園でも蛇紋岩の露頭が見られる。蛇紋岩はマグネシウムを大量に含む超塩基性の岩石

第Ⅱ部　代替型有機農業から自然共生型農業へ　295

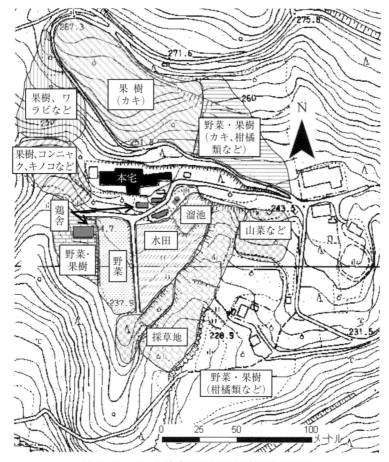

図Ⅱ−7−1　福津農園の土地利用状況（2008年）

であり、植物に障害を与えるニッケルやクロムも多い。

　年間降水量は約2,000mm（名古屋市が約1,500mm）で、湧水を利用する水田耕作のほか、農園内に自生する山菜やキノコを産物とするなど山間傾斜地の特徴を活かした農業を営んでいる。人口約38万人の豊橋市中心部までは、車で約1時間の距離である。

　福津農園の土地利用について、図Ⅱ−7−1に示した。標高差40mの傾斜地には水田15aのほか、養鶏（300羽）、畑作（約12a）、カキや柑橘類を中心とした

混植による果樹栽培(約35a)、採草地(約15a)、山菜を採る山林(約32a)などが広がり、約200種類の産物が販売可能な空間レイアウトであることが分かる。その特徴は次のように整理できるだろう。

①自宅を中心に一カ所にまとまっている。

②複雑な地形に合わせて、環境条件の異なる1ユニット当たり10〜30a程度の複数ユニットから成る。

③各ユニットで、それぞれの条件に適した多様な作物が混植されている。

④南向き斜面にはレモンや甘夏を植栽するなど、傾斜地の多様な微気象条件を利用して、40種類以上の果樹を栽培している。

⑤園内にはさまざまな生物の生息場となる遊休地や樹木帯が多く、生物資源が豊富である。

⑥イタリアンライグラスを主体とした自然草生管理を行う。

農場主の松沢政満氏(1947年生まれ)は農園内の地形や蛇紋岩の露頭、微気象などをよく把握し、それぞれの条件に合わせた管理を行っている。

福津農園の野菜生産体系は実にユニークである。畑地ではイタリアンライグラスを生育し、下の写真のようにドラム缶で倒伏してから、野菜を播種あるいは定植することで、有機物の還元とマルチ利用につなげている。

イタリアンライグラスは寒地型の越年生牧草としては生育が早く、多収性のうえ、耐湿性にも優れる。現在、最も普及しているイネ科牧草の一つである。栽培品種には約30種類が登録されており、福津農園では1960年代まで酪農も営んでいた際の導入種が由来という。

ドラム缶を利用したユニーク農法

現在では農園内の至るところに生育し、水田を除く全域にわたって優占種となっている。自然更新で秋に発芽し、冬期を迎える前には旺盛に繁茂して、他の越年草の生育を抑制するとともに、初夏以降はリビングマルチやマルチとして夏雑草の発生を抑制する。

イタリアンライグラス残渣の

夏雑草の抑制効果を確認するために、イタリアンライグラス倒伏後の2009年7月末に、残渣量と雑草量との関係を調べたところ、残渣量が多いほど夏雑草の発生は少なくなる傾向が認められた（図Ⅱ-7-2）。

福津農園ではたとえば夏野菜栽培の場合、草丈が約1.5mに達して十分にバイオマスが増大した出穂後に、イタリアンライグラスを押し倒

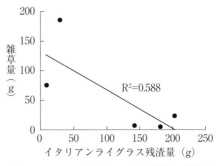

図Ⅱ-7-2　イタリアンライグラス残渣量と雑草量との関係

して苗を定植する。刈り敷きとしてではなく、押し倒して利用するのは、草勢の強いイタリアングラスを枯らさずにリビングマルチとして夏雑草の発生を抑制するとともに、イタリアンライグラス倒伏後の種子の再生産を促すためである。

秋冬野菜の栽培については、イタリアンライグラスの枯死後に繁茂するメヒシバやマルバツユクサを中心とした夏雑草の草勢が弱まる8月下旬から9月末にかけて、赤カブや大根などの根菜類を中心に雑草植生の上から播種する。その後ハンマーナイフモアで地上部植生を細断し、粉砕されたイタリアンライグラスや雑草残渣を覆土の代わりとする。

このように、農場内に自生するイタリアンライグラスの特性をよく把握し、最大限活用している。抑草だけでなく、省力化、薄い表土層の保護、土壌生態系の改善などに利用することが、野菜のみならず果樹栽培においても基軸技術となってきた。

とくに、カキやイチジクなどの落葉果樹の下床を利用して、落葉前にカブやダイコンなどを散播した直後にハンマーナイフモアで草刈りを行い、種子と土壌を直接接触させて発芽を促す。さらに、果樹の落葉後に出芽した野菜が日照を確保し、栽培環境を確保する。この方法を立体栽培と名づけて果樹と野菜を同時栽培し、雑草による養分供給と単位面積当たりの高い農産物生産を実現してきた。

298　第7章　持続可能な農業のモデル

3　不耕起・草生栽培の養分量

　福津農園の圃場では毎年、雑草を還元するほかはとくに施肥は行わず、部分的に鶏糞などを施用するのみである。その畑地の土壌養分状態の調査を行った。

　2009年9月7日にコアサンプラー(柱状採土器)を用い、畑4圃場を対象として0〜30cmの土壌を採取した。柱状採土を0〜2.5、2.5〜7.5、7.5〜15、15〜30cmの4層の土壌サンプルに切り分け、風乾した。その後、土壌乾燥密度、土壌炭素・全窒素含有量、可給態リン酸含有量(トルオーグ法)、カリウム含有量(炎光法)、カルシウム含有量、マグネシウム含有量(原子吸光法)を測定し、統計ソフトStat View(SAS Institute Inc.)を用いて、土層別に分散分析を行った。不耕起・雑草草生圃場の土壌分析結果をみていこう。

　① pHとEC値

　pHは6.2であり、EC(電気伝導度。硝酸と相関がある)については、畑地土壌の標準的な値である(表Ⅱ-7-1)。EC値は作土層の中で深くなるにつれて低下した。このことは、表層に養分が分布していることを示す。

　②土壌乾燥密度

　表層(0〜2.5cm)で0.67g cm³と最も少なく、下層(15〜30cm)の約50%である(図Ⅱ-7-3①)。不耕起条件で表層土壌の乾燥密度が低下することは興味深い。土壌乾燥密度が表層で低いことは、耕さずに土を軟らかくしていることを示している。

　③土壌炭素含有率

　表層(0〜7.5cm)で3.0〜3.4%と高いのに対し、下層では1.2%と有意に低い値を示した(図Ⅱ-7-3②)。土壌炭素は、土壌中の有機物量を示す。表層での土壌有機物の集積は、雑草やイタリアンライグラスなどの植物残渣によるものである。

　④土壌全窒素含有率

　土壌炭素含有率と同様に、表層(0〜7.5cm)で0.34〜0.28%と、下層より有意に高い値を示した(図Ⅱ-7-3③)。一般に、土壌炭素の10分の1の量として窒素が土壌有機物に含まれる。この窒素の多くは有機物として存在し、植

表Ⅱ-7-1　土壌の深さ別のpHとEC値

深さ (cm)	pH	EC値 (mS/cm)
0〜2.5	6.18	0.17
2.5〜7.5	6.10	0.12
7.5〜15	6.20	0.09
15〜30	6.35	0.08

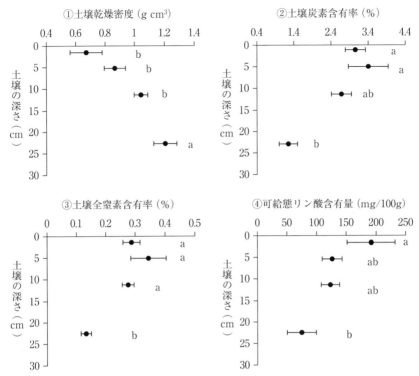

図Ⅱ-7-3 不耕起・雑草草生圃場の土壌乾燥密度、土壌炭素含有率、土壌全窒素含有率、可給態リン酸含有量の土中分布

(注)異なる英添字間(a、b)はP＜0.05で、有意差がある。

物にはすぐには利用できない。しかし、微生物やミミズなどの土壌生物がこれらの窒素を植物が利用できる可給態化を促す。

⑤可給態リン酸含有量

表層(0～2.5cm)が最も高く190mg/100gであるのに対し、下層では73mg/100gと低い値を示した(図Ⅱ-7-3④)。無施肥条件で比較的高い可給態リン酸含有量を示すことも興味深い。雑草草生と微生物、土壌動物の連携で、土壌中のリン酸の可給態化の可能性がある。

これらの土壌養分の値と土壌炭素含有率との関係をみると、土壌炭素量が増加するにつれて土壌乾燥密度は減少し、土壌全窒素含有量とEC値は増加する傾向が認められた(図Ⅱ-7-4)。このことは、土壌の有機物増加により土を

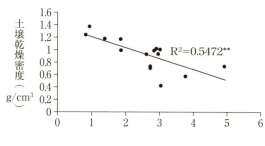
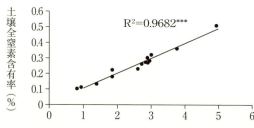
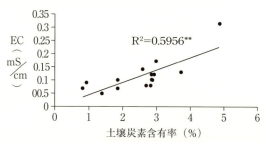

図Ⅱ-7-4　不耕起・雑草草生圃場での土壌炭素含有率と土壌乾燥密度、土壌全窒素含有率、EC値との関係

（注）***と**は、それぞれP<0.001およびP<0.01で、回帰式の有意性があることを示す。

軟らかくし、窒素成分や可給態の養分を増加させていることを示しており、土を豊かにして、作物を育てる基礎を成している。

　福津農園は、すでに述べたように蛇紋岩を母材とする暗赤色土である。森田ら（1986）は、これらの土壌の特徴として、土壌炭素量が少なく、塩基に富み、かつ重金属類が多く、植物生育が著しく悪いことを報告している。松沢氏は土壌管理法として不耕起・雑草草生栽培を実践し、雑草による有機物供給を継続することで、圃場表面での有機物蓄積につなげていた。その結果、有機物が圃場表層に蓄積し、土壌物理性の改善や可給態リン酸含有量の増加など養分供給能が改善したのである。

4　土壌の生態系

　福津農園のように長期にわたって不耕起草生で農地を管理している例は、それほど多くない。2017年9月に野菜畑として使用されている農地で、50cm×50cmの地面を調査のため5地点掘り返した。その後、2度にわたって同じ場所をサンプリングのために掘り返したので、不耕起草生管理の農地に耕起をす

第Ⅱ部　代替型有機農業から自然共生型農業へ　301

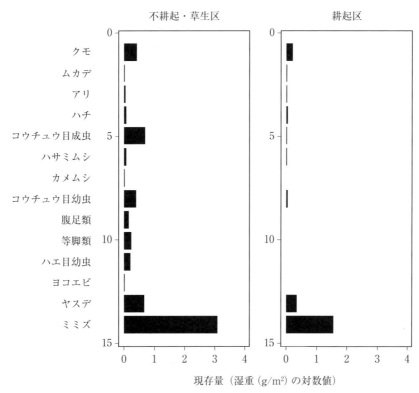

図Ⅱ-7-5　耕起区と不耕起・草生区の大型土壌動物の現存量（生重（g/m²））の比較
(注) 横軸は対数値、縦軸は捕食者からミミズまで食物網上位から順に並べた。

る処理区を設定したことになる。18年9月に不耕起草生区と耕起区が隣接した場所で、大型土壌動物の掘り取り調査を行った。

　その結果、大型土壌動物の現存量は不耕起・草生区で22.6（g/m²、湿重）、耕起区で3.9（g/m²、湿重）であり、不耕起区は耕起区の5.6倍であった。また、出現した動物群は不耕起・草生区（14）が耕起区（8）の1.75倍で、不耕起・草生栽培により大型土壌動物の量・多様性ともに高く保たれることが分かった（図Ⅱ-7-5）。

　土壌動物は耕起のような攪乱に弱く、土壌が植物や有機物で覆われていないと個体数が減少する（金子 2018）。このデータは、長期に不耕起草生栽培をした農地でも、耕起を行うと一時的に大型土壌動物が生息できなくなることを意

302 第7章 持続可能な農業のモデル

味する。大型土壌動物の減少は、有機物分解や土壌団粒の生成速度の低下をもたらす。したがって、農地管理において耕起をするとしても、それが本当に必要であるか、よく考える必要がある。

▌5 農園の経営

福津農園では、農園(約2ha)内の地形や水利条件、微気象などの違いから生じる圃場ごとの多様な特徴を活かして、多様な作物を栽培している。大部分の圃場で野菜と果樹を同時に混植栽培し、農産加工にも取り組んできた。2008年の労働力は、松沢夫妻、政満氏の両親(カキ園の作業)、政満氏の姉、研修生1名である。機械は、2条手押し田植機、ハンマーナイフモア、近年ほとんど使用することがない耕耘機などを所有している。

農産物の主な販売先は、農園から約25km離れた豊橋市内で開催している朝市と、消費者15戸(豊橋市と新城市)への宅配である。朝市は、2008年には生産者13戸を中心に週1回開催されていたが、19年10月現在では生産者が27戸に増加し、週2回開催に増えた。

朝市(朝市開催日に宅配する6戸を含む)が販売額全体のほぼ7割を占めている。野菜、果実、米、卵、鶏肉、山菜、野草、各種農産加工品など約200種類の品目を販売する。カキやミカンをカキ酢、ジュース、ジャムなどに加工し(ミカン・甘夏ジュースと甘夏ジャムの製造は外部委託)、野菜もコンニャクを筆頭に、漬け物などを製造・販売している。

2008年の農産物販売額は約387万円であり、鶏卵の占める割合が45%と高く、養鶏が経営の中心である。この金額に米の販売受託料(減農薬米づくり運動の支援のため販売受託)約40万円を加えると、農産物販売関連収入は約427万円となる。養鶏は野菜残渣などを有効に活用するうえでも重要な役割を果たしており、農園の物質循環の核となっている。多品目の農産物を生産し、食料の自給割合は高い。

養鶏関連の飼料費、自動車費などの農業経営費は約116万円である。農薬は使用せず、鶏糞があることから肥料も購入せず、費用は節減されている。米の販売受託料を除く農業所得は約271万円である。農業所得率は70%と高い。全国における1経営体当たりの農業所得率は、水稲作経営25.1%、畑作経営

36.5%、露地野菜作経営38.9%、果樹作経営38.0%、採卵養鶏経営18.4%である（2017年農業経営統計調査）。

なお、労働力の変化はあるが、採卵養鶏を中心とし、不耕起で多品目栽培を行い、朝市を主な販売先とする経営の基本構造は、現在も変わっていない。

農産物販売額（朝市）の上位20位までを品目別にみると、前述した鶏卵を筆頭に、ミカン、コンニャク、ウメ、ミカン・甘夏ジュース、甘夏ジャム、ネギ、キウイ、クレソン、烏骨鶏卵、レモン、干し柿、ナス、ハヤトウリ、ハッサク、キャベツ、クリ、ミョウガ、キュウリ、ニラと続く。卵類、果物類、加工品が上位を占めており、鶏卵以外の1品目ごとの販売金額は少なく、大部分は10万円以下である。果物類、野菜類、加工品、卵類とも、ほぼ年間を通して販売されている。

農園内の圃場ごとの特徴を活かして、このような多品目を年間通して生産するためには、自然に対する鋭い観察力とそれに基づいた技術が必要となる。また、自然生態系の遷移に任せるとすぐに雑草に覆われ、営農が困難になる自然条件のなかで、雑草やイタリアンライグラス、作物の特性を踏まえ、自然の草生を活かした不耕起栽培に対しても、同様なことを指摘できる。

6　保全しながら生産する新たな道へ

持続可能な農業のあるべき姿のひとつとして有機農業が議論されるが、その食農システムの持続可能性について科学的根拠を論じた研究は少ない。本章では、福津農園が取り組む有機農業体系を取り上げ、慣行農業と比較した場合の土壌、生態系、物質循環、経営面からの解析を試みた（表Ⅱ−7−2）。

その結果、無施肥管理にもかかわらず、土壌有機物量は通常の堆肥施用している野菜圃場と同等であり、土壌中の生物量が多いことが認められた。また、イタリアンライグラスなどの有機物の圃場還元量が多いことが認められる。さらに、経営についてみると、全国の露地野菜作経営の平均値と比べて農業粗収益は36%少ない。しかし、農業経営費は資材投入が少ないため慣行農業の68%減となった。この結果、福津農園の農業所得は慣行農業より16%多い。

この数字は、生物的に多様な農業が土壌の持続性を確保し、物質の循環機能を発揮させた結果として農業生産が可能となるという「保全しながら生産する」

304　第7章　持続可能な農業のモデル

表Ⅱ-7-2　福津農園と慣行農業での持続性指標の比較

農業体系	品目数	土壌炭素含有率(%)	大型土壌動物多様性分類群数	大型土壌動物現存量(g/㎡)
福津農園	200	4.96	14	22.6
慣行農業	少品目	2.13	8	3.9
農業体系	残渣の還元量(g/㎡)	農業粗収益(千円)	農業経営費(千円)	農業所得(千円)
福津農園	200	3,872	1,164	2,708
慣行農業	0	6,023	3,683	2,340

(注1) 土壌炭素含有率は、瀧・加藤(1998)から引用した。
(注2) 土壌生物の多様性は、耕起・不耕起圃場の土壌動物の多様性を示した。
(注3) 残渣の還元量はイタリアンライグラスの還元量
(注4) 慣行農業の農業粗収益、農業経営費、農業所得のデータは、2017年農業経営費調査から引用。

新しい農業経営のモデルと指摘できる。

　有機栽培の技術開発では、農業経営外からの有機質肥料や堆肥の投入、集中的な耕耘による雑草抑制や機械除草、生物農薬や天敵農薬の利用、防虫ネットによる防除などを組み合わせた、いわゆる「慣行農法技術の代替による有機農業」が基本となっている。こうした技術体系では、化学肥料・化学合成農薬の不使用は実現できるが、安定的な生産の確保が難しく、実需者や消費者にとって価格的な許容範囲を超え、生産者にとっては有機農業への転換が高いハードルとなる。

　しかし、福津農園では、畑雑草の圃場還元によって自然の力で土壌養分の肥沃化を行い、残渣マルチ処理で雑草を抑制する。この技術を基本として多作目生産を行い、消費者と連携して有機農産物を供給し、省資源で低コストの有機農業を実現している。こうした経営の方向性は、農業生態系の持つ自然の生産機能を向上させる生態学的集約化(Ecological　Intensification)につながる生産システムとして注目される。

　世界132カ国が参加する「生物多様性および生態系サービスに関する政府間科学政策プラットフォーム(IPBES)」は、人間の活動によって、今後数十年間で史上最大の約100万種の動植物種が絶滅危機リスクに陥ると警告した(環境省 2019)。この中で、自然環境へ大きな影響を与えているのが農業である、地

球上の生きものはかつてない速度で絶滅している、そしてより持続可能になるためには私たちの社会の構造を変える必要がある、と強調している。

本章では、生物的に多様な農業が土壌の持続性を確保し、物質の循環機能を発揮させた結果として、農業生産に投入される資材を削減し、かつ食料の安定供給に結びつく可能性のある農業経営のモデルを取り上げた。こうした新しい有機農業は、日本の自然条件と共生する有機農業のあり方を提案するなど、環境保全型農業分野全体に波及効果をもたらすと期待される。

＜引用文献＞

金子信博(2018)「保全農業と土壌動物」金子信博編『土壌生態学(実践土壌学シリーズ2)』朝倉書店。

環境省(2019)「IPBES 総会第7回会合の結果について」。https://www.env.go.jp/press/106753.html

森田佳行・大角泰夫・夏目太猪介(1986)「蛇紋岩由来の暗赤色土の性質、生成ならびに分類に関する研究 第1報 東三河地域の蛇紋岩由来の暗赤色土と周囲の赤色土との性状の違い」『林業試験場研究報告』341号、27〜46ページ。.

瀧勝俊・加藤保.(1998)「有機農業実践ほ場における土壌の特徴」『愛知県農業総合試験場研究報告』30号、79〜87ページ。

＊本章は、1・3・6節を小松﨑、2節を嶺田、4節を金子、5節を尾島が執筆した。

第Ⅲ部

21世紀を担う
有機農業の姿

小規模有畜複合農業を目指して

浅見彰宏

養鶏から養豚へ

1996年に喜多方市山都町早稲谷地区（福島県）に新規就農して目指したのは、家畜のいる多品目栽培農家だ。就農地は山間部の棚田が広がる地域で、規模拡大は難しい。大消費地からも遠いので、本来は品目をしぼって営農すべき場所だろう。でも、あえて研修で学んだ霜里農場（埼玉県小川町）を理想の形とした。僻地でも有畜複合農業で営農できることを示したいと考えたからである。ただし、冬期は2m近い積雪に見舞われるため、通年の作物栽培は困難だ。そのため、冬は就農当初から酒造りや除雪のアルバイトを続けてきた。

現在の営農形態は稲作1ha、大豆・小麦・そば50a、路地野菜50aに加え、豚6頭、鶏30羽程度。販売先は地元の直売所や約20戸の個人消費者などで、会津在来の平さやインゲン、丸ナスなどを首都圏の流通事業体にも出荷している。

就農当初、家畜は採卵鶏を選択して300羽ほど扱った。平飼い養鶏であれば初期投資が少なくてすむ。また、農村地域でも卵は販売しやすい。飼料は、成分にこだわるよりも近隣で手に入るものを優先した。喜多方市は米どころで酒蔵が多く、米ぬかや酒粕、くず米などの入手が比較的容易だ。こだわりの豆腐屋もあり、国産無農薬大豆100％のおからを入手できた。ただし、産卵率に大きく影響する動物性たんぱく質を含む飼料はなかなか手に入らない。遺伝子組み換え作物混入の心配がある輸入トウモロコシは使わないが、ミネラルなどのバランスを考えてカキガラや魚粕は購入した。

養鶏を始めて数年後、鶏舎にクマが侵入し一晩で50羽以上の鶏が殺された。その後、数度にわたり襲われ、さらにクマに壊された壁の隙間からイタチやテンが侵入し、養鶏が不安定になる。そこで2015年から規模を縮小し、養豚にシフトした。生後3カ月の子豚を春に購入し、降雪前に出荷する。飼料は鶏用に加えて、近くの田村市産のえごま油の搾り粕と、地元の蕎麦屋の出汁をとったかつお節を新たに加え、魚粕の購入は止めた。養鶏と同様に野菜くずも積極的に与え、配合飼料は与えない。

こうした飼育方法の場合、肉質が安定しないため精肉店には出荷できない。

一方で、輸入飼料に頼らず、アニマルウェルフェアにも配慮して飼育された肉を求める声が消費者側にあるが、日本ではなかなか手に入れられない。そこで「庭先養豚部」と銘打って、オーナー制を採用した。1頭につき10人程度の部員すなわちオーナーをあらかじめ募り、豚肉をシェアするのだ。オーナーの集まり具合で飼育する豚の数を決め、肉は均等に分ける。

こうして、部位の人気差による売れ残りもなく、安定的な収入が可能となった。肉の評価は上々で、屠畜場の獣医からも内臓がきれいだとほめられた。また、飼育状況をSNSで発信し、肉を食べることの意味や畜産について考える機会を消費者に与えられたと思っている。

中山間地に適した小規模有畜複合農業

肥料は100％自給している。稲作は2015年に無肥料栽培に切り替えた。冬期湛水が可能な圃場であれば、収穫量は有機栽培時とさほど変わらない。冬期湛水ができない圃場では、大豆との輪作や休耕などで地力の回復を行っている。豚糞堆肥は主に野菜用の畑に施す。畜舎の床に敷くもみ殻や、広葉樹の落ち葉、農道脇の草などは、山間地ゆえにふんだんに手に入る。

目下の大きな悩みは獣害対策だ。就農当時はクマやハクビシン程度であったが、2016年ごろからイノシシとサルが急激に増えた。どちらも以前は見られなかったので、対策方法の蓄積が私を含めて周囲の農家にない。電柵などを慌てて導入したが、すでに農業を諦めかけている高齢者も多いため、集落全体での取り組みが遅れている。アニマルウェルフェアの追求と耕作放棄地対策として放牧にも取り組みたいが、豚コレラが心配で、躊躇してしまう。

小規模有畜農業は条件不利地と言われる山間部でも可能で、含有物がはっきりした肥料を自給できる。とくに過疎が進む地域では、近隣とのトラブルの原因となりやすい臭いや音などの心配が少ない。飼料にこだわれることも有利だ。今後は遺伝子組み換えやゲノム編集作物の圃場への侵入防止がますます難しくなるだろう。飼料の輸入は、地球規模で考えれば環境破壊につながる。

私が行うような飼育方法で生産された肉を求める消費者が増えていくことも間違いない。家計調査によると、2人以上の世帯で年間の肉類購入費は野菜や穀物よりも多い。これからも直接消費者とつながり、目まぐるしく変わる社会の問題をともに意識しながら、安心できる食の提供に務めていきたい。

Get the GLORY

関　元弘

有機農業を始める

　2006年秋、ご縁あって二本松市東和地区(福島県)へ入植し、遊休桑園を地域の皆様のお力添えをいただいて開墾した。密植された桑の根を掘り出したため、ほぼ全面天地返しされ、有機物が乏しく保肥力の弱い山砂が露出して出来上がった畑は約3反。見た目は立派だが、雨が降るとぬかるみ、晴れると管理機が弾かれるほど硬くなる土だった。その畑へ、地元企業から購入した堆肥(材料は牛糞や食品残渣など)を入れて、大麦と小麦を播いたのが、私の有機農業の始まりだ。

　翌春、寒い冬を越した麦たちはグングンと生育し、みごとな穂となる。収穫前に、その条間へ大豆を播種した。昔このあたりで当たり前のようにされていた栽培方法だ。土中に深く根を伸ばした麦は大地を耕し、根粒菌により豆類は大地を肥やしてくれる。さらに、里山のカヤや落ち葉なども施した。

　福島は夏秋野菜、とくにキュウリの産地なので、私もキュウリ栽培から始めた。アーチパイプとネットだけの投資ですむのも魅力だ。師匠が示した目標は5kg箱で1000箱／反。意気揚々と栽培に取り組んだが、定植後に低温に晒され、べと病が発生。「いま撒けば間に合う」とのアドバイスを受け、農薬を撒こうとした世間体重視の私の背後より妻が厳しい一言。

　「そんなことがしたくて農業を始めたのか!?」

　2人で薬剤を返品に行ったこともあった。あのとき使っていたら、どうなっていただろうか？　結局その年は200箱／反程度で終わった。

有機農業に取り組んでみて

　農業の厳しさを思い知らされた1年目だったが、堆肥や里山資源の活用、麦・豆類の栽培を続け、また先人に学んで栽培方法を改善し、開墾5年目には1000箱／反を達成できるようになった。現在取り組んでいるキュウリ栽培について説明する。

　地温が十分に上がる6月以降、直根を伸ばさせるために双葉定植し(1週間

育苗)、直播きする。浅根と言われるキュウリだが、この手法により直根が伸び、吸肥能力と環境適応力が高くなるようだ。脇芽をすべて2節止めしないやや粗放的な管理なので、株間を広くとる。また、畝間にくず麦、くず大豆を播種し、抑草しつつ生物相を豊かにするリビングマルチを行う。

これらの方法がキュウリ栽培にとってベストかは分からない。だが、ある程度手が抜けるので、他の作業や秋野菜の準備にも取り組み、農作業全体で考えるとベストだと考えている。就農当初は、慣行栽培に準じた管理ができず、挫折感すら感じていた。でも、だんだんに、ひとつの作物に集中しすぎると他の作業に手が回らず圃場の利用率が低下すること、そもそも慣行栽培とは違う栽培をしていることに気づく。有機栽培に合う方法の模索を始めたら、農業が楽しくなった。

私にとって有機農業とは、「農薬や化学肥料を使わない」だけではない。生きものたちが良いも悪いもなくたくさんめぐっていて、人もその一員となり、自然へ積極的に働きかけ、創意工夫を通じて、いつまでも続いていけるようにするものだと言えるだろう。

開墾などで有機認証圃場は約1haとなった。キュウリ、ミニトマトなどの夏秋野菜を中心に栽培し、流通業者による各戸集荷、全量買い取りによる地元スーパーチェーンへの出荷を行っている。

本当の豊かさとは

畑にいると、降り注ぐ太陽が無尽蔵のエネルギーに、日々成長する作物、雑草、木々がバイオマスの増加に、感じられる。サステイナブルは時代のキーワードだが、これは同じことの繰り返しではなく、継続的に豊かになることだと、有機農業をしていると感じる。また、有機農業をしていると多くのご縁をいただき、心も豊かになっていく。

多くの方々が有機農業(有機農産物)に関わるようになれば、有機栽培に向く品種や種子、肥培管理、農業機械器具の考案、作物や農産物への研究が進み、より多くの方々に受け入れられるようになっていくのではなかろうか。そして何よりも、有機農業を通じた人のつながりがたくさん生まれ、世の中がより豊かになっていくと思う。有機農業を究め本当の豊かさを形にできるだろうか?と自問しつつ、限られた時間の中で精一杯頑張っていきたい。

持続可能な農業へ

戸松正行・礼菜

信条と経営

　1976年に父の戸松正が設立し、私たちが2013年に受け継いだ帰農志塾は那須烏山市(栃木県)にある有機農場で、日本農業の後継者を育てる場だ。食料自給率の低下や後継者不足問題から、設立当初より新規就農希望者を受け入れてきた。現在までに100人以上が卒業し、全国各地で就農している。

　帰農志塾の信条は「自然・循環・共生」。地産地消と自給自足の生活を目指している。私たちの体と食べものは切っても切れない関係にある。だから、安心・安全で美味しいものを作って食べる。それを周囲と分かち合い、顔の見える関係を大切にしてきた。消費者(会員)は家族同然であり、私たちには彼らの健康と食卓を守る使命がある。

　有機野菜が当たり前に手に入るようにしたいと考えて、最近は近隣のスーパーや直売所(那須烏山市や宇都宮市)での販売にも力を入れ始めた。今後も就農希望者の育成に努め、多くの人たちに農業の魅力を伝えていきたい。

　現在は、私たち夫婦と、塾生3人、スタッフ3人、パート4人で農場を運営している。7 haの農地に年間約80品目の野菜や小麦、大豆、庭先果樹を育て、稲作(約40a)や平飼い養鶏(約600羽)、味噌やジャムなどの農産加工も行う。農薬や化学肥料は使わず、肥料は自家製。旬の野菜は約250世帯の会員をはじめ、デパートや自然食品店、保育園、直売所などに直接届ける。

　また年2回、収穫祭などのイベントを行い、会員が農場を訪れ、交流の場を持てるようにしている。売り上げは2018年時点で5000万円程度。機械類の修繕費(不慣れな研修生が使うので壊れることが多い)、指導スタッフの人件

収穫祭の芋掘り体験

費などがかかるため利益は少ないが、塾生たちに仕事を任せ、成長を見守り、独立に向けて日々切磋琢磨している。

技術面の工夫

土づくりについては地力がないところは豚糞堆肥を撒き、緑肥を育てて有機物を入れる。地力がついたところには堆肥は撒かず、鋤で土を天地返しし、作物の根張りが良くなるようにしている。そして年2回以上作付けし、極力裸地にしないように気を配り、常に微生物が土中で活発に活動できる状態を保つ。作物と畑の相性が良い場合は連作も行う。たとえば、里イモ、人参、大根、ジャガイモ、キャベツ、サツマイモなどだ。果菜類やネギ以外は追肥をせず、地力と元肥で育つように環境を整える。

有機農業に適した種苗の生産にも力を入れてきた。サツマイモや大豆、水稲、キュウリ、インゲン、オクラ、ナスはすべて自家採種している。キュウリはどんな悪天候でも多く採れるようになった。露地で栽培できるトマト「雨ニモ負ケズ」は、さらに味を良くするための選抜・固定に力を入れている。

ナスやキュウリなどの通路には、くず小麦を播く（リビングマルチ）。安価なくず小麦を使って通路に隙間なく播き、雑草が生えないようにする。病害虫の発生が低下し、物理性も改善される。ただし、地力がない畑では作物と小麦が肥料分を奪い合う場合がある（肥料競合）。

近年、シンクイ虫やヨトウ虫が増え、アブラナ科の野菜とトマトには防虫ネットを張っている。人参やニンニク、ネギなどの苗床は太陽熱マルチを行うが、できるだけ資材は再利用する。

主な肥料は、平飼い養鶏の鶏糞と、鶏糞をいろいろな資材と混ぜて発酵させたボカシ肥料だ。肥料はほとんど購入していない。育苗で使う腐葉土は、裏山で集めた落ち葉でつくった踏み込み温床をさらに発酵・分解させて使っている。

ナスの畑のリビングマルチ

無肥料・無農薬で野菜を作る

佃　文夫

草がつくる土の豊かさ

1992年から無肥料・無農薬栽培を始めた。1.2haの畑は取手市(茨城県)の利根川河川敷に位置し、砂壌土で水はけがよい。年間約30品目を栽培し、提携で1カ月に約400世帯に出荷している。主に露地栽培だが、冬はビニールハウスや通称ベトコンハウス(大型のトンネル、夏はパイプをキュウリ用パイプに利用)を使う。野菜の種類と量のバランスのためである。労働力は妻と二人だ。

堆肥は河川敷の草でつくるが、使う場合もあれば使わない場合もある(厩肥は使わない)。敷き草も同様だ。思いきり草を生やすこともあるが、思いきり除草することもある。栽培方法や技術に関しては、無施肥・無農薬以外は流動的に考えている。堆肥を圃場全体に使用するのは労力的に無理があるから、野菜の状態や雑草の植生を見て、使うべきだと思えば使う。雑草の植生は土の状態で変わる。私の圃場では、アカザとイヌビユの繁茂によって判断する。

圃場に生える雑草との付き合い方が大事だ。敷き草にしても堆肥にしても、もとは雑草。いい意味でも悪い意味でも私にとっては切っても切れない関係なので、野菜にプラスになるような付き合い方を目指している。

栽培期間は除草するが、作付けと作付けの間は繁茂した草を作付けの邪魔にならないように積み上げ、圃場内で堆肥化する(写真参照)。土の豊かさは草がつくっているので、圃場にはできるだけ草が生えてほしい。泣かされることも多々あるのだけれど……。

私は、土は個人の所有物ではなく借り物だと考えている。長い間の人間の営み、農の営みの中で受け継がれて、現在がある。これからも大切に土を受け継いでいく重要な責任を負っている

刈った草を帯状に積み上げ圃場内で堆肥化。帯状にして作業を効率化する

という自覚が農業者には必要だ。土の豊かさを保ち、100年後、1000年後の人たちが豊かに暮らせるような農のあり方なのか、自問し続けることが大切だと思う。

順応するタネ

タネも個人の所有物ではなく、受け継ぐべき重要なものである。タネは農や暮らしの変化とともに柔軟に変化し続けていると思う。そうした性質は、自家採種の取り組みの中で常に感じる。たとえば、もとは同じ大根のタネでも、異なる生産者が数年栽培すると、趣の違う大根になることは少なくない。形質が変わるように、無施肥にも順応する。だから、無施肥と自家採種はセットだ。

この柔軟な性質があるからこそ、野草が野菜になったように、野菜が野草にもなり得るという問題に、自家採種は直面する。私は、白菜とキャベツ以外は自家採種に取り組んでいる。「採種」には、常に「育種」の視点が欠かせない。私が必要としているのは、できるだけ施肥に頼らない性質のタネで、種苗法の観点からも、在来固定種を求めている。育成者の権利を守る登録品種からは採種できないためである。

タネの採種圃場の見学や育種技術について学ぶことは重要であると同時に、とても難しい(種苗会社にとっては企業秘密なので当然だが)。その中で感じた問題点は、採種農家の減少と固定種の育種技術だ。とくに固定種は、現在ほとんど使われていない。ようやく出会えた高齢の育種家の方から、次のような貴重な話をうかがった。

「自殖を繰り返すF_1種の母本育種と違い、固定種の育種は表面に現れない劣性の形質を見極める必要があり、そこで必要なのは感性です。本当にいいタネが採れるのは、生産現場で何千株という野菜を栽培している農家自身です」

このように、持続的で豊かな土とそこに順応したタネが私の農業の軸である。長く続けていると、どの圃場のどこで何を栽培するかが自然と決まってくる。連作を嫌うナスですら同様だ。ナスの連作障害には泣かされてきたが、ようやく克服できそうな手ごたえを感じ始めている。2019年は、株ごとに縛る、選定する、実を落とすなど個別対応した結果、豊作だった。

一つひとつの野菜に、また土に心を砕き、妥協せず、誠心誠意尽くすとき、農は思ってもいなかったような力を発揮してくれるものだと感じている。

持続可能な大規模経営

井村辰二郎

理念先行で有機農業の世界に飛び込む

　私は1964年に、金沢市(石川県)で半農半漁の生活を営む家の次男として生まれた。脱サラして97年に農業を継いだとき、どんな理念で農業をしたいのか自問自答。持続可能性のある農業、生物多様性と共存する農業にたどりつく。そして、未来永劫故郷の農地を守りたいと考え、「千年産業を目指して」を理念に掲げた。その具体化が有機農業だ。しかし、両親の理解は得られなかった。

　当時、日本の有機農業に明確な基準はない。ヨーロッパの事情を調べる中で、「基準」と「第三者認証」というキーワードを見つけた。これなら消費者は優良誤認せず、生産者との信頼関係が築けるはずだ。こうして有機JAS制度が整う前に、IOFAM(国際有機農業運動連盟)基準の認証を受けることから、私の有機農業が始まる(その後、国が有機JAS制度に移行)。この認証は、流通事業者や加工メーカーとの信頼関係の構築に役立った。

　私の経営には理念とともに、次の5つの使命(ミッション)がある。①日本の耕作放棄地を積極的に耕す。②有機農業を通じて日本の食料自給率の向上に貢献する。③新規就農者の研修、受け入れ、育成を行う。④農業を通じて地域の雇用を創造する。⑤農業を通して東アジアの食料安全保障に貢献する。

　ただし、理念と使命を掲げた挑戦は苦労の連続。継続できたのは、情熱と若さ、そして流通事業者・加工メーカー・多くの消費者の応援があってのことだ。

販路の開拓と技術の向上

　父は水稲中心に農作業受託を積極的に行い、河北潟干拓地に増反したが、水田として計画された干拓事業は畑地に計画変更され、水はけの悪い重粘土の土壌に苦しみながら大麦・大豆の二毛作に挑戦していた。私が就農したとき、両親とアルバイトを含めた4名で、約10haの水田と約30haの畑地を耕作し、田植えや稲刈りなどの作業請負を行って、売り上げは3000万円程度。この土地利用型農業を有機栽培へ転換していった。

　当時も有機米の需要はあったが、点在する平均8aの田んぼを100枚以上管

第Ⅲ部　21世紀を担う有機農業の姿　317

理しており、有機認証に合致する４ｍの緩衝地帯を取ることは現実的ではない。一方、干拓地の畑地は60aの区画が団地化されていたので、麦と大豆の二毛作で有機農業に挑戦した。しかし、有機大豆の需要はわずかで、有機麦に至っては市場すらない。

　そこで、自ら消費者に届けるために、商品開発・ブランド化・市場創造・顧客開拓を進めていく。就農した年に豆腐と味噌から始め、2002年には(株)金沢大地を設立した(生産部門は金沢農業を1997年に設立)。自ら栽培した有機穀物を主原料とした生産者が特定できる加工品は150アイテムを超え、輸出も行っている。18年には(株)金沢ワイナリーを新設し、農家レストランも開業した。

　こうしてニッチな市場を開拓し、耕作放棄地を積極的に開墾し、大規模な土地利用型有機農業を実践してきた。それは、自社有機加工食品の製造ロットを満たし、安定供給するためでもある。ただし、これまで雑草による減収分を価格に転嫁し、消費者に負担を求めてきたのも否定できない。

　有機米・有機大豆は慣行栽培の２倍、有機麦類は３倍の価格差がある。この差を小さくし、消費者が求めやすい価格にすれば、オーガニックマーケットの拡大、すなわち有機農業の普及につながっていく。

　土地利用型の有機穀物で最大の減収原因は、雑草である。海外では有機農業向けの除草機や除草ロボットなどの技術革新が進んでいるが、日本では普及していない。慣行農家の有機農業への転換や、有機農業を志す新規参入者が穀物栽培に挑戦するためには、こうした技術革新も欠かせない。

　金沢農業が今後進めていきたいのは、水稲・大豆・麦・ソバ・ハトムギ・雑穀を組み合わせた６年９作のブロックローテーションである。従来の２年３作を、雑草対策として効果がより期待できる期間に延ばすのだ。

　日本の農業は本来、循環型で持続可能性が高い。しかも、先人たちが開墾してきた水田では、連作障害の少ない水稲を中心に、国民が必要とするカロリーを満たすことができる。減反政策が廃止されたいま、適地適作による水田フル活用は、日本の農業の可能性を広げるにちがいない。

　有機農業に転換して22年。耕作放棄地を中心に規模拡大を行い、農産加工(六次産業化)を進めてきた結果、グループ全体での売り上げは５億円を超え、40名以上の地域雇用を生み出した。今後も、地域、日本、そして世界に、農業者としての責任を果たしていきたい。

里山農業でいのちと向き合う

伊藤和徳

３つの事件で自家採種と無肥料自然栽培へ転換

　私は企業で浄水分野の研究開発の仕事に携わっていたが、自然に身を置いて自分で食べるものは自分で育てたいという思いが強くなり、脱サラを決意。2009年に山梨県の有機農家で研修し、翌年に標高450mの白川町黒川（岐阜県）で新規就農した。農園の名前は和ごころ農園だ。10年間で３つの試練を乗り越え、「自然を五感で感じ、自然から教わる」現在の哲学に行き着いた。

　第一は、２年目にトマトが青枯病で全滅したことだ。農薬を使わず、病気に負けない野菜作りを模索してたどり着いたのが、自家採種をして病気に強い野菜を引き継いでいく営み。自然の循環と植物の生命力を信じることを学んだ。

　第二は、2013年のアトピーによる長男の入院。子どもにどんな野菜を食べさせていきたいのかと自問自答し、生命力にあふれる本来の力を持つ野菜を作るために、豚糞堆肥を使った農法から無肥料自然栽培に全面的に切り替えた。

　第三は、2014年６月の心臓の緊急手術。いのちを大切にして生きるというテーマを課されたから紙一重で助かったと痛感。センス・オブ・ワンダー（自然の神秘さに目を見張る感性）を持ち続けて農と向き合うことが大切に生きることにつながると強く感じ、いまの農業と生き方に至っている。

和ごころ農園の経営と農業体験

　有機農業を志したきっかけのひとつに、母の病死がある。家族そろって食卓を囲む幸せに気づかされた。そこで私たちは、野菜や農園が団欒の話題になってほしいという思いから、野菜とストーリーを一緒に届けるようにしている。野菜セットにお便りを同梱し、インターネットでの発信やメールマガジンの発行も含めて、有機的なつながりを目指してきた。

　耕作面積は田んぼと畑が各７反。栽培品目は、お米と野菜を合わせて年間約50。肥料は一切投入せず、小麦や大豆、緑肥作物を転作し、微生物の種類と量が増えるように工夫する。一方で、マルチや保温資材は使用し、トラクターやマルチャーなどの機械に頼っている。石油への依存度を下げるのが課題だが、

家族経営の労力を考えると頼らざるを得ない。また、採れる範囲で、20品目程度は自家採種している。トマト、ナス、ズッキーニ、キュウリなどだ。

売り上げの大まかな比率は、野菜のセット販売が70％、お米が10％、名古屋市のオーガニックファーマーズ朝市村（137ページ参照）が15％、農業体験の参加料が5％である。

和ごころ農園では農業体験にも積極的に取り組んできた。田んぼをロープで区切って区画貸しする「1000本プロジェクト」（2014年〜）と、アメリカのエディブルスクールヤードの取り組みに刺激を受けた食育菜園「EDIBLE KUROKAWA YARD」（18年〜）を主宰している。

1000本プロジェクトは、1株の収量を茶碗軽く1杯分として、1年分（1095株）のお米を自給するプログラム。参加者の中心は名古屋市近郊で、東京から来るメンバーもいる。都市生活者との関係を築くことで、耕作放棄されて太陽光発電のパネルに占領される状態を防ぎ、昔ながらの稲架け風景を取り戻せた。

食育菜園は、五感を使って種子から食卓までの過程を体験する、月1回開催の年間プログラム。畑作業で汗を流し、採れたて野菜を参加者自ら調理して、テーブルを囲んで談笑しながらいただく。さらに、工作、野菜のデッサン、川遊びなども子どもたちと一緒に楽しむ。できるだけ教えずに、子どもたちが考えながら行動できる体験を目指している。

中山間地域の有機農業の役割と展望

白川町は面積の約9割を森林が占める。畔の草刈り作業が大変だし、田んぼは1枚1枚が小さく点在しているので、集約化しにくい。宅急便以外の野菜を運ぶ物流網がないなど課題は山積している。だが、それはメリットとしても活かせる。圃場が小さいために1000本プロジェクトなどの農業体験が行いやすく、都市生活者が自然豊かな里山を訪れるきっかけにもなるからである。

とはいえ、不利な条件が多い中で、自家採種や無肥料栽培といった手間のかかることばかりするのはなぜかというと、やはり子どもたちのためだ。里山が持つ多面的な機能、歴史、文化、風土を未来に引き継ぎたい。集落営農で田んぼに1歩も入らずに米作りができてしまうがゆえに、小さな有機農業が担える役割は逆に大きいと感じている。経営的にも持続可能な形で、里山農業のあり方を模索し続け、奮闘していきたい。

有機農業が日常である暮らしの実現に向けた実践と研究、対話

松平尚也・山本奈美

伝統野菜からいただく暮らしの喜び

　私たちの農場・耕し歌ふぁーむは京都市北部の山間地、桂川源流域の自然豊かな里山にある。持続可能な暮らしと共にある農業を模索し、水田70aと畑80aを耕作している。少量多品目の野菜を栽培し、有機農業技術の到達点である「低投入・地域内循環力強化・自然共生」を基本としつつ、試行錯誤の日々だ。ポリマルチから草マルチへ、混植、トラップ植物の栽培、圃場内へ草地を設けて天敵を利用するなど、生物多様性が持つ機能を活用し、生態系と共にあるアグロエコロジー型農業への転換を目指しつつある。

　課題は、里山で急速に進む気候変動や獣害への対応だ。度重なる洪水や恒常化する季節はずれの大雨、重たい雪などで作物の被害やハウス倒壊を経験し、栽培体系の見直しを迫られている。獣害の影響も拡大傾向だ。

　一方で里山は、畑も含めた生物多様性を保全する役割が国際的に評価されるようになった。里山で人びとが暮らし続けられる社会を創る必要があると考えて、有機農業の推進や意義を伝える活動にも関わっている。

　経営の柱である野菜は、野菜セットにして食べ手に直接届ける。里山の豊かな実りの恩恵を受けるのは私たち一家と農場の会員であり、里山の持続可能な恩恵に私たちは労働で、会員は金銭面で貢献する。こうした理念から野菜セットを「里山のおすそわけ定期便」と名付けた。現在はCSAと野菜ボックスの定期購入を組み合わせた形式に落ち着いている。私たちが共有したいのは、人びとが紡いできた伝統野菜の魅力と、野菜からいのちをいただく暮らしの歓びである。その理念に共感する会員も多く、最近の定着率は高い。

　SNSを通じて会員が広域に広がり、一時は宅配便利用会員が多数を占めたが、その脆弱性は2018年の送料値上げで露呈し、送付先が減少したため方針転換。知人・友人が運営する京都市内のカフェや自然食品店、職場で受け取るCSAや、八百屋への出荷を増やして、送料値上げ前の収入にほぼ回復した。

　もちろん、栽培作物の単作・画一化を行い、大手有機市場に売り込むという道もある。実際、有機農産物の流通の大規模化が進み、流通側が求める取引量

が増加し、生産の効率化が求められている。専作を選択する有機農業仲間も少なくない。有機農業が広がるためには、そうした方向性も必要であろう。

だが、有機農家が継続してきた小規模・多品目栽培の実践が、有機農産物市場の大規模化により周縁化している。グローバルフードシステムのもとで、有機農産物市場も「Food from Nowhere」(どこからでもない食べもの。マックマイケルによる企業的フードシステムの表現)に席巻されつつある。有機農業が作り手・食べ手の日常の暮らしからかけ離れていくことが懸念される。

有機農業が日常となるための多様な仕組み

だからこそ当農場は、「畑と近い暮らし」がもたらす歓びの共有によって、都市・農村双方で有機農業や有機農産物のある生活への共感の輪をより多くの人びとに広げたいと考えている。しかし、作り手が「有機農産物で生計を立て」、食べ手が「有機農産物を日常的に食べること」は、ハードルが高い状況もある。作り手は、気候変動や高齢化など営農以外の農村の課題に直面している。食べ手の側では格差が拡大し、有機農業特有の旬野菜のセットで「畑の都合に合わせた食卓」を楽しむ余裕がない。この現状では、いくら「歓び」が伝わったとしても実践に結びつかない。

そこで必要とされるのは、作り手・食べ手双方にとって有機農業が日常となるように、双方を応援する多彩な仕組みである。たとえば米国では、新規就農者育成を目的とするインキュベーター NGO による有機農家の栽培から販売までの支援、貧困家庭への助成もあるファーマーズマーケットやそこでの料理教室、保存食・お惣菜加工、ケータリングビジネス、コミュニティキッチンなどが若年層中心に展開されている。それらは、個人の食の安全や健康に加えて、格差の是正や環境正義、小規模農家の支援などの政策にも力点が置かれるという特徴を持つ。多くが小規模・家族農業を基本とする日本社会において、海外の事例からも積極的に学んでいきたい。

作り手・食べ手双方にとっての「有機農業が日常である暮らし」を実現するための仕組みづくりに向けて、「現代社会全体の課題から農と食のあり方を問い直す」という、かつての有機農業運動の理念に基づいた多様な取り組みがいまこそ必要とされている。同時に、実践と研究の対話も欠かせない。私たちも微力ながら貢献していきたい。

「家族のために作る」が始まり——40年目の現状と未来

古野隆太郎

裏作野菜の通年販売

1978年に私の父・古野隆雄が「自分の子どもに安全で安心な米や野菜を食べさせたい」と有機農業を始めた。当初は1.7haで米を、30aで野菜を作り、近隣消費者へ野菜セットとして配達していたという。88年に合鴨と出会い、水田の除草に目処がついて「合鴨水稲同時作」が確立し、経営面積を拡大していく。

2019年現在の栽培面積は、水田7ha（合鴨米）、野菜4ha（少量多品目約60種類）、麦2ha（小麦、裸麦）（米と野菜の売り上げは半々程度）。労働力は両親、筆者夫婦、弟、妹、研修生、袋詰めのパートさんだ。販売先は8割が個人、2割が飲食店、保育園、直売所など。週一回の飯塚市や福岡市などへの直接配達が約100軒、月二回の宅配便を使った全国への定期発送が約100軒である。

私は1982年に5人きょうだいの長男として生まれ、大学と大学院で農業経営を学んだ。そこで分かったのは、「農業はそんなに儲からない」ということ。その原因は、農家自身が価格を決められない流通の仕組みにあると考えた。その解決策は、自分で顧客を見つけることだ。両親も産直に取り組んできたが、私はインターネットと組み合わせればもっと効率よくできるのではないかと考えた（学生時代に古野農場のホームページを立ち上げて通販を開始）。

そこで、営業力と提案力を身につけるために、広告代理店で3年ほど営業に従事。2010年に実家に戻って、妻と一緒に就農した。「どんどん営業して、売ってやるぞ」と思ったが、広告と違って農業では、営業の前に生産しなければならない。まず、合鴨水田の裏作での野菜作りに力を入れた。畑作の間に水田をはさむことで、連作障害がなく、品質の良いジャガイモやタマネギが収穫できる。合わせて1ha作付けし、冷蔵貯蔵して通年販売を可能にした。この貯蔵技術を応用して、人参やサツマイモの周年販売にも取り組んでいる。

経営面積の拡大と消費者の変化への対応

古野農場がある桂川町（福岡県）は、遠賀川の支流に位置する水田地帯。耕地面積は約440ha、農家は約300戸だ。このうち32戸の主業農家には地域の特産

であるイチゴ農家も含まれるので、将来的に水田を担う農家は数戸しかないだろう。これまでも毎年、古野農場の栽培面積は増えてきたし、今後10年で倍増すると予想される。

そうした状況を踏まえて、水田に関しては二つの技術開発を父が中心になって研究し、発信してきた。ひとつは乾田直播。乾いた田んぼに直接種もみを播き、田植え稲作と比べて大幅な省力化を実現した。もうひとつはホウキング（針金を使った除草鋤きで、条間だけでなく株間も除草できる）による機械除草後に合鴨を放す方法だ。

野菜に関しては、ホウキングと太陽熱消毒、マルチを作目や時期に合わせて使い分けている。さらに、「栽培面積＝除草できる人手の数」という制約から離れる方法を模索中である。

一方で、消費者の変化にも対応しなければならない。最近はインターネットを通じて簡単に有機野菜が買える。海外産の有機野菜や有機米も販売されている。そうした中で家族経営の古野農場がどのように生き残っていくかに悩んだ（実は、就農するまでは有機野菜は簡単に売れると思っていた）。父が始めた当時は慣行栽培野菜が競合相手だったが、現在では有機野菜同士が競合している。

そこで「有機野菜が欲しい消費者」ではなく「古野農場の野菜が欲しい消費者」を大切にする戦略を採った。朝取り野菜を直接届けられる範囲にしぼって、毎週野菜を配達して顔を合わせ、前回の感想を聞き、新しい野菜の説明をする。そこでは、家族の話もして古野農場を好きになっていただく。両親の時代と大きく変わったわけではないが、アマゾンには絶対にできないだろう。

続けるために、目に見えない資産を積み重ねる

40年前に父親が考えた「家族のために作る」というコンセプトは、自分に子どもが生まれて（7歳、4歳）、自分が作った野菜を食べる様子を見て、初めて腹にストンと落ちた。同時に、この家族経営がずっと続いていくために何が必要かを考えている。

私は、面積や売り上げではなく、①栽培技術を磨き合える農家同士、②理念に共感してくださる消費者、③土地を貸し、応援してくださる地域の皆さんとの目に見えない信頼関係が最大の資産であると思う。その関係を積み重ねるためにも技術を発信し、コミュニケーションを深め、地域に還元していきたい。

あ と が き

　日本有機農業学会では、学会設立20周年を前にして、多様な展開を見せる日本の有機農業の特徴的な技術とそのもとになっている思想や考え方を整理する必要があるのではないか、と議論を続けてきた。

　消費者は食の安全を、生産者は農作業の安全を求めて始まった有機農業は、化学合成農薬や化学肥料の持つ環境への負荷を避ける、慣行農業と対峙する農業とされてきた。しかし、地球規模での環境劣化と生態系の破壊が進行する中で、単に化学物資の投入を低減する技術ではなく、生物多様性の保全や生態系サービスの向上に果たす価値が注目されるようになっていく。こうした有機農業に期待される役割の拡大は、決して観念的なものではない。第Ⅲ部を執筆した有機農業者に代表されるような先駆的な取り組みに、具体的な事実として多くを見出すことができる。

　これらの有機農業者の技術は、農家が畑や水田で、あるいは地域で、自らつくりあげてきたものである。そこでは、農業生態系を構成するさまざまないのち（作物、雑草、害虫、天敵、微生物など）と向き合う結果として、農業生産がもたらされている。それらは、自然や地域、環境との共生を意識した技術と言えよう。

　この技術と思想を関連づけながら理解しようと、日本有機農業学会では、社会科学系と自然科学系の研究者が学問分野の壁を越えて連携し、議論し、本書をまとめあげてきた。その意味で、日本の有機農業を理解するうえでユニークな書であると自負している。

　しかしながら、有機農業が真に持続可能な農業なのかという問いに科学的根拠をもって答えるには、さらなる検討が必要であろう。本書では、福津農園を対象として、生産・環境・経営の各側面から持続性評価を試みた（第Ⅱ部第7章）。そして、規模拡大により経営を安定させる手法とは異なり、自然との共生を通して農業所得を向上させる新しい経営モデルの方向性を示すことができた。ただし、福津農園のケースはあくまで一例であり、ほかにも優れた有機農業の事例は少なくない。

次世代を見据えた新しい有機農業の実現には、個々の農家の取り組みに加えて、規模や地域、条件によって多様な展開が考えられる。こうした農業が成立する共通指標を抽出し、検証していくことは、有機農業研究において非常に重要な課題である。今後、積極的に進めていきたい。

　また、本書では取り上げることができなかった、食と健康への有機農業の貢献や医学との連携なども、これからいっそう重視されるテーマである。さらに、気候変動に直面する中で、農業生産の脆弱性を回避し、より頑強な生産システムとしての有機農業の再評価も必要であろう。

　日本の有機農地面積（JAS有機認証面積）は約1万haにとどまっており、OECD諸国で3番目に少ない。一方、本書で見てきたように日本の有機農業の技術レベルは海外と比しても高く、多くの優れた特徴がある。たとえば、雑草を作物生産の邪魔者とするのではなく、養分供給や地力の向上の担い手とする、天敵を温存して害虫被害を減らす農業生態系の構成要素として位置づけるなど、生態系の多機能性に根差した技術をもとに農業経営を実現してきた農業者も存在する。日本の有機農業にはきわめて大きな可能性があると考える。

　今後、有機農業が真に持続可能な農業へ深化していくには、現在の日本の有機農業が直面している生産性の安定化、省力化、農産物価格の低減などの課題をしっかりと見据えて、一つひとつ対峙し、乗り越えるべく、技術的側面と社会的側面の両面からアプローチしていくことが重要である。日本有機農業学会は次の目標として、この役割に取り組んでいきたい。

　本書では、技術と思想の両面から日本の有機農業の全貌を理解するために、多様な分野の研究者が共同執筆を行った。異分野の執筆者をとりまとめ、編集にご尽力いただいたコモンズの大江正章氏に執筆者一同、謝意を表する。

　豊かな自然と豊かな食を両立する農業として、有機農業への期待はますます大きくなっている。本書を読んでいただき、日本の有機農業の魅力と可能性を多くの方にご理解いただければ幸いである。

　　　2019年11月

　　　　　　　　　　　　　　　　　　　　　　　　小松﨑将一

＜著者紹介＞

保田　茂（やすだ・しげる）　刊行に寄せて
1939年生まれ。兵庫農漁村社会研究所理事長、神戸大学名誉教授。専門：農業経済学（とくに有機農業論、食育原論）。主著＝『日本の有機農業』（ダイヤモンド社、1986年）。監訳書＝『農業聖典』（コモンズ、2003年）。

澤登早苗（さわのぼり・さなえ）　はじめに、第Ⅰ部第1章
1959年生まれ。恵泉女学園大学人間社会学部教授。専門：園芸学、食農教育論。主著＝『教育農場の四季』（コモンズ、2005年）。主論文＝「有機農業の技術の組み立て方と持続可能性―果樹農家の実践から―」『環境社会学研究』22巻、2017年。

桝潟俊子（ますがた・としこ）　第Ⅰ部第1章、第6章
1947年生まれ。元淑徳大学教授・博士（社会科学）。専門：環境社会学、有機農業研究。主著＝『有機農業運動と〈提携〉のネットワーク』（新曜社、2008年）。主論文＝「有機農業運動の展開にみる〈持続可能な本来農業〉の探究」『環境社会学研究』22巻、2017年。

村本穣司（むらもと・じょうじ）　第Ⅰ部第1章、第2章3
1961年生まれ。カリフォルニア大学サンタクルーズ校有機農業スペシャリスト。専門：土壌学、アグロエコロジー。主論文＝"Anaerobic soil disinfestation is an alternative to soil fumigation for control of some soilborne pathogens in strawberry production", *Plant Pathology*, 67（共著、2018年）、「アメリカの家族農業，持続的農業と有機農業：ロナルド・イェーガー著「家族農業の運命：アメリカ理想の変化」を中心に」『有機農業研究』8巻1号、2016年。

嶺田拓也（みねた・たくや）　第Ⅰ部第1章、第Ⅱ部第2章、第7章
1967年生まれ。国立研究開発法人農業・食品産業技術総合研究機構 農村工学研究部門上級研究員。専門：農生態学、雑草管理学、農村計画学。主著＝『ポケット版 田んぼの生きもの図鑑――植物編』（農山漁村文化協会、2008年）、『除草剤を使わない稲作り――20数種の抑草法の選び方・組み合わせ方』（分担執筆、農山漁村文化協会、1999年）。

金子信博（かねこ・のぶひろ）　第Ⅰ部第1章、第Ⅱ部第1章、第3章、第7章
1959年生まれ。福島大学農学群食農学類教授・評議員。専門：土壌生態学。主著＝『土壌生態学入門――土壌動物の多様性と機能』（東海大学出版会、2007年）、『土壌生態学』（編著、朝倉書店、2018年）。

岩石真嗣（いわいし・しんじ）　第Ⅰ部第1章、第Ⅱ部第2章
1960年生まれ。（公財）自然農法国際研究開発センター理事長。専門：自然農法、有機農業、雑草制御、水稲栽培、土壌肥料。共著＝『有機農業研究年報 Vol. 7有機農業の技術開発の課題』（コモンズ、2007年）。主論文（共著）＝「有機栽培水田の耕耘方法が水稲・雑草の根系と塊茎形成に与える影響」『雑草研究』55巻3号、2010年。

小松﨑将一（こまつざき・まさかず）　第Ⅰ部第1章、第Ⅱ部第1章、第7章、あとがき

1964年生まれ。茨城大学農学部教授、農学部附属国際フィールド農学センター長。専門：農業環境工学。共著＝『持続的農業システム管理論』（農林統計協会、1999年）、『農と土のある暮らしを次世代へ──原発事故からの農村の再生』（コモンズ、2018年）。

高橋　巌（たかはし・いわお）　第Ⅰ部第1章、第2章2、第6章

1961年生まれ。日本大学生物資源科学部食品ビジネス学科教授。専門：農業経済学、地域経済論、協同組合論。主著＝『高齢者と地域農業』（家の光協会、2002年）、『地域を支える農協──協同のセーフティネットを創る』（編著、コモンズ、2017年）。

関根佳恵（せきね・かえ）　第Ⅰ部第1章

1980年生まれ。愛知学院大学大学院経済学研究科准教授。専門：農業経済学、政治経済学。主著＝『13歳からの食と農──家族農業が世界を変える』（かもがわ出版、2020年）。共著＝*The Contradictions of Neoliberal Agri-food: Corporations, Resistance, and Disasters in Japan*, West Virginia University Press, 2016.

涌井義郎（わくい・よしろう）　第Ⅰ部第1章

1954年生まれ。有機農業者、NPO法人あしたを拓く有機農業塾代表理事。専門：有機農業技術、有機農業者育成。主著＝『土がよくなりおいしく育つ不耕起栽培のすすめ』（家の光協会、2015年）、『解説 日本の有機農法──土作りから病害虫回避、有畜複合農業まで』（共著、筑波書房、2008年）。

西川芳昭（にしかわ・よしあき）　第Ⅰ部第1章、第5章

1960年生まれ。龍谷大学経済学部教授。専門：農業・資源経済学、農業生物多様性管理。主著＝『種子が消えればあなたも消える──共有か独占か』（コモンズ、2017年）、『生物多様性を育む食と農──住民主体の種子管理を支える知恵と仕組み』（編著、コモンズ、2012年）。

藤田正雄（ふじた・まさお）　第Ⅰ部第2章1

1954年生まれ。NPO法人有機農業参入促進協議会理事・事務局長。専門：農耕地の土壌動物の多様性と機能、有機農業への参入支援。主著＝『有機農業の技術と考え方』（共著、コモンズ、2010年）、『有機農業をはじめよう！──研修から営農開始まで』（共著、コモンズ、2019年）。

雨宮裕子（あめみや・ひろこ）　第Ⅰ部第2章3

1951年生まれ。レンヌ日本文化研究センター所長。共著＝『共生主義宣言──経済成長なき時代をどう生きるか』（コモンズ、2017年）、『分かち合う農業CSA──日欧米の取り組みから』（創森社、2019年）。

鄭　萬哲（チョン・マンチョル）　第Ⅰ部第2章3

1969年生まれ。農村と自治研究所所長、国際有機農業運動アジア連盟（IFOAM-Asia）理事。専門：農業経済学。主論文（共著）＝"The Current Status and Potential of Local Food in South Korea." *Locale: The Australarian-Pacific Journal of Regional Food Studies*, 4, 2014. 訳書＝『食品の裏側2』（クギルメディア、2016年）。

宇根　豊（うね・ゆたか）　第Ⅰ部第3章
1950年生まれ。百姓、思想家、農と自然の研究所代表。専門：百姓仕事の理論化と表現。主著＝『減農薬稲作のすすめ』（擬百姓舎、1984年）、「虫見板」（農と自然の研究所）。

レイモンド・エップ（Raymond Epp）　第Ⅰ部第4章
1960年生まれ。メノビレッジ長沼代表、メノナイトミッションネットワーク宣教師、（公社）全国愛農会副会長。主著＝『種子法廃止と北海道の食と農 地域で支え合う農業——CSAの可能性』（寿郎社、2018年）、『北海道の明日のためにTPPと正面から向き合う本』（共著、TPPを考える市民の会、2012年）

酒井　徹（さかい・とおる）　第Ⅰ部第6章
1967年生まれ。秋田県立大学生物資源科学部准教授。専門：農業経済学（農業市場学）。共著＝『戦後日本の食料・農業・農村第9巻農業と環境』（農林統計協会、2005年）、主論文＝「日本における有機農産物市場の変遷と消費者の位置付け」『有機農業研究』8巻1号、2016年。

小口広太（おぐち・こうた）　第Ⅰ部第7章
1983年生まれ。千葉商科大学人間社会学部准教授。専門：地域社会学、食と農の社会学。共著＝『生命を紡ぐ農の技術』（コモンズ、2016年）。主論文＝「CSAを支援するコーディネーターの役割と意義」『日本都市社会学会年報』36号（2018年）。

靍　理恵子（つる・りえこ）　第Ⅰ部第7章
1962年生まれ。専修大学人間科学部社会学科教授。専門：社会学（農村、家族、環境）、日本民俗学。主著＝『農家女性の社会学——農の元気は女から』（コモンズ、2007年）。共著＝『年報村落社会研究 第55巻小農の復権』（農山漁村文化協会、2019年）。主論文＝「多様化する農の主体—ジェンダー論からの分析—」『農業経済研究』90巻3号、2018年。

谷口吉光（たにぐち・よしみつ）　第Ⅰ部第8章
1956年生まれ。秋田県立大学地域連携・研究推進センター教授。専門：環境社会学、食と農の社会学、有機農業研究。主著＝『「地域の食」を守り育てる——秋田発 地産地消運動の20年』（無明舎出版、2017年）、『食と農の社会学——生命と地域の視点から』（共編著、ミネルヴァ書房、2014年）。

尾島一史（おじま・かずし）　第Ⅰ部第8章、第Ⅱ部第7章
1962年生まれ。国立研究開発法人農業・食品産業技術総合研究機構 西日本農業研究センターグループ長。専門：農業経営学、有機農業研究。共著＝『地域新生のフロンティア——元気な定住地域確立への道』（大学教育出版、2005年）、『有機農業研究年報 Vol.7有機農業の技術開発の課題』（コモンズ、2007年）。

大江正章（おおえ・ただあき）　第Ⅰ部第8章
1957年生まれ。コモンズ代表、農林水産政策研究所客員研究員。専門：地域社会論。主著＝『地域の力——食・農・まちづくり』（岩波新書、2008年）、『地域に希望あり——まち・人・仕事を創る』（岩波新書、2015年）、『有機農業のチカラ』（コモンズ、2020年）。

相川陽一（あいかわ・よういち）　第Ⅰ部第8章
1977年生まれ。長野大学環境ツーリズム学部教授。専門：地域社会学、戦後史。共著＝『地域を支える農協──協同のセーフティネットを創る』（コモンズ、2017年）。主論文＝「三里塚闘争における主体形成と地域変容」『国立歴史民俗博物館研究報告216集』2019年。

成澤才彦（なりさわ・かずひこ）　第Ⅱ部第4章
茨城大学農学部教授。専門：微生物生態学。主著＝『エンドファイトの働きと使い方──作物を守る共生微生物』（農山漁村文化協会、2011年）、『農学入門──食料・生命・環境科学の魅力』（共著、養賢堂、2013年）。

池田成志（いけだ・せいし）　第Ⅱ部第5章
1967年生まれ。国立研究開発法人農業・食品産業技術総合研究機構 北海道農業研究センター上級研究員。専門：農業微生物学、植物共生科学、微生物生態学。共著＝『メタゲノム解析技術の最前線』（シーエムシー出版、2010年）、『NGSアプリケーション 今すぐ始める！ メタゲノム解析 実験プロトコール』（羊土社、2016年）。

大野和朗（おおの・かずろう）　第Ⅱ部第6章
1955年生まれ。宮崎大学農学部教授。専門：応用昆虫学（とくに生物的防除、総合的害虫管理）。分担執筆＝『生物間相互作用と害虫管理』（京都大学学術出版会、2009年）、『天敵活用大事典』（農山漁村文化協会、2016年）。

浅見彰宏（あさみ・あきひろ）　第Ⅲ部
1969年生まれ。ひぐらし農園主宰、NPO法人福島県有機農業ネットワーク理事長。主著＝『ぼくが百姓になった理由』（コモンズ、2012年）、『放射能に克つ農の営み──ふくしまから希望の復興へ』（共著、コモンズ、2012年）

関　元弘（せき・もとひろ）　第Ⅲ部
1971年生まれ。株式会社さんさいファーム。

戸松正行（とまつ・まさゆき）　第Ⅲ部
1978年生まれ。帰農志塾。

戸松礼菜（とまつ・れいな）　第Ⅲ部
1981年生まれ　帰農志塾。

佃　文夫（つくだ・ふみお）　第Ⅲ部
1971年生まれ。有機農業者。

井村辰二郎（いむら・しんじろう）　第Ⅲ部
1964年生まれ。金沢農業・金沢大地代表。共著＝『いのちと農の論理──地域に広がる有機農業』（コモンズ、2006年）。

伊藤和徳(いとう・かずのり)　第Ⅲ部
1978年生まれ。和ごころ農園代表。

松平尚也(まつだいら・なおや)　第Ⅲ部
1974年生まれ。耕し歌ふぁーむ。共著＝『新しい小農――その歩み・営み・強み』(創森社、2019年)、『年報村落社会研究 第55集小農の復権』(農山漁村文化協会、2019年)。

山本奈美(やまもと・なみ)　第Ⅲ部
1973年生まれ。耕し歌ふぁーむ。主論文＝「オルタナティブフードネットワークに関する研究動向」『農業と経済』84巻1号、2018年、「土と野菜の香りを取り戻す：季節に選択を委ねた野菜セットという食実践」『くらしと協同』2019年秋号。

古野隆太郎(ふるの・りゅうたろう)　第Ⅲ部
1982年生まれ。合鴨家族古野農場。

萬田正治(まんだ・まさはる)　コラム
1942年生まれ。萬田農園。主著＝『生活農業の時代』(南方新社、2010年)、『新しい小農――その歩み・営み・強み』(監修、創森社、2019年)。

吉野隆子(よしの・たかこ)　コラム
1956年生まれ。オーガニックファーマーズ名古屋代表。共著＝『有機農業をはじめよう！――研修から営農開始まで』(コモンズ、2019年)。

西村いつき(にしむら・いつき)　コラム
1963年生まれ。兵庫県農政環境部農林水産局農業改良課参事、兵庫県立大学大学院地域資源マネジメント研究科客員准教授。主論文＝「コウノトリ育む農法の実践者の主体形成過程」『神戸大学大学院人間発達環境学研究科研究紀要』6巻1号、2012年、「コウノトリ育む農法の確立－野生復帰を支える農業を目指して－」『日本鳥学会誌』68巻2号、2019年。

石田周一(いしだ・しゅういち)　コラム
1961年生まれ。社会福祉法人同愛会幸陽園農耕班、田園都市生活シェアハウス代表。主著＝『耕して育つ――挑戦する障害者の農園』(コモンズ、2005年)。

中嶋千里(なかじま・ちさと)　コラム
1953年生まれ。ぶぅふぅうぅ農園主。主論文＝「放牧養豚技術の確立までのあゆみ：ぶぅふぅうぅ農園の取り組み」『有機農業研究』9巻1号、2017年。

日本有機農業学会
理論的かつ実践的に有機農業に関わってきた研究者、技術指導者、生産・流通・消費に関わる人びとが相集い、有機農業の健全な育成・発展の道筋を論議し、関係諸団体とも連携を図りつつ、有機農業の基本的な考え方や望ましい方法論を社会に提示していく、学際的な学会。年2回『有機農業研究』を発行。
問い合わせ先：yuki_gakkai@yuki-gakkai.com

有機農業大全

2019年12月20日 ● 第1刷発行
2021年8月10日 ● 第3刷発行

編者 ● 澤登早苗・小松﨑将一
監修 ● 日本有機農業学会

© 日本有機農業学会, 2019 Printed in Japan

発行所 ● コモンズ

東京都新宿区西早稲田 2-16-15-503
☎03-6265-9617 FAX03-6265-9618

振替 00110-5-400120

info@commonsonline.co.jp
http://www.commonsonline.co.jp/

印刷・加藤文明社 製本／東京美術紙工
乱丁・落丁はお取り替えいたします。
ISBN 978-4-86187-164-1 C 3061

コモンズの本

有機農業の技術と考え方		中島紀一・金子美登・西村和雄編著	2500 円
有機農業・自然農法の技術	農業生物学者からの提言	明峯哲夫	1800 円
有機農業をはじめよう！	研修から営農開始まで	有参協監修、涌井義郎・藤田正雄他	1800 円
百姓が書いた有機・無農薬栽培ガイド	プロの農業者から家庭菜園まで	大内信一	1600 円
教育農場の四季	人を育てる有機園芸	澤登早苗	1600 円
種子が消えればあなたも消える	共有か独占か	西川芳昭	1800 円
地域を支える農協	協同のセーフティネットを創る	高橋巌編著	2200 円
半農半Xの種を播く	やりたい仕事も、農ある暮らしも	塩見直紀と種まき大作戦編著	1600 円
土から平和へ	みんなで起こそう農レボリューション	塩見直紀と種まき大作戦編著	1600 円
幸せな牛からおいしい牛乳		中洞正	1700 円
放射能に克つ農の営み	ふくしまから希望の復興へ	菅野正寿・長谷川浩編著	1900 円
原発事故と農の復興	避難すれば、それですむのか?!	小出裕章・明峯哲夫他	1100 円
有機農業が国を変えた	小さなキューバの大きな実験	吉田太郎	2200 円
明峯哲夫著作集 生命を紡ぐ農の技術		明峯哲夫	3200 円
有機農業の思想と技術		高松修	2300 円
本来農業宣言		宇根豊・木内孝・田中進・大原興太郎他	1700 円
場の力、人の力、農の力。	たまごの会から暮らしの実験室へ	茨木泰貴・井野博満・湯浅欽史編	2400 円
旅とオーガニックと幸せと	WWOOF農家とウーファーたち	星野紀代子	1800 円
子どもを放射能から守るレシピ77		境野米子	1500 円
放射能にまけない！	簡単マクロビオティックレシピ88	大久保地和子	1600 円
食材選びからわかるおうちごはん	クッキングスタジオ BELLE のレシピ	近藤惠津子	1500 円
有機農業のチカラ	コロナ時代を生きる知恵	大江正章	1700 円
〔有機農業選書1〕地産地消と学校給食	有機農業と食育のまちづくり	安井孝	1800 円
〔有機農業選書2〕有機農業政策と農の再生	新たな農本の地平へ	中島紀一	1800 円
〔有機農業選書3〕ぼくが百姓になった理由	山村でめざす自給知足	浅見彰宏	1900 円
〔有機農業選書4〕食べものとエネルギーの自産自消	3.11後の持続可能な生き方	長谷川浩	1800 円
〔有機農業選書5〕地域自給のネットワーク		井口隆史・桝潟俊子編著	2200 円
〔有機農業選書6〕農と言える日本人	福島発・農業の復興へ	野中昌法	1800 円
〔有機農業選書7〕農と土のある暮らしを次世代へ	原発事故からの農村の再生	菅野正寿他編著	2300 円
〔有機農業選書8〕有機農業という最高の仕事	食べものも、家も、地域も、つくります	関塚学	1700 円

（価格は税別）